成渝地区中长期大气污染综合防治策略研究

李振亮　段林丰　蒲　茜　卢培利 等　著

科　学　出　版　社

北　京

内 容 简 介

本书以探索成渝地区中长期大气环境质量改善为目标，结合经济社会发展及主要大气污染物排放数据，识别影响区域空气质量改善的关键因素，建立大气污染排放和空气质量的响应关系。针对成渝地区清洁能源（水电、天然气、页岩气等）资源丰富、城乡发展两极分化状况下产业结构及布局不合理的现状，设计基于大气污染物排放量约束的清洁能源利用和产业升级情景，分析污染物控制技术水平、最佳可行技术等，建立成渝地区主要污染源减排措施库。最后耦合形成“产业-能源-末端”综合减排情景，利用减排措施库系统生成情景清单，并运用 WRF-CMAQ 模型分析空气质量改善效果，形成适用于成渝地区的中长期大气污染综合防治技术路径，为成渝地区大气污染联防联控和大气环境质量管理提供决策依据。

本书可供政府相关部门决策者参考，也可供大气污染防治相关领域的科研人员、管理者、大专院校师生阅读。

审图号：GS 川（2024）182 号

图书在版编目（CIP）数据

成渝地区中长期大气污染综合防治策略研究 / 李振亮等著. --北京：科学出版社，2024.9

ISBN 978-7-03-076478-2

Ⅰ. ①成… Ⅱ. ①李… Ⅲ. ①空气污染－污染防治－研究－成都 ②空气污染－污染防治－研究－重庆 Ⅳ. ①X51

中国国家版本馆 CIP 数据核字（2023）第 187556 号

责任编辑：郑述方 / 责任校对：彭 映
责任印制：罗 科 / 封面设计：墨创文化

科 学 出 版 社 出版
北京东黄城根北街 16 号
邮政编码：100717
http：//www.sciencep.com
成都锦瑞印刷有限责任公司印刷
科学出版社发行 各地新华书店经销

*

2024 年 9 月第 一 版 开本：787×1092 1/16
2024 年 9 月第一次印刷 印张：13 3/4
字数：326 000

定价：198.00 元

（如有印装质量问题，我社负责调换）

《成渝地区中长期大气污染综合防治策略研究》
作 者 名 单

李振亮　段林丰　蒲　茜　卢培利

曹云擎　楚英豪　钱　骏　张　晟

前　言

随着《大气污染防治行动计划》和《打赢蓝天保卫战三年行动计划》的先后实施，近年来我国颗粒物浓度持续下降，空气质量明显改善。然而，当前 $PM_{2.5}$ 污染浓度仍处于高位，臭氧污染加剧，空气质量改善任务依然艰巨；同时随着污染治理的深入推进，污染物减排空间逐渐收窄，末端治理的减排难度日益增大。

成渝地区一直是我国雾霾频发地之一，属于《大气污染防治行动计划》划定的大气污染重点控制区，是"三区十群"中仅次于京津冀的大气污染严重区域，其环境问题的解决对于中西部地区有重要的借鉴意义。近年来，成渝地区冬季多次出现持续时间超过 10 天的高浓度细颗粒物重污染过程，在夏季则发生臭氧重污染过程。成渝地区复杂的下垫面地形，使其大气条件和污染物传输相比京津冀等其他地区更为复杂。成渝地区清洁能源（水电、天然气、页岩气等）资源丰富，但存在能源布局不合理、清洁能源供需不均衡、产业结构及布局不合理等问题，而目前国内并未开展针对此区域的清洁能源利用、产业升级优化、污染源协同减排等综合型大气污染控制方案的研究。本书通过系统开展基于清洁能源利用和产业升级的大气污染综合防治策略研究，可促进区域产业和能源结构优化与技术进步，实现经济、能源与社会资源的最优配置，从源头控制并改善区域环境空气质量，为成渝地区大气污染联防联控和大气环境质量管理提供决策支撑。

本书撰写人员及分工如下：第 1 章概论，由李振亮和张晟负责撰写；第 2 章空气质量时空演变规律，由李振亮和蒲茜负责撰写；第 3 章污染源排放结构及其与空气质量的关系，由曹云擎和蒲茜负责撰写；第 4 章产业发展现状与产业结构升级情景分析，由钱骏和段林丰负责撰写；第 5 章清洁能源利用现状与结构调整情景分析，由卢培利和段林丰负责撰写；第 6 章重点行业污染治理现状与减排潜力分析，由楚英豪和蒲茜负责撰写；第 7 章"产业-能源-末端"综合减排情景分析，由段林丰负责撰写；第 8 章综合减排路径优化方法与策略，由李振亮和曹云擎负责撰写；第 9 章中长期空气质量改善路径与重点任务，由李振亮和蒲茜负责撰写。此外，曹雪莹、方维凯、乔玉红和王晓宸等在排放清单核算、书稿文字整理以及图表编制等方面做了大量工作。本书出版得到了国家重点研发计划项目"成渝地区大气污染联防联控技术与集成示范"（2018YFC0214005）的资助，研究过程中得到郝吉明、张远航、柴发合、谢绍东、郑君瑜、陈长虹、龚山陵等多位院士及专家的指导，在此表示衷心的感谢！

由于作者水平有限，书中难免有疏漏之处，敬请广大读者批评指正。

李振亮

2024 年 8 月

目　录

第1章 概　　论

1.1 背　　景

当前，我国区域性、复合型大气污染问题仍然较为突出，区域性大气灰霾和臭氧浓度超标情况频发，威胁群众健康，影响环境安全。2010年，《国务院办公厅转发环境保护部等部门关于推进大气污染联防联控工作改善区域空气质量指导意见的通知》中要求建立大气污染联防联控机制；2012年环境保护部、国家发展和改革委员会、财政部印发的《重点区域大气污染防治“十二五”规划》中也明确提出“建立区域大气污染联防联控机制”。2013年国务院印发《大气污染防治行动计划》，2014年科技部会同相关部门研究制定了《加强大气污染防治科技支撑工作方案》。在这些文件和计划中明确成渝地区为复合型污染显现区并将其纳入国家大气污染重点控制区。然而，成渝地区高静风频率及高温高湿气象条件下大气复合污染形成的关键理化过程、影响范围和传输机制还很不清楚，适用于该地区的大气污染治理技术体系还未形成，空气质量管理系统和大气污染联防联控机制与综合决策支持平台还未建设，远落后于珠江三角洲、长江三角洲和京津冀地区。成渝地区清洁能源（水电、天然气、页岩气等）资源丰富，但存在能源布局不合理、清洁能源供需不均衡、产业结构及布局不合理等问题，而目前国内并未开展针对此区域的清洁能源利用、产业升级优化、污染源协同减排等大气污染综合防治策略的研究。

针对成渝地区清洁能源资源丰富、城乡发展两极分化状况下产业结构及布局不合理的现状，结合中长期经济社会发展趋势，设计不同的清洁能源利用和产业升级情景，并预测不同情景下的主要大气污染物排放量。分析成渝地区主要人为污染源（包括工业源和交通源等）的排放特征、控制技术（包括前端防控技术与末端治理技术）、减排潜力等，建立主要污染源减排措施库。基于清洁能源利用、产业升级及污染源控制的情景分析，确定成渝地区大气污染物排放与环境空气质量间的响应关系，并形成区域空气质量改善整体技术方案，从源头控制并改善区域环境空气质量，为成渝地区大气污染联防联控和大气环境质量管理提供决策依据。

1.2 研究内容

（1）利用成渝地区重点城市大气环境监测数据，结合气象观测资料，分析成渝地区城市和区域主要大气污染问题；总结成渝地区大气污染特征和管理发展历程，剖析制约大气环境改善的主要因素，确定成渝地区分区域分阶段的空气质量改善目标。分析成渝地区大气污染物排放特征，结合能源利用、产业结构与大气污染特征演变的耦合关系，挖掘成渝地区大气污染物减排潜力，为中长期空气质量改善情景设定提供依据。根据已确定的成渝地区中长期空气质量改善目标，采用排放源清单和数值模拟方法，测算大气 $PM_{2.5}$ 达标约束下成渝地区 6 大片区各污染物（SO_2、NO_x、PM、VOCs[①] 及 NH_3）大气环境容量，分析成渝地区主要大气污染物排放与环境空气质量间的响应关系。

（2）评估区域清洁能源替代的资源禀赋条件，厘清成渝地区能源消费量和结构的时间演化和行业分布，识别清洁能源替代的潜力和方向；研判成渝地区中长期经济社会（GDP、人口和城市化率等）发展趋势，从促进未来清洁能源消纳、加快能源结构调整、控制区域大气污染排放出发，以 2017 年为基准年、2035 年为目标年，研究设计成渝地区分阶段、差异化推进清洁能源替代性利用、能源结构调整情景。分析成渝地区重点传统产业发展及布局特征，评估重点传统产业发展趋势；分析成渝地区大气污染与产业结构的因果关系，评估产业结构高级化和合理化在不同时间尺度上对大气污染的影响效应及其在不同污染因子上的差异性；评估成渝地区产业升级潜力，设计成渝地区中长期产业升级情景集合；重点针对成渝地区“大城市”“大农村”共存、城乡发展两极分化、产业集群性较差以及作为重要的东部产业转移承接区等区域产业特征，提出高、中、低的产业升级情景。梳理重点行业末端不同污染物控制技术，评估成渝地区重点行业大气污染源控制关键技术效果，构建有效可行的大气污染控制最佳可行技术（best available technology，BAT）体系及主要污染源减排措施库；设置不同的末端升级目标情景，划定管理减排措施的实施范围、时间和强度，构建不同减排强度、不同减排策略下的大气污染物排放情景。

（3）综合基于能源优化和产业升级的大气污染物排放情景和主要污染源减排情景预测分析，明确大气复合污染多目标优化模型的目标函数和约束条件，确定并细化成渝地区中长期空气质量改善目标与分阶段的主要大气污染物减排需求。据此，设计不同阶段大气污染控制优化方案，包括清洁能源利用、产业优化升级、行业总量控制、交通源管控、典型面源监管等减排措施，建立大气复合污染物优化模型，提出适用于成渝地区重点城市的空气质量改善实施方案。结合成渝地区污染物减排管控措施费效分析及管理者偏好，对方案进行进一步优化。最后应用空气质量模型对管控效果进行验证，分析空气质量改善目标的可达性，不断反馈最终形成成渝地区中长期空气质量改善实施方案。

1.3 研究方法及技术路线

1.3.1 研究方法

1.3.1.1 情景分析法

情景分析（scenario analysis）法又称情境分析法、前景描述法或脚本法（娄伟，

① 挥发性有机物（volatile organic compounds，VOCs）。

2012a），是在对经济、产业或技术等影响因子的重大可能演变提出各种关键假设的基础上，通过对未来详细地、严密地推理和描述来构想未来各种可能的方案（Chermack，2005）。利用情景分析法可以对影响未来发展的各种不确定性因素的相互作用进行综合和系统的分析，研究不同政策或措施对未来发展趋势产生的影响效果（Noussan and Tagliapietra，2020；Tang et al.，2020；Yang et al.，2018；Degraeuwe et al.，2017），使管理者能够发现未来某些可能的变化趋势，从而避免高估或者低估未来变化及其影响（Fleisher，2003）。目前，不同的情景分析学派已发展出多种情景分析方法，由于行业情况的千差万别以及研究目标的不同，其具体操作步骤为四步到十多步，主要区别在于某些步骤的分解或合并。典型的情景分析法均涵盖八大基本要素，即基准年、目标年和时间段、地理范围、变化过程描述、驱动力或不确定性、情景故事、敏感性分析和情景供选方案（娄伟，2012b）。同时也包括一些经常采用的步骤，如明确决策焦点、识别关键因素、驱动力分析、对驱动力按重要性及不确定性排序、构建情景逻辑、充实情景内容、战略含义分析、选择主要指标和标准、情景内容反馈、讨论战略选择、形成执行规划和传播情景内容等（Bood and Postma，1997）。如图 1-1 所示为国际能源署（International Energy Agency，IEA）建立的情景分析流程，可作为情景分析的一般性模板（娄伟，2012a）。

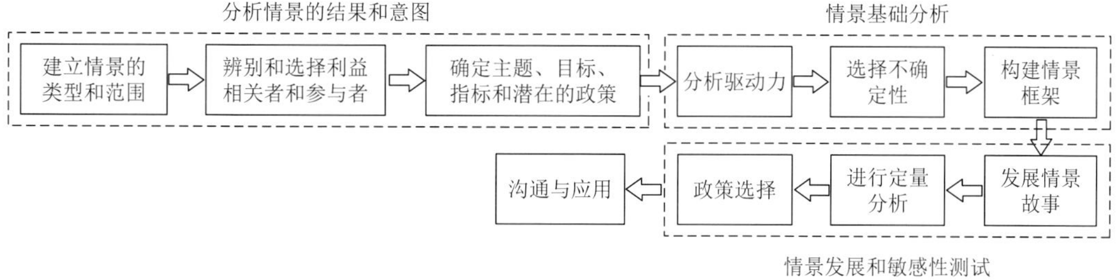

图 1-1 IEA 建立的情景分析流程

国内对情景分析法的研究起步较晚。20 世纪 90 年代以前多为介绍国际上的相关研究成果及应用案例（许怀东，1987）；20 世纪 90 年代后，开始相对系统地介绍情景分析的理论与方法（宗蓓华，1994）。21 世纪以来，随着情景分析法与其他各种定性和定量方法相融合，特别是与计算机技术的结合，我国利用情景分析法解决问题的研究日益增多，涉及宏观经济（李善同，2010）、能源环境（Xu et al.，2020；Liu et al.，2015）、城市规划（Zhang D et al.，2019；Yeo and Lee，2018）等方面。尤其在能源环境领域，由于社会的不断快速发展，能源、环境系统受多种复杂和不确定性因素的影响逐渐增加，基于不确定分析的情景分析法逐渐成为制定能源供求规划（Pan et al.，2020；Yuan et al.，2019）和能源环境政策（Wen et al.，2020；Zhang Q et al.，2019）等的重要手段。特别是在我国当前国际背景下，利用情景分析法从国家（Niu et al.，2016，2020；Xu et al.，2019）、城市（Zhang Y Q et al.，2019；Hu et al.，2018）或行业（Meng et al.，2017；Yang et al.，2017）层面进行了大量的研究。但是，我国学者在涉及情景分析的研究中，主要是借鉴国外的方法及步骤，集中在情景分析法的应用层面，对情景分析法自身的理论及方法研究较少。娄伟（2012b）系统归纳分析了国内外情景分析理论与方法体系，提出了普遍适用于情景分析方法的 8S 技术，即 SWOT 分析法、利益相关者分析法（stakeholder analysis）、专家参与（specialist）、STEEP 清单分析法、情景轴（scenario axes）、脚本（script）写作技术、敏感性分析法（sensitivity analysis）、模拟与仿真（simulation）技术。定量分析在情景分析法研究中比较受关注。例如，在利用情景分析法过程中重视引入定量模型，包括国际上较为知名的可计算一般均衡（computable general equilibrium，CGE）模型、长期能源替代规划系统（long-range energy alternatives planning system，LEAP）模型和市场配置模型（market allocation model，MARKAL）模型等，也包括研究者根据实际研究问题自主开发的情景定量模型，如国家能源技术（national energy technology，NET）模型（Li and Yu，2019）等。

1.3.1.2 能源-经济-环境系统模型

能源-经济-环境（energy-economic-environment，3E）系统模型研究始于 20 世纪 70 年代的石油危机时期，科研工作者为解决能源供应安全问题开发了一系列用来研究能源规划、预测能源供应和需求的模型（Pfenninger et al.，2014；魏一鸣等，2005；），如 MARKAL 模型、能流优化模型（energy flow optimization model，EFOM）。20 世纪 80 年代，由于化石能源消费引发的全球气候变暖、大气污染等环境问题愈发严重，能源环境模型开发逐渐成为这一时期研究的重点（张晓梅和庄贵阳，2014），如 LEAP 模型和亚太地区综合评价模型（Asia-pacific integrated model，AIM）。20 世纪 90 年代以后，随着经济的快速发展，城市和人口规模逐步扩大，世界各国能源需求量不断增长，能源在世界经济中的地位越来越重要，各国为实现可持续发展目标，关注的焦点从单一的能源问题转变为能源经济、能源环境、能源技术和能源安全等多个重点领域（Nakata，2004）。因此，3E 模型［如 CGE 模型和替代能源供给系统和环境影响模型（model for energy supply system alternativesand their general environmental impact，MESSAGE）］和混合模型［如美国国家能源建模系统（National energy modeling system，NEMS）］逐步兴起和发展（丁辉，2012）。进入 21 世纪，经过数十年发展，国内外研究机构已开发了数量丰富、各具特色的 3E 模型。国务院发展研究中心（Development Research Centre of the State Council，DRC）基于 CGE 模型开发适用于我国国情的 DRC-CGE）模型；北京理工大学能源与环境政策研究中心开发了中国能源与环境政策分析模型（China energy and environmental policy analysis model，CEEPA）；国家发展和改革委员会能源研究所构建了中国能源环境综合政策评估模型（integrated policy assessment model for China，IPAC）；杨晓鸥（2010）耦合投入产出模型、LEAP 模型和 MARKAL 模型等，并通过引入安全评估模块开发了适用于北京的能源-经济-环境-安全（3E-Security）系统模型。按建模方法、角度，3E 模型可划分为自上而下（top-down）模型、自下而上（bottom-up）模型和混合（hybrid）模型三种类型（Zhang D Y et al.，2019；张晓梅和庄贵阳，2014）。

自上而下模型的代表包括 CGE 模型、宏观经济模型（macroeconomic model，MACRO）

和用于能源-经济-环境系统的一般均衡模型（general equilibrium model for energy-economy-environment，GEM-E3）等，该类模型基于经济学模型，以能源价格、经济弹性为主要的经济指数，集中表现其与能源生产和消费之间的关系，主要用于能源宏观经济分析和能源政策规划制定等研究（张晓梅和庄贵阳，2014；魏一鸣等，2005）。自下而上模型的代表模型包括 LEAP 和 MARKAL 模型等，该类模型主要适用于能源技术比选及其环境影响分析，以及能源供需预测和能源政策研究等。混合模型采取“软连接”或“硬连接”方式耦合了自上而下和自下而上的建模方法，综合了能源系统和宏观经济系统，代表模型包括 MARKAL-MACRO 和 NEWS 模型等（Zhang D Y et al.，2019；张晓梅和庄贵阳，2014）。该类模型可通过能源、经济和环境之间的相互作用模拟一个经济体内的动态能源系统，是对现实能源系统进行模拟和仿真的复杂巨系统，多用于全球、区域或国家尺度长期能源供给、需求及成本分析等（张阳，2018）。LEAP 模型是一种自下而上的集成结构模型，由瑞典斯德哥尔摩环境研究院（Stockholm Environment Institute，SEI）开发的用于能源-环境和温室气体排放的情景分析软件。相较于其他模型，LEAP 模型的能源环境数据分析系统较为完备，内置了能源需求、能源加工转换、资源供应能力、环境影响分析和成本分析等主要模块，可通过不同驱动因子预测一个经济体中所有部门的中长期能源需求，模拟能源转化过程及环境影响。该模型具有灵活的数据结构，可以根据使用者对技术规格和终端细节丰富程度的要求展开不同层次的分析。目前，LEAP 模型已被全世界 190 多个国家的数千个研究机构广泛用于当地生活部门（Dioha and Emodi，2019；Bashir et al.，2018；Malla，2013）、交通运输部门（Ma et al.，2019；Hong et al.，2016）、工业部门（Talaei et al.，2019；Ates，2015）、电力部门（Prasad and Raturi，2019；Kachoee et al.，2018；McPherson and Karney，2014）或多部门联合（Khanna et al.，2019；Nieves et al.，2019）的大气污染排放分析和气候缓解效益评估等。LEAP 模型较完备的分析系统和自下而上的建模方式，符合清洁能源情景设计特点以及不同情景下大气污染物排放量核算需求。因此，本书基于 LEAP 模型构建成渝地区清洁能源利用情景核算体系。

气象研究与预报模型（weather research and forecasting model，WRF）是 1997 年由美国气象界联合开发的新一代中尺度模式系统（Michalakes et al.，2001），其参与者有美国国家大气研究中心（National Center for Atmospheric Research，NCAR）、美国国家海洋与大气管理局（National Oceanic and Atmospheric Administration，NOAA）的国家环境预报中心（National Centers for Environmental Prediction，NCEP）和地球系统研究实验室（Earth System Research Laboratories，ESRL）、隶属美国国防部的空军气象局（Air Force Weather Agency，AFWA）、美国海军研究实验室（Naval Research Laboratory，NRL）以及俄克拉荷马大学的风暴分析预报中心（University of Oklahoma Center for Analysis and Prediction of Storms，OU/CAPS）等。该模式重点考虑 1～10km 格距从云尺度到天气尺度等不同尺度重要天气的预报和模拟问题，集成了迄今为止在中尺度方面的研究成果。它集科研与业务于一体，搭起了科研人员与业务部门之间的桥梁，为理想化的动力学研究、区域气候模拟、业务天气预报以及空气质量预报等提供了共同的模式框架。模拟试验和实时预报表明，WRF 在各种天气预报中都具有较好的性能，具有广阔的应用前景。WRF 结构如图 1-2 所示。

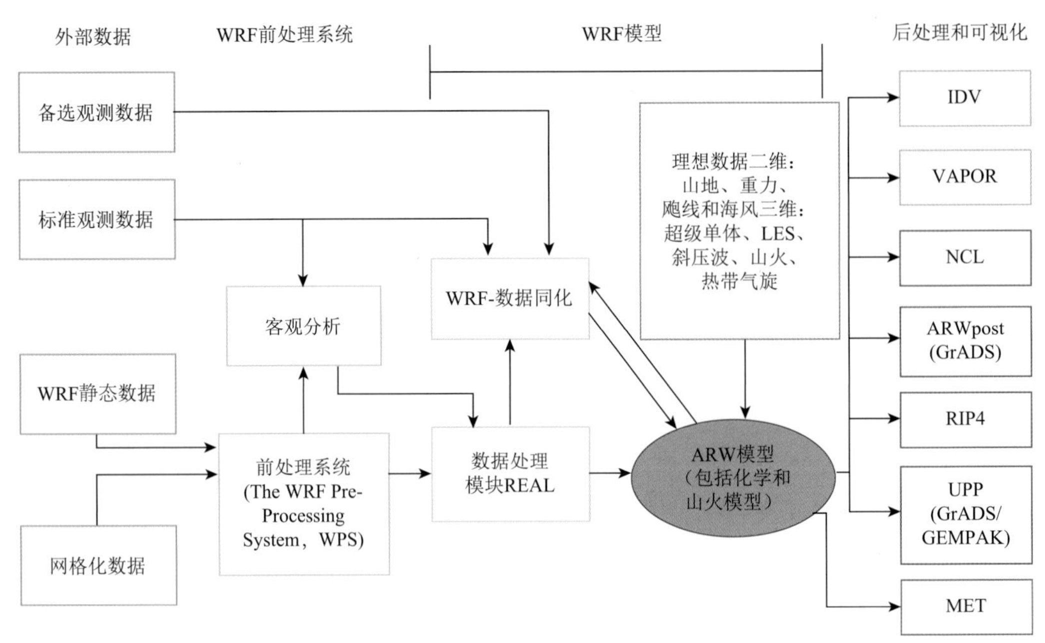

图 1-2　气象模型 WRF 结构图

空气质量模式是制定大气污染防治决策的有力工具之一。大气污染控制技术的重要突破点即数值模式的发展和应用。当前，数值模式已日趋成熟，形成了一批空气质量数值模式系统，国际主流的模式如 CMAx、CMAQ、WRF-Chem 等，均得到了广泛的应用（Appel et al.，2021；Sicard et al.，2021；Jiang et al.，2019）。数值模式可用于空气质量预报预警、大气污染溯源、污染情景预测等。其中，空气质量预报预警是对污染物在大气中的扩散和转化过程进行模拟；大气污染溯源是模拟计算各污染源对大气污染的贡献大小，用于解决污染控制问题；污染情景预测可用于中长期空气质量改善方案研究。近年来，我国开展了大量的空气质量模型研究工作，在大气环境应用和管理方面都起到了极大的支撑作用（曹云擎等，2021；周成等，2019）。清华大学建立了中国多尺度排放清单模型（multi-resolution emission inventory for China, MEIC），并发布了 2012 年网格分辨率为 0.25°×0.25°的 MIX 亚洲人为源排放清单产品（Zheng et al.，2018；Li et al.，2017）。中国科学院大气物理研究所和南京大学相继开发了嵌套网格空气质量预报模式系统（nested air quality prediction modeling system，NAQPMS）、全球环境大气输送模式（global environmental atmospheric transport model，GEATM）和南京大学城市空气质量数值预报模式系统（Nanjing University city air quality numerical prediction system，NJU-CAQPS），并针对大气污染的数值模拟和预报预警开展了大量的研究工作（苗世光等，2020；Wang et al.，2019）。我国学者在源解析方面也做了大量的研究工作，但大多采用受体模型的分析方法（罗干等，2020；张敬巧等，2019），伴随模式在溯源方面的应用还有待深入探究。

本书中用于模拟不同情景下空气质量浓度的主要工具是区域多尺度空气质量（community multiscale air quality，CMAQ）模型。CMAQ 模型是美国环保署开源发展计划项目研发的第三代三维空气质量模型，由一系列空气质量模拟模块组成（Appel et al.，2021；Pleim et al.，2019），如图 1-3 所示。CMAQ 模型包含了现有的大气科学知识、空气质量模拟、多处理器计算技术和开源程序框架。WRF 和稀疏矩阵排放模型（sparse matrix operator kernel emissions，SMOKE）将气象和排放数据输入 CMAQ 模型可以快速可靠地对臭氧、颗粒物、有毒物质和酸沉降进行模拟。在过去的十多年里，美国环保署和美国各个州都将 CMAQ 模型作为空气质量管理的重要工具，同时 CMAQ 模型也是国际环境空气质量研究领域的主流模型。

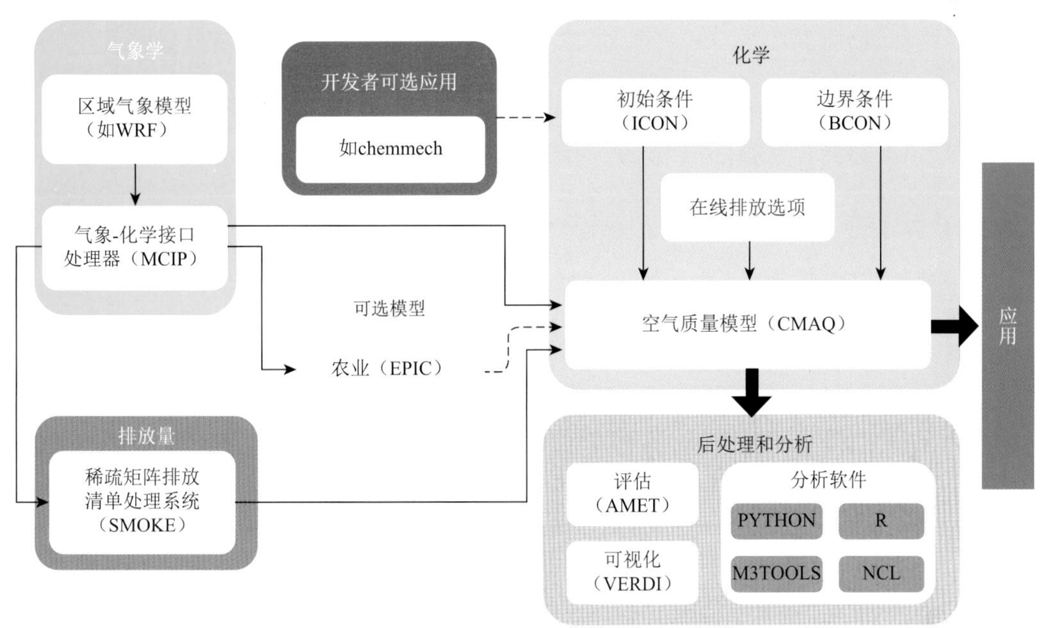

图 1-3　第三代三维空气质量模型 CMAQ 模型结构图

1.3.2　技术路线

本书的技术路线如图 1-4 所示。

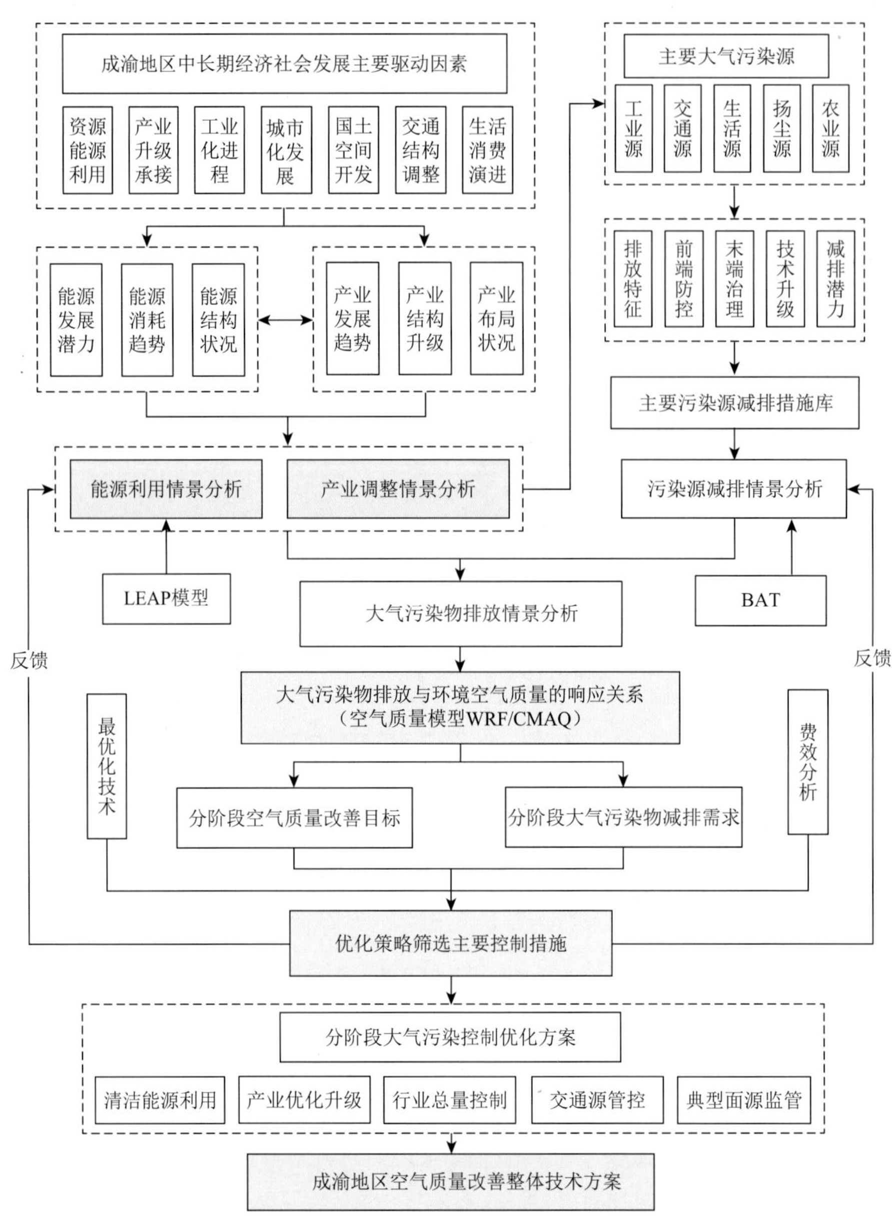

成渝地区中长期经济社会发展主要驱动因素
资源能源利用
产业升级承接
工业化进程
城市化发展
国土空间开发
交通结构调整
生活消费演进
能源发展潜力
能源消耗趋势
能源结构状况
产业发展趋势
产业结构升级
产业布局状况
能源利用情景分析
产业调整情景分析
LEAP模型
主要大气污染源
工业源
交通源
生活源
扬尘源
农业源
排放特征
前端防控
末端治理
技术升级
减排潜力
主要污染源减排措施库
污染源减排情景分析
BAT
大气污染物排放情景分析
大气污染物排放与环境空气质量的响应关系
（空气质量模型WRF/CMAQ）
反馈
反馈
最优化技术
费效分析
分阶段空气质量改善目标
分阶段大气污染物减排需求
优化策略筛选主要控制措施
分阶段大气污染控制优化方案
清洁能源利用
产业优化升级
行业总量控制
交通源管控
典型面源监管
成渝地区空气质量改善整体技术方案

图 1-4　本书技术路线

第 2 章　空气质量时空演变规律

2.1　空气质量水平现状及历史变化趋势

综合考虑地理划分、人为影响等因素，本书将成渝地区分成 5 个板块（图 2-1），即成都平原经济区、川南经济区、川东北经济区、重庆主城都市区（包括中心城区和主城新区）和重庆其他区县。其中，成都平原经济区包括成都市、德阳市、绵阳市、眉山市、乐山市、资阳市、遂宁市和雅安市；川南经济区包括内江市、自贡市、泸州市和宜宾市；川东北经济区包括南充市、广安市、达州市；重庆中心城区包括渝中区、大渡口区、江北区、沙坪坝区、九龙坡区、南岸区、北碚区、渝北区和巴南区；重庆主城新区包括涪陵区、长寿区、江津区、合川区、永川区、南川区、綦江区、大足区、璧山区、铜梁区、潼南区和荣昌区；重庆其他区县包括万州区、黔江区、开州区、梁平区、武隆区、城口县、丰都县、垫江县、忠县、云阳县、奉节县、巫山县、巫溪县、石柱县、秀山县、酉阳县和彭水县。重庆中心城区 2015～2019 年的大气污染物指标监测数据来自国控站点，重庆主城新区和其他区县的数据来自市控监测站点；由于市控监测站点 2017 年开始监测大气污染物指标，在对比分析重庆主城都市区和其他区县时为市控点 2017～2019 年的监测数据。四川省所有地级市的数据均来自国控监测站点。

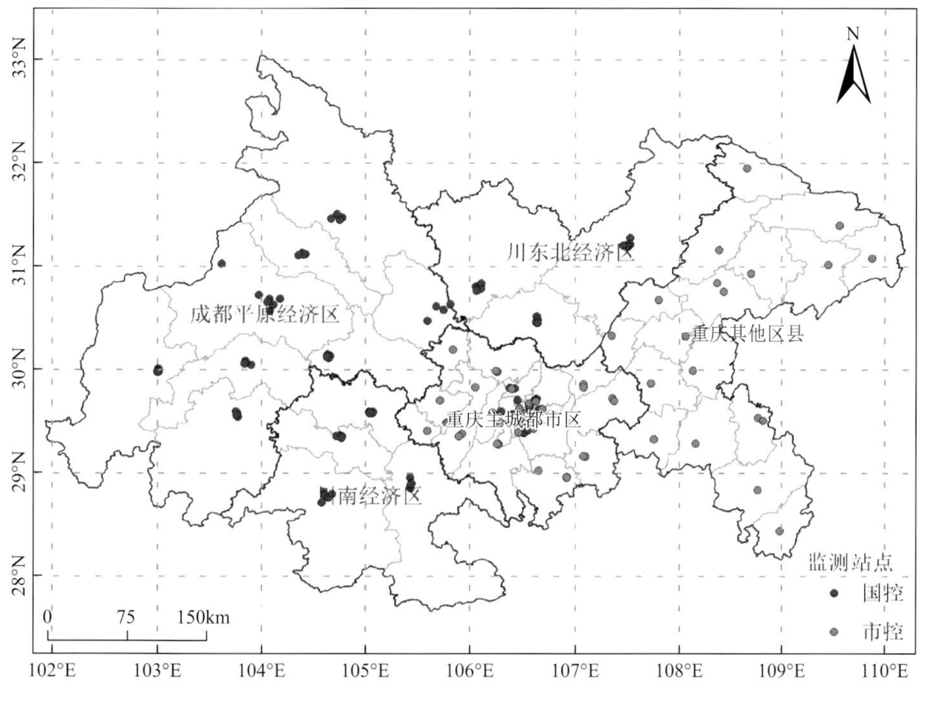

图 2-1　成渝地区空气质量监测站点分布情况

2.1.1　空气质量整体水平

2.1.1.1 成渝地区空气质量现状分析

成渝地区主要污染物年均浓度变化趋势如图 2-2 所示，由图中可知，在 2015～2019 年，$PM_{2.5}$、PM_{10} 和 SO_2 浓度均呈现逐年下降的趋势，而 NO_2 浓度在 2015～2016 年呈小幅度上升的趋势，2016 年后逐年降低。截至 2019 年，$PM_{2.5}$、PM_{10}、SO_2 和 NO_2 浓度相较 2015 年分别降低 31%、33%、42%和 13%，但是，2019 年 $PM_{2.5}$ 浓度仍达 37μg/m^3。这表明自《“十三五”生态环境保护规划》实施以来，成渝地区大气污染物的治理整体取得显著的成效，但 $PM_{2.5}$ 年均浓度仍超过年均浓度标准（35μg/m^3）。此外，2015～2019 年成渝地区 O_3 浓度呈现波动上升的趋势。

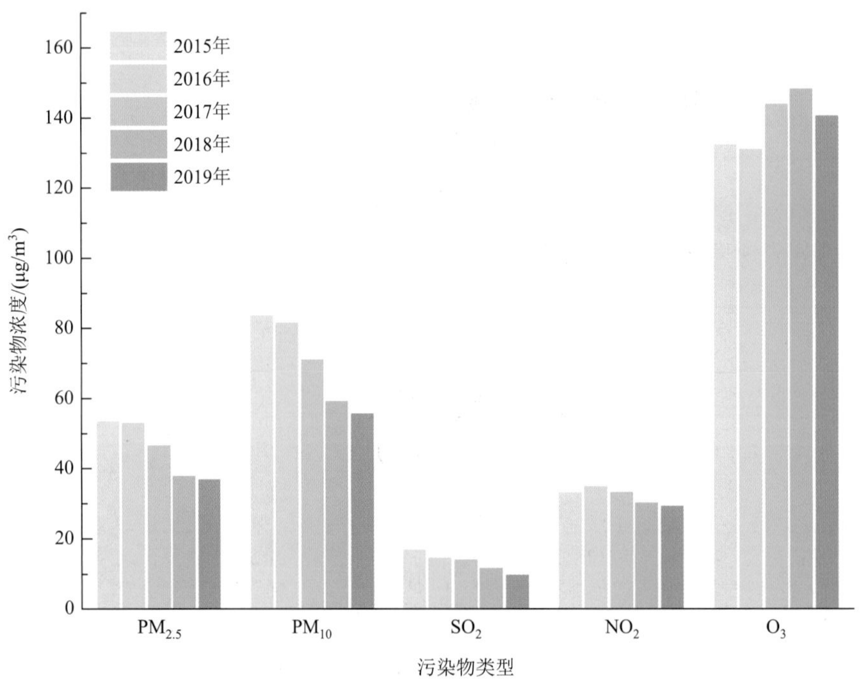

图 2-2　2015～2019 年成渝地区大气污染物年均浓度变化趋势

2.1.1.2　重点城市群空气质量比较分析

通过对成渝城市群与其他重点城市群（京津冀、长三角、珠三角、汾渭平原、中原城市群以及长江中下游城市群）的空气质量指标进行差异分析，明确成渝城市群空气质量在全国所处的水平。2018 年成渝地区 $PM_{2.5}$ 和 PM_{10} 的浓度分别为 39.3μg/m^3 和 63.3μg/m^3，仅高于珠三角地区（差值分别为 8.3μg/m^3 和 14.3μg/m^3）；O_3 浓度（149μg/m^3）略高于珠三角

（差值为 1.2μg/m^3）和长江中下游城市群（差值为 8.2μg/m^3）；SO_2浓度（10.6μg/m^3）低于全国平均水平；NO_2 浓度（37μg/m^3）较珠三角（28μg/m^3）和长江中下游城市群（27μg/m^3）偏高；CO 浓度与其他城市群基本持平（图 2-3）。由此表明，成渝地区空气质量相对于全国其他重点城市群处于中上水平，但仍面临 $PM_{2.5}$浓度超标、O_3浓度相对偏高等突出问题。

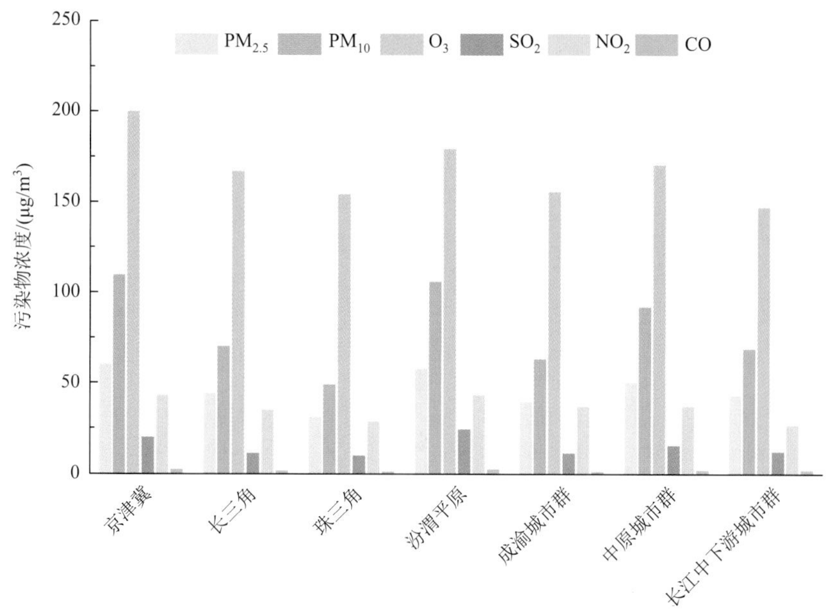

图 2-3　2018 年我国重点城市群污染物浓度水平

2.1.2　成渝地区空气质量时空分布及趋势分析

2.1.2.1　污染指标空间分布规律

2019 年成渝地区主要污染物浓度的空间分布（图 2-4）显示，$PM_{2.5}$高浓度的区域分布在成都平原经济区中部的成都市、乐山市和德阳市，川南经济区的自贡市、宜宾市和泸州市，川东北经济区的达州市和南充市，重庆主城新区的江津区和荣昌区；PM_{10} 高浓度的区域包括成都平原经济区的成都市和德阳市、川南经济区的自贡市、川东北经济区的达州市、重庆其他区县的巫溪县；O_3 高浓度的区域涵盖成都平原经济区的成都市、德阳市、眉山市和资阳市，川南经济区的自贡市，重庆中心城区及主城新区区域；NO_2高浓度的区域分布在成都平原经济区的成都市—眉山市片区、川东北经济区的达州市、重庆中心城区和江津区；重庆市的 SO_2和 CO 浓度整体高于四川省，SO_2相对高浓度的区域主要分布在永川区、綦江区、涪陵区、丰都县和彭水县，CO 相对高浓度区域主要分布在达州—城口—巫溪一带。

成渝地区各污染物浓度的空间分布差异显著，$PM_{2.5}$ 和 PM_{10} 浓度高值区的分布呈现一致性，推断成渝地区 $PM_{2.5}$和 PM_{10}的来源具有同源性，四川省的颗粒物浓度显著高于重庆市，可能是由于四川省的颗粒物浓度高值区路网发达且集中分布着施工强度大的工

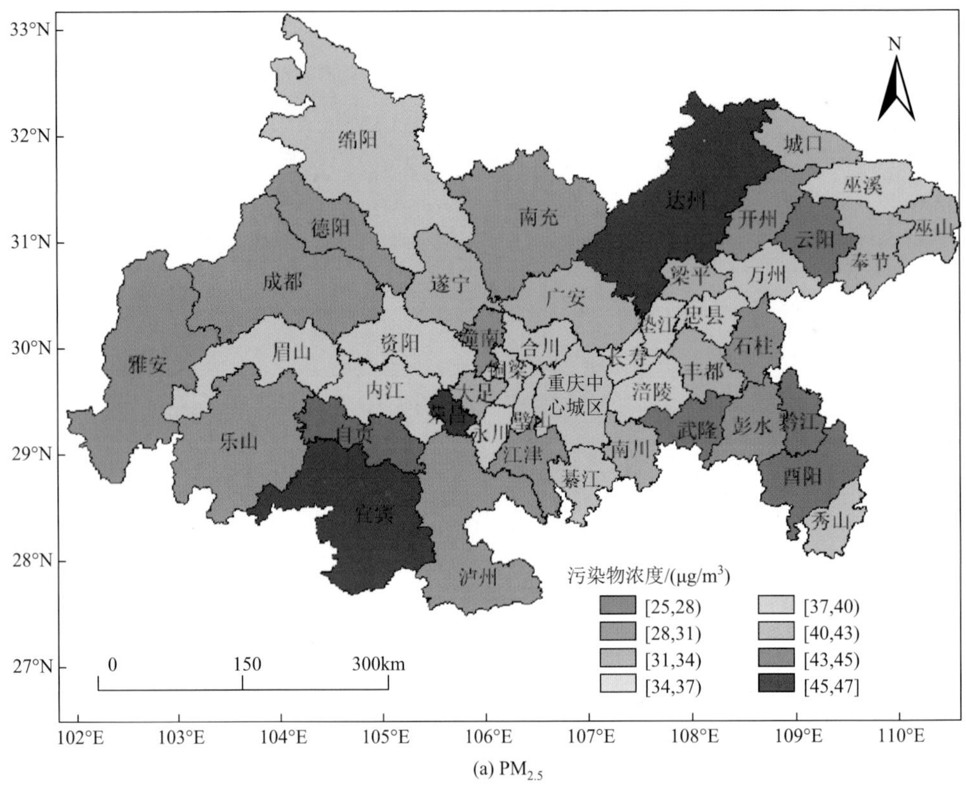

33°N
32°N
31°N
30°N
29°N
28°N
27°N
N
绵阳
南充
达州
城口
巫溪
开州
云阳
巫山
奉节
德阳
成都
遂宁
广安
梁平
万州
垫江
忠县
石柱
雅安
眉山
资阳
潼南
合川
铜梁
长寿
丰都
内江
大足
重庆中心城区
涪陵
乐山
自贡
荣昌
永川
璧山
武隆
彭水
黔江
江津
南川
酉阳
宜宾
綦江
秀山
泸州
污染物浓度/(μg/m³)
[25,28)
[28,31)
[31,34)
[34,37)
[37,40)
[40,43)
[43,45)
[45,47]
0
150
300km
102°E
103°E
104°E
105°E
106°E
107°E
108°E
109°E
110°E

(a) $PM_{2.5}$

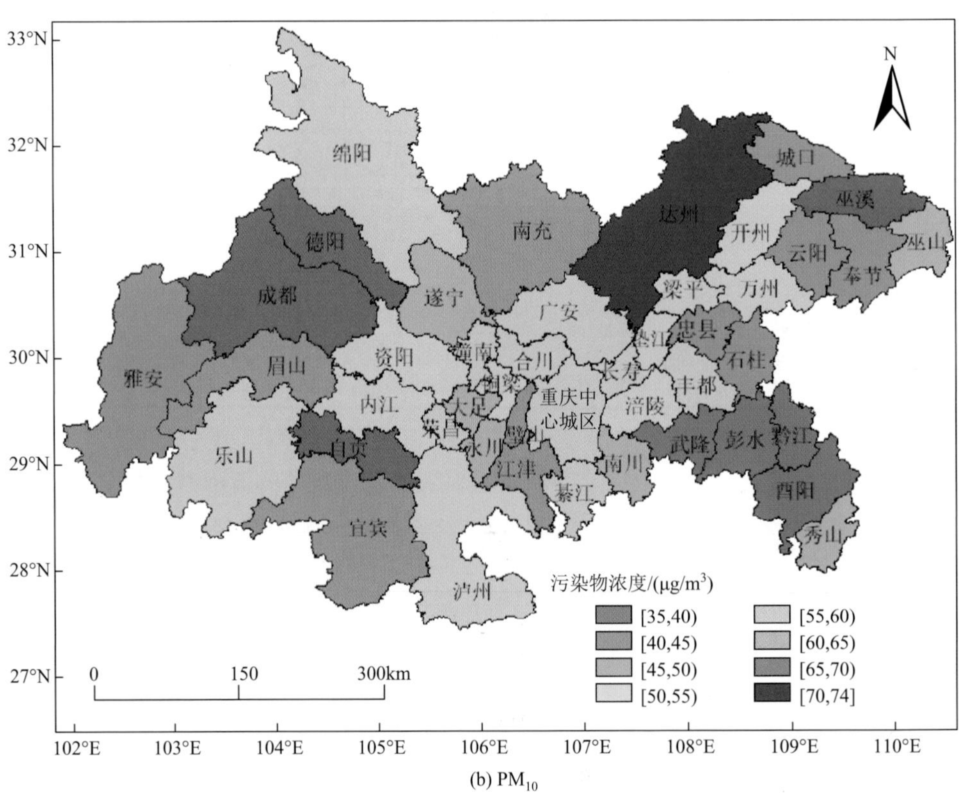

33°N
32°N
31°N
30°N
29°N
28°N
27°N
N
绵阳
南充
达州
城口
巫溪
开州
云阳
巫山
奉节
德阳
成都
遂宁
广安
梁平
万州
垫江
忠县
石柱
雅安
眉山
资阳
潼南
合川
铜梁
长寿
丰都
内江
大足
重庆中心城区
涪陵
乐山
自贡
荣昌
永川
璧山
武隆
彭水
黔江
江津
南川
酉阳
宜宾
綦江
秀山
泸州
污染物浓度/(μg/m³)
[35,40)
[40,45)
[45,50)
[50,55)
[55,60)
[60,65)
[65,70)
[70,74]
0
150
300km
102°E
103°E
104°E
105°E
106°E
107°E
108°E
109°E
110°E

(b) PM_{10}

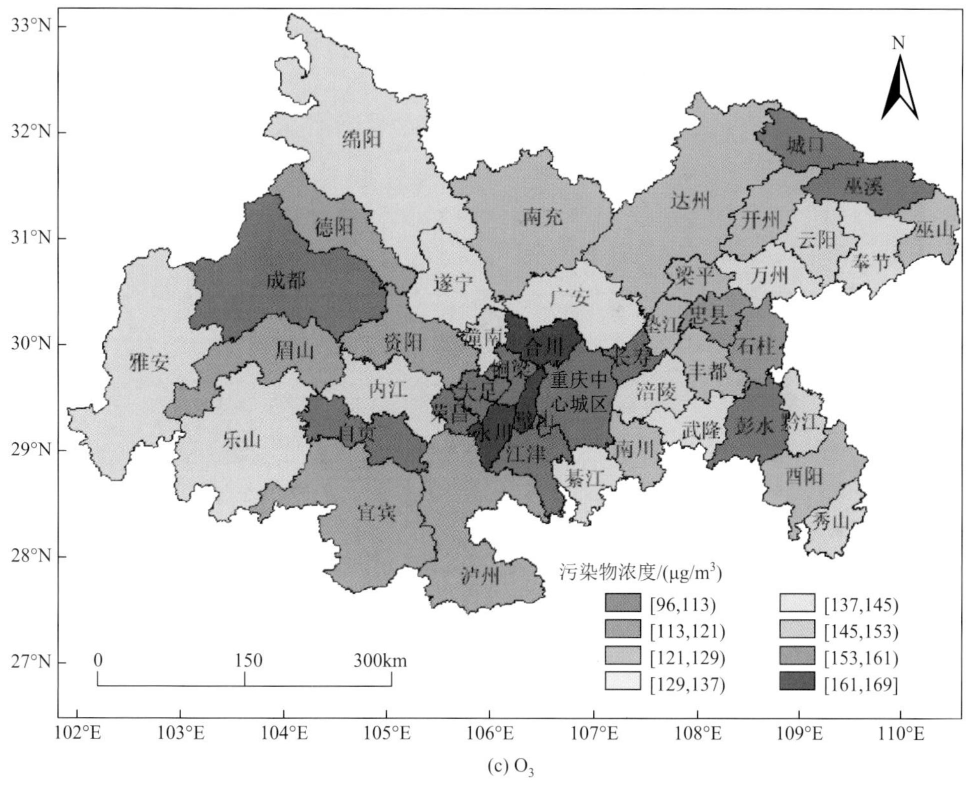

33°N
32°N
31°N
30°N
29°N
28°N
27°N
N
绵阳
南充
达州
城口
巫溪
开州
云阳
奉节
巫山
德阳
成都
遂宁
广安
梁平
万州
忠县
垫江
石柱
雅安
眉山
资阳
潼南
合川
长寿
内江
铜梁
重庆中
心城区
丰都
大足
荣昌
涪陵
璧山
乐山
自贡
永川
江津
南川
武隆
彭水
黔江
綦江
酉阳
宜宾
秀山
泸州
污染物浓度/(μg/m3)
[96,113)
[113,121)
[121,129)
[129,137)
[137,145)
[145,153)
[153,161)
[161,169]
0
150
300km
102°E
103°E
104°E
105°E
106°E
107°E
108°E
109°E
110°E

(c) O_3

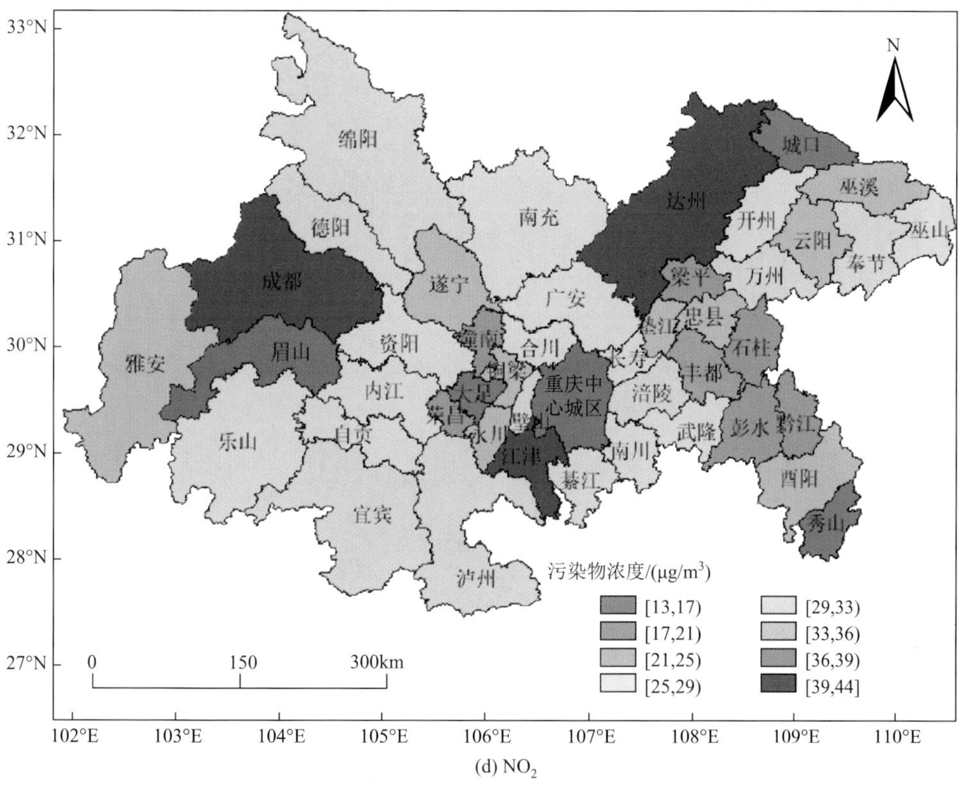

33°N
32°N
31°N
30°N
29°N
28°N
27°N
N
绵阳
城口
达州
巫溪
南充
开州
德阳
云阳
巫山
奉节
成都
梁平
万州
遂宁
广安
忠县
垫江
石柱
资阳
潼南
合川
雅安
眉山
长寿
丰都
铜梁
内江
重庆中
心城区
大足
涪陵
荣昌
璧山
乐山
自贡
永川
武隆
彭水
黔江
江津
南川
綦江
酉阳
宜宾
秀山
泸州
污染物浓度/(μg/m3)
[13,17)
[17,21)
[21,25)
[25,29)
[29,33)
[33,36)
[36,39)
[39,44]
0
150
300km
102°E
103°E
104°E
105°E
106°E
107°E
108°E
109°E
110°E

(d) NO_2

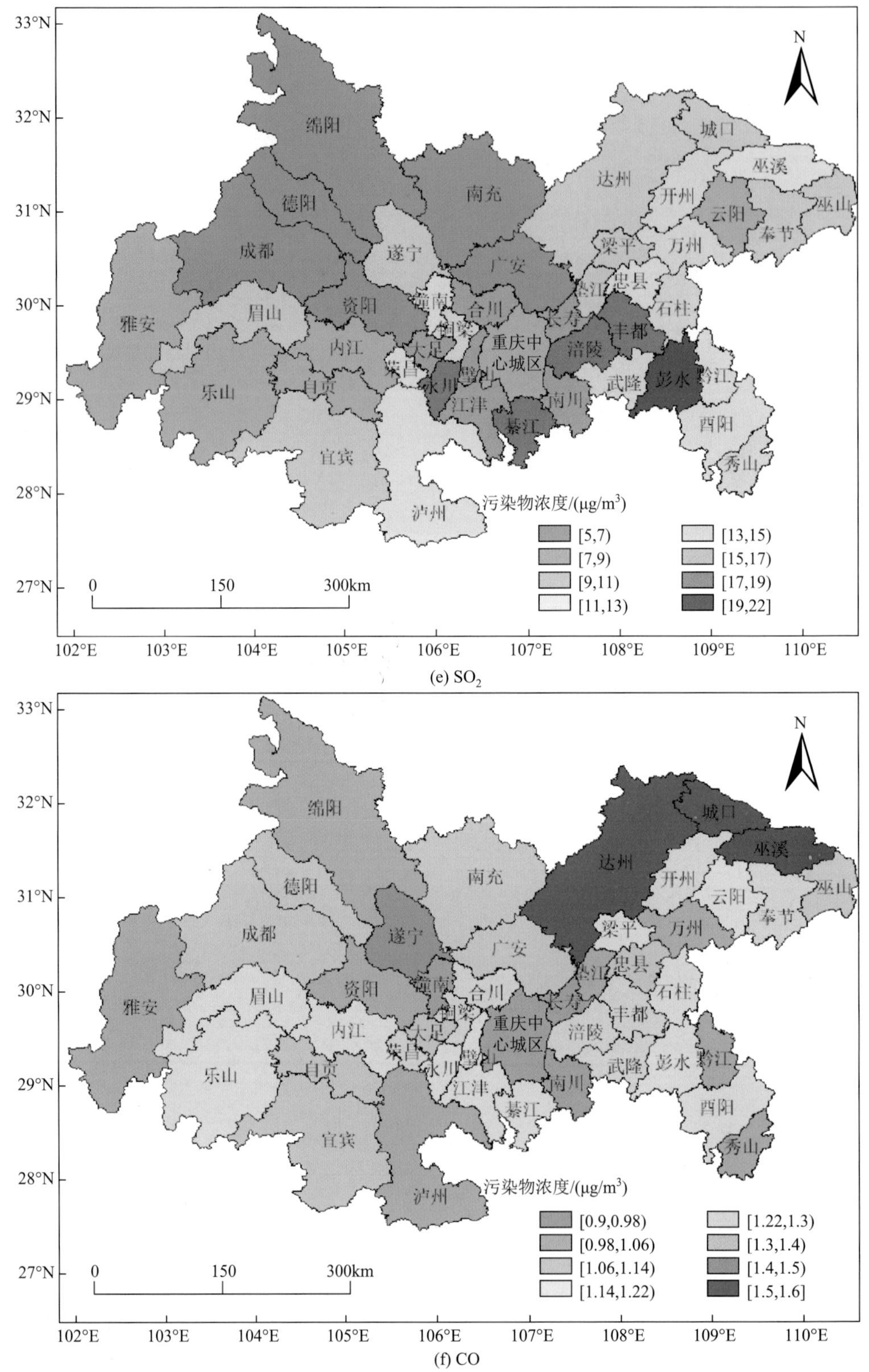

(e) SO_2

(f) CO

图 2-4　2019 年成渝地区主要污染物浓度空间分布图

业区；部分 O_3 高浓度区域和 NO_2 高浓度区域的分布有重叠，如四川省的成都市、眉山市、重庆中心城区和江津区，推断这些区域的 O_3 浓度主要受到前体物 NO_2 的影响；但存在一些例外，例如达州市的 NO_2 浓度较高，但是 O_3 浓度却较低，说明成渝城市群存在 O_3 污染机制复杂，受多个前体物影响的现象，且 O_3 高污染区域主要分布在以成都市和重庆市中心城区为中心向外蔓延的人口密集地带，区域工业布局密集，路网密度较大；因此在颗粒物及 O_3 治理工作中，未来应重点关注高值区域工业源与交通源等的深度治理。

2.1.2.2　污染指标时间分布规律

2015～2019 年成渝地区各区域的大气污染物浓度变化趋势如图 2-5 所示，可以看出大部分区域的 $PM_{2.5}$、PM_{10} 和 SO_2 污染物浓度总体呈现波动降低态势。但截至 2019 年，除重庆其他区县外，其他 5 个地区 $PM_{2.5}$ 浓度仍超过年均浓度标准。各区域 O_3 浓度在 2015～2018 年均呈现波动上升趋势（重庆主城新区和重庆其他区县仅包括 2017～2019 年 O_3 浓度数据），除重庆其他区县外，其余五大地区 2019 年 O_3 浓度相较 2018 年均呈现小幅回落。其中，四川省 3 大区域 NO_2 浓度变化趋势与 O_3 浓度变化基本一致，表明存在一定正向相关关系。但是，重庆三大区域的两种污染物浓度之间不具有明确规律性，说明 O_3 污染生成的复杂性，在治理阶段应该分地区分阶段制定 O_3 污染的治理方案。整体而言，成渝地区不同区域的各污染物浓度分布不均匀，重庆其他区县的空气质量相对最优。

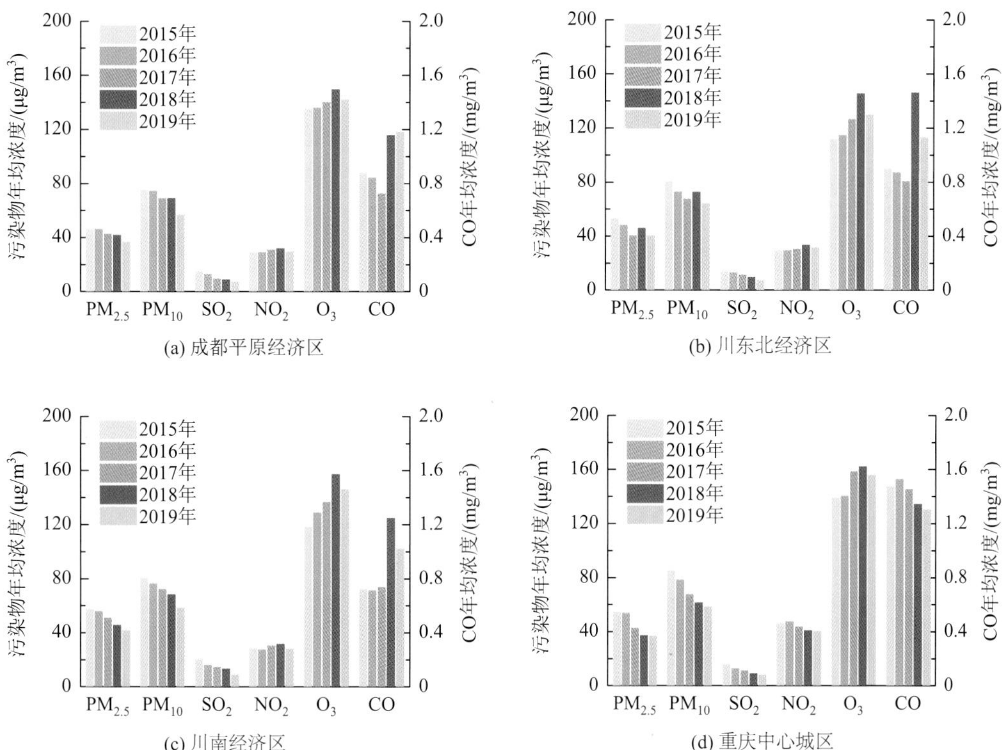

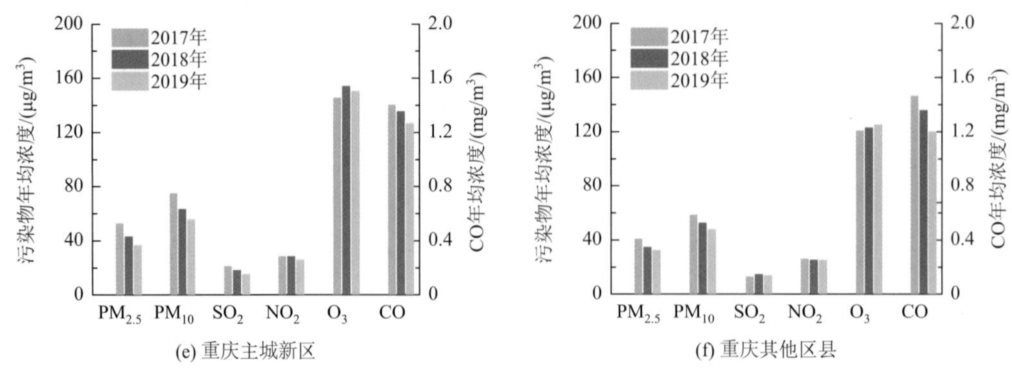

图 2-5　2015～2019 年成渝地区各区域大气污染物浓度变化趋势图

2.1.2.3　污染天数及首要污染物分布规律

成渝地区所有城市 2019 年均存在污染天（图 2-6），污染程度以轻度污染为主，其次为中度污染，仅部分城市有重污染现象。污染天数最多的是荣昌区（84d）；其次是成都平原经济区的成都市，川南经济区的宜宾市和自贡市，川东北经济区的达州市，重庆主城都市区的合川区、璧山区、江津区、永川区和铜梁区，污染天数均高于 60d；重庆其他区县的开州区、忠县、彭水县、武隆区及川东北的广元市，污染天数均小于 15d；污染天数最少的城市是酉阳县（11d）。重污染天数较多的城市分别为巫溪县（5d）、达州市（4d）、乐山市（3d）和宜宾市（3d）。此外，成渝地区各城市的首要污染物均以 $PM_{2.5}$ 和 O_3 为主，整体上以 $PM_{2.5}$ 为首要污染物的天数大于 O_3。

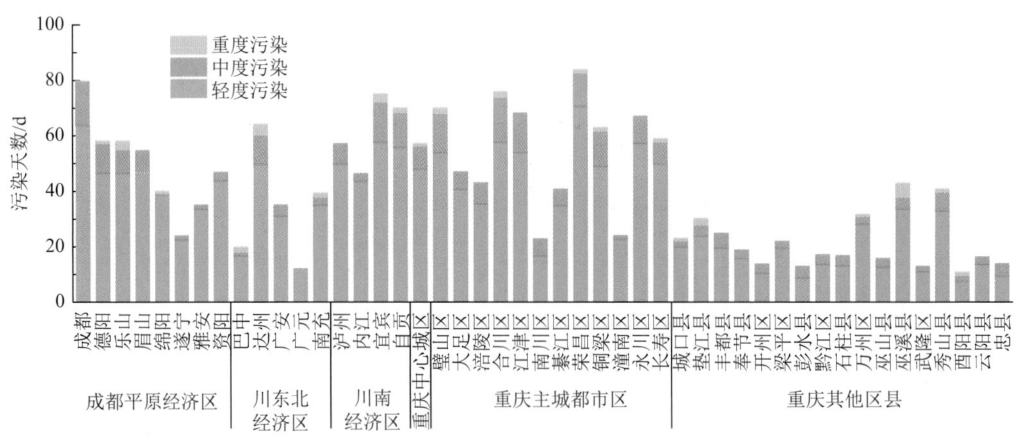

图 2-6　2019 年成渝地区各城市污染天数统计图

2.1.3　成渝地区分区域空气质量及达标差距分析

2.1.3.1　分区域空气质量比较

纵向分析 2019 年成渝地区六大区域空气质量数据（表 2-1）表明，成都平原经济区、川南经济区、川东北经济区、重庆中心城区和主城新区的 $PM_{2.5}$ 年均浓度均超过国家空气质量二级标准，且分别超标 5%、20%、4%、8%和 6%，川南经济区的 $PM_{2.5}$ 超标最为严重，重庆市其他区县的 $PM_{2.5}$ 年均浓度为 31.78μg/m^3，是成渝地区唯一达到国家空气质量二级标准的区域；重庆市其他区县 PM_{10} 的年均浓度为 46.75μg/m^3，其余区域 PM_{10} 年均浓度为 55.31～59.07μg/m^3；重庆主城新区和重庆市其他区县的 SO_2 年均浓度高于其他区域，分别为 15.68μg/m^3 和 12.83μg/m^3，其余区域的 SO_2 年均浓度均小于 10μg/m^3；NO_2 浓度最高的区域为重庆中心城区，年均浓度为 38.17μg/m^3，其次为川东北经济区和成都平原经济区，均为 30μg/m^3 左右；重庆中心城区和主城新区的 O_3 年均浓度高于其他区域，分别为 158μg/m^3 和 152μg/m^3，川东北经济区的 O_3 年均浓度最低，为 119μg/m^3；各区域 CO 年均浓度均小于 1mg/m^3。整体上除 $PM_{2.5}$ 以外，其余污染物年均浓度均达到国家空气质量二级标准，未来成渝地区应重点整治 $PM_{2.5}$ 浓度超标问题。

表 2-1　2019 年成渝地区各区域空气质量状况

省市	区域	$PM_{2.5}$/(μg/m^3)	PM_{10}/(μg/m^3)	SO_2/(μg/m^3)	NO_2/(μg/m^3)	O_3/(μg/m^3)	CO/(mg/m^3)
四川省	成都平原经济区	36.90（5%）	57.13	7.23	29.86	143	0.70
	川南经济区	41.90（20%）	58.60	8.87	27.75	147	0.73
	川东北经济区	36.45（4%）	59.07	7.25	30.03	119	0.75
重庆市	中心城区	37.83（8%）	58.25	7.50	38.17	158	0.85
	主城新区	37.22（6%）	55.31	15.68	26.10	152	0.94
	其他区县	31.78	46.75	12.83	23.65	125	0.86

注：括号中的数值表示污染物相对于国家空气质量二级标准的超标情况，未标注则表示该数值未超过国家空气质量二级标准。

2.1.3.2　空气质量改善差距分析

横向对比成渝地区各城市的大气污染物浓度改善差距（图 2-7），发现成都平原经济区存在 5 个城市 $PM_{2.5}$ 浓度超标，分别为成都（21%）、德阳（15%）、乐山（20%）、眉山（4%）、绵阳（8%），同时成都的 NO_2 浓度也超过国家空气质量二级标准 5%；川南经济区 4 个城市［泸州（18%）、内江（1%）、宜宾（31%）、自贡（28%）］的 $PM_{2.5}$ 浓度超过国家空气质量二级标准；川东北经济区的达州和南充 $PM_{2.5}$ 浓度分别超标 30%和 21%；重庆中心城区及主城新区的璧山、涪陵、合川、江津、綦江、荣昌、铜梁和长寿的 $PM_{2.5}$ 浓度也存在超标现象，同时江津的 NO_2 浓度超标 1%，璧山、合川和永川的 O_3 浓度分别超过国家空气质量二级标准 6%、3%和 5%。可见成渝地区各城市的 $PM_{2.5}$ 浓度超标表现出强烈的不平衡，且存在其他污染物浓度超标情况，各区域各城市污染情况存在较大的差异，整体而言，宜宾、荣昌、达州和自贡的 $PM_{2.5}$ 浓度超标严重，重庆市其他区县 3 个超标地区（垫江、万州和秀山）的超标值相对较小，当前加强 $PM_{2.5}$ 和 O_3 的协同防控是持续改善空气质量工作的重中之重。

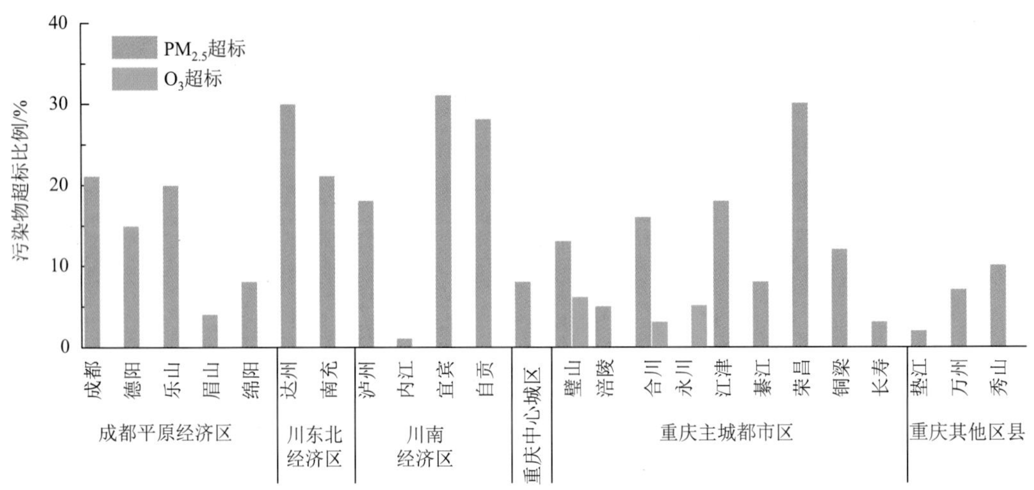

图 2-7　2019 年成渝地区 $PM_{2.5}$ 和 O_3 浓度超标情况

2.2　空气质量改善目标预测

2.2.1　目标预测依据及方法

$PM_{2.5}$ 和 O_3 是影响成渝地区各城市环境空气质量达标的首要污染物，$PM_{2.5}$ 日均浓度和 O_3 日最大 8h 平均浓度（O_{3_8h}）超标是影响优良天的主要因素，因此分阶段制定空气质量改善目标，对于加强污染物管理，持续推进空气质量改善具有非常重要的意义。

2.2.1.1　$PM_{2.5}$ 年均浓度

（1）采用年改善率的计算方法预测未来的 $PM_{2.5}$ 浓度，如式（2-1）所示。

$$C_i = C_{i-1}(1-x) \tag{2-1}$$

式中，C_i 为第 i 年的污染物平均浓度，μg/m^3；x 为污染物年均浓度改善率，%。

（2）为了消除不同年份间有利或不利气象条件的影响，采用 3 年滑动平均计算方法，得到不同城市 2017 年（2015～2017 年）、2018 年（2016～2018 年）、2019 年（2017～

2019 年)、2020 年(2018～2020 年)的 $PM_{2.5}$ 3 年滑动平均浓度。相对应的有 2017～2018 年、2018～2019 年和 2019～2020 年的 $PM_{2.5}$ 年改善率。

(3)根据 $PM_{2.5}$ 的 3 年滑动平均浓度及其年改善率，拟合得到高、中、低 3 种 $PM_{2.5}$ 年均浓度改善情景（图 2-8）。考虑 2020 年新冠疫情防控影响，2019～2020 年的 $PM_{2.5}$ 改善情景仅做参考。与同期相比，2020 年成渝地区 $PM_{2.5}$ 年均浓度改善率高达 10%，显著高于其他时期。

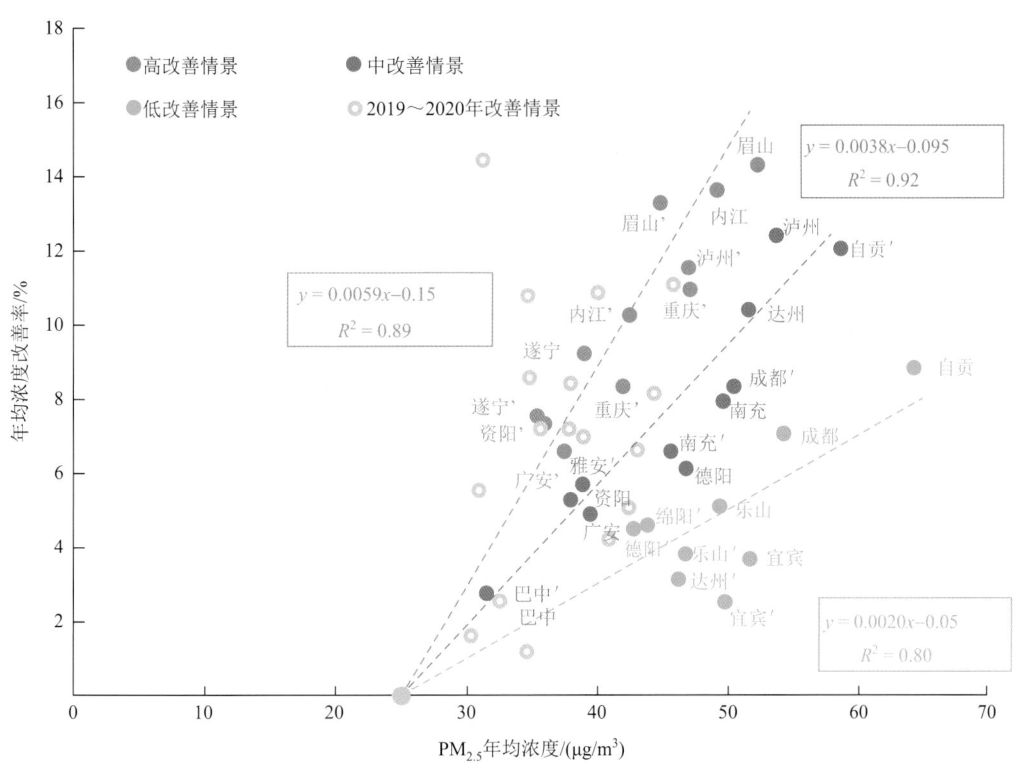

图 2-8　2017～2020 年成渝地区不同城市 $PM_{2.5}$ 年均浓度的 3 种改善情景

注：图中 $PM_{2.5}$ 年均浓度为 3 年滑动平均浓度，均为实况数据；所示如“成都”表示 2017～2018 年改善情况，如“成都'”表示 2018～2019 年改善情况。

(4)不同城市的 $PM_{2.5}$ 年均浓度改善情况，与其浓度水平相关；$PM_{2.5}$ 年均浓度越高，浓度改善幅度越大。当 $PM_{2.5}$ 浓度为 30～40μg/m³ 时，高、中、低三种改善情景分别对应 6%、4%和 2%的平均改善率，$PM_{2.5}$ 浓度分别降低 0.9～3.6μg/m³、0.6～2.2μg/m³ 和 0.3～1.2μg/m³。

(5)成渝地区 $PM_{2.5}$ 年均浓度改善情景类似于国内其他主要城市的改善情景，且现阶段 $PM_{2.5}$ 年均浓度均基本趋于 25μg/m³（图 2-9）。

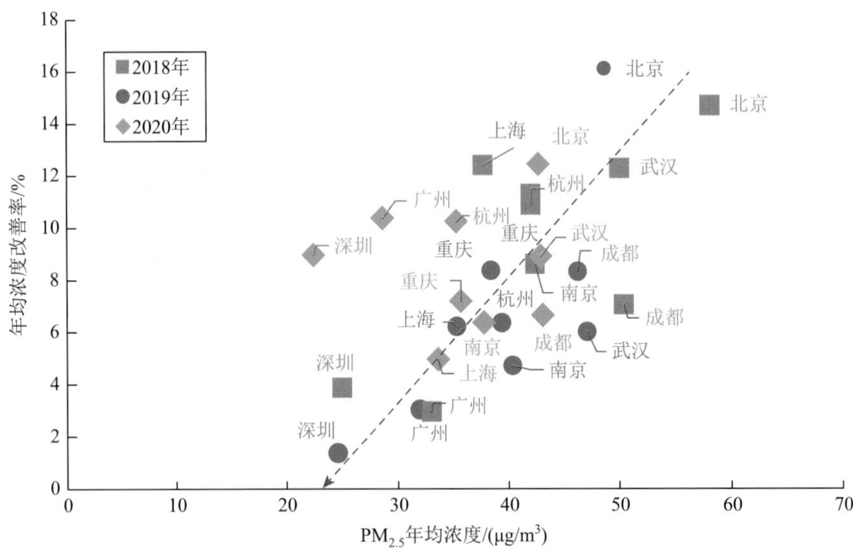

图 2-9　2018～2020 年我国主要城市 $PM_{2.5}$ 年均浓度改善情景

注：图中 $PM_{2.5}$ 年均浓度为 3 年滑动平均浓度，均为实况数据。

2.2.1.2　O_3 年均浓度

（1）采用年变化率的计算方法［式（2-1）］预测未来的 O_3 浓度。

（2）为了消除不同年份间有利或不利气象条件的影响，采用 3 年滑动平均计算方法，得到不同城市 2017 年（2015～2017 年）、2018 年（2016～2018 年）、2019 年（2017～2019 年）、2020 年（2018～2020 年）的 O_3 3 年滑动平均浓度。相对应的有 2017～2018 年、2018～2019 年和 2019～2020 年的 O_3 年变化率。

（3）根据 O_3 的 3 年滑动平均浓度及其年变化率，拟合得到高、低两种 O_3 浓度变化情景（图 2-10）。考虑 2020 年新冠疫情防控影响，2019～2020 年的 O_3 浓度变化情景仅做参考。与同期相比，2020 年成渝地区 O_3 浓度基本呈现升高趋势，年变化率为 2%。

（4）不同城市的 O_3 浓度变化情况，也与其浓度水平相关；O_3 浓度越高，变化幅度越小。高变化情景下，O_3 浓度趋于 160μg/m^3；而低变化情景下，O_3 浓度趋于 140μg/m^3。

（5）参考国内其他主要城市的 O_3 浓度变化情景，当 O_3 浓度为 150～180μg/m^3 时，升高（变化率为正值），或降低（变化率为负值）的情景均有（图 2-11）。总体而言，O_3 浓度升高的情景多于降低的情景；O_3 浓度降低情景中，年变化率约为 2%。

2.2.1.3　$PM_{2.5}$ 污染天数

（1）在现有空气质量等级评价标准不变的前提下，基于 $PM_{2.5}$ 年均浓度与其污染天数的关系预测未来的 $PM_{2.5}$ 污染天数。

（2）$PM_{2.5}$ 年均浓度与污染天数呈显著线性关系（图 2-12），置信区间为 10d。$PM_{2.5}$ 年均浓度下降 1μg/m^3，污染天数减少 2.43d。

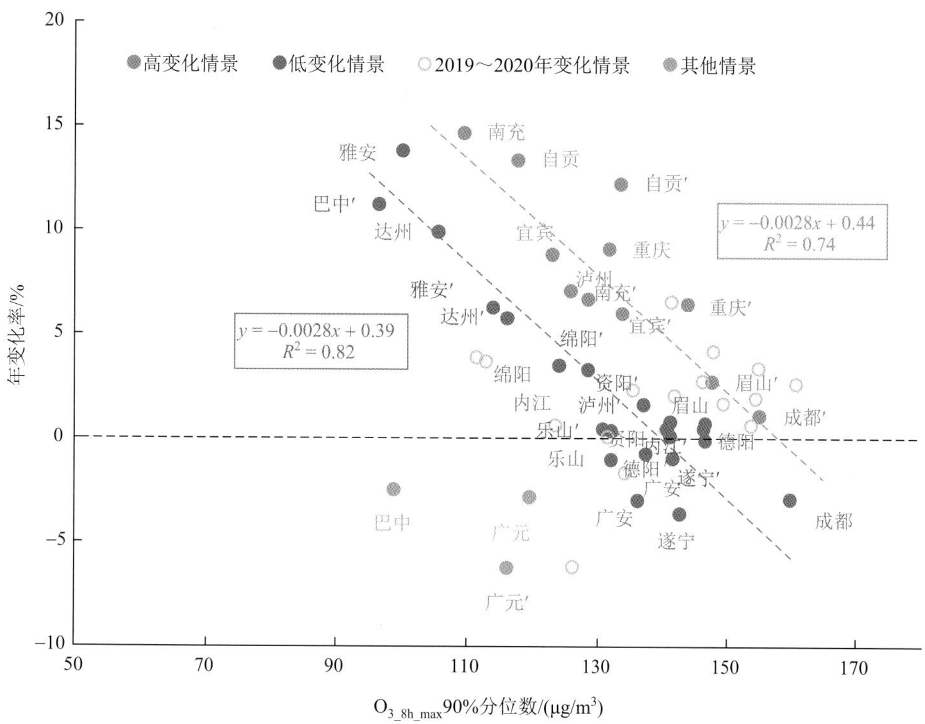

图 2-10　2017～2020 年成渝地区不同城市 O_3 浓度的两种变化情景

注：图中 $O_{3_8h_max}$90%分位数为 3 年滑动平均值，均为实况数据；所示如“成都”表示 2017～2018 年改善情况，如“成都′”表示 2018～2019 年改善情况；其他情景为异常值。

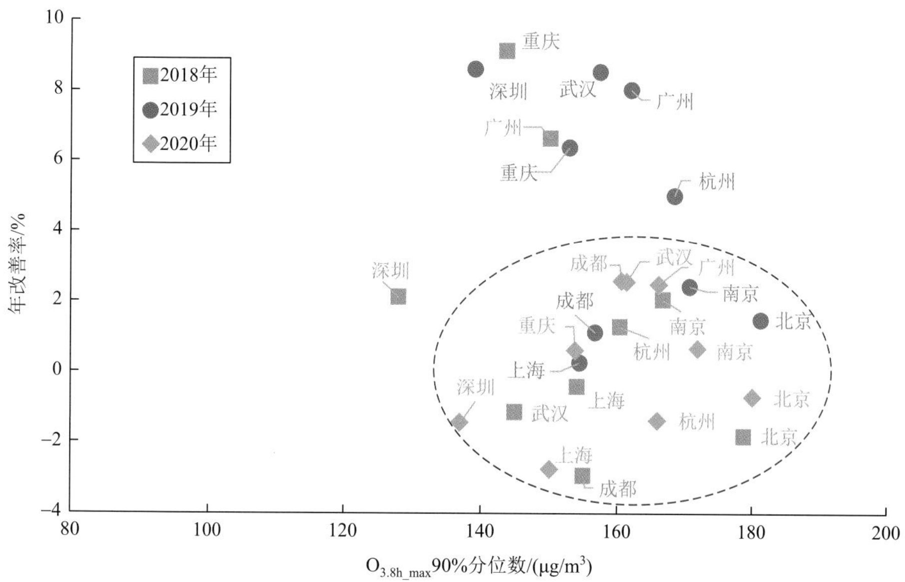

图 2-11　2018～2020 年我国主要城市 O_3 浓度变化情景

注：图中 O_3 浓度为 3 年滑动平均浓度，均为实况数据。

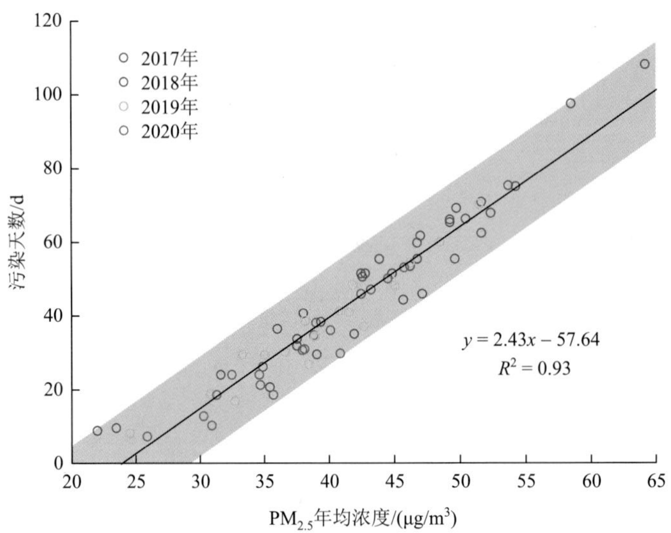

图 2-12　2017～2020 年成渝地区不同城市 $PM_{2.5}$ 年均浓度与污染天数的关系

注：图中 $PM_{2.5}$ 年均浓度和 $PM_{2.5}$ 污染天数为 3 年滑动平均值，$PM_{2.5}$ 浓度为实况数据。

2.2.1.4　O_3 污染天数

（1）在现有空气质量等级评价标准不变的前提下，基于 O_3 年均浓度与其污染天数的关系预测未来的 O_3 污染天数。

（2）O_3 年均浓度与污染天数呈显著的分段线性关系（图 2-13），置信区间为 5d。当 O_3 年均浓度大于 130μg/m³ 时，O_3 年均浓度的增加会导致污染天数迅速增加；O_3 年均浓度升高 1μg/m³，污染天数增加 0.92d。

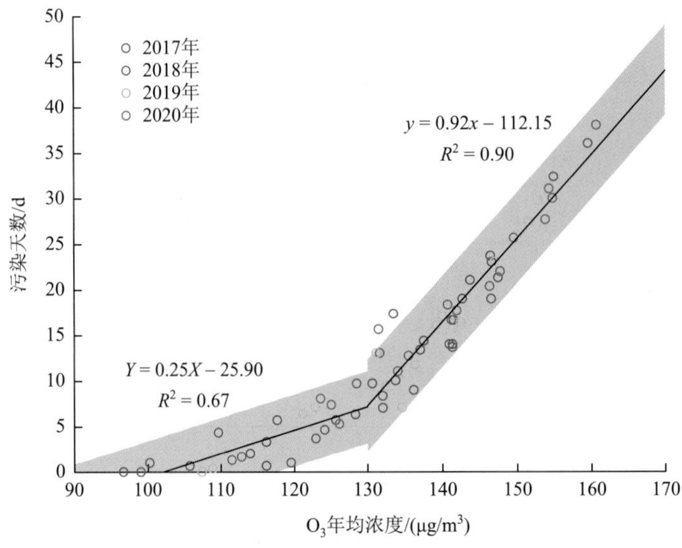

图 2-13　2017～2020 年成渝地区不同城市 O_3 年均浓度与污染天数的关系

注：图中 O_3 年均浓度和 O_3 污染天数为 3 年滑动平均值，O_3 浓度为实况数据。

2.2.2　空气质量情景设计

2.2.2.1　$PM_{2.5}$目标情景

（1）以 2019 年为基准年，按照图 2-8 所示高、中、低 3 种改善情景对应的 $PM_{2.5}$浓度改善率拟合关系式，预测不同年份的 $PM_{2.5}$浓度，不同 $PM_{2.5}$年均浓度对应的改善率见表 2-2。

（2）鉴于成渝地区 $PM_{2.5}$年均浓度改善率低于 2%的数据极少，结合已达标城市 $PM_{2.5}$年均浓度下降比例，最小值通常设定为 2%，因此设定 $PM_{2.5}$年均浓度最小改善率为 2%。

（3）根据不同年份的 $PM_{2.5}$浓度改善值，按照图 2-12 所示拟合关系，预测 $PM_{2.5}$浓度改善所减少的污染天数。

表 2-2　成渝地区中长期 $PM_{2.5}$年均浓度改善情景

$PM_{2.5}$年均浓度/(μg/m^3)	高改善情景/%	中改善情景/%	低改善情景/%
25 及以下	2	2	2
(25，35]	(2，6]	(2，4]	2
(35，45]	(6，12]	(4，8]	(2，4]
(45，55]	(12，14]	(8，10]	(4，6]
55 以上	14 以上	10 以上	6 以上

注：表中数值为 $PM_{2.5}$年均浓度下降比例。

2.2.2.2　O_3目标情景

（1）按照 O_3浓度将成渝地区各城市分为两类，一类为 O_3高值城市（浓度接近 160μg/m^3），另一类为 O_3低值城市（浓度低于 140μg/m^3）。以 2019 年为基准年，O_3浓度年均变化率取平均值 2%。假设 O_3低值城市，2025 年前达到 O_3浓度峰值 140μg/m^3；O_3高值城市，2025 年前达到 O_3浓度峰值 160μg/m^3。

（2）2035 年之前，O_3浓度达到峰值 160μg/m^{3}后的城市以 1%的变化率（参照图 2-10 中所示的变化率取值）逐步改善，2025 年时 O_3浓度不高于 2020 年观测值；O_3浓度达到峰值 140μg/m^{3}后的城市以 0.5%的变化率逐步改善。

（3）根据不同年份的 O_3浓度变化值，按照图 2-13 所示拟合关系，预测由于 O_3浓度变化所增加或减少的污染天数。

2.2.3　分区域分阶段空气质量改善目标确定

2.2.3.1　预测结果验证

2021 年 $PM_{2.5}$预测年均浓度与实际浓度均值较为一致［图 2-14（a）］。低、中、高三种改善情景下成渝地区的 $PM_{2.5}$ 预测年均浓度分别为 37μg/m³、35μg/m³ 和 33μg/m³，实际浓度均值为 36μg/m³。川南经济区预测结果偏低，与该地区 2021 年 $PM_{2.5}$ 浓度略有反弹有关。O_3 浓度受气候影响较大，成都平原经济区和川南经济区预测浓度与实际浓度较为一致，重庆市和川东北经济区预测浓度偏高，与该地区 2021 年 O_3 浓度大幅下降有关。低、中、高三种改善情景下成渝地区各城市的 $PM_{2.5}$ 污染天数均值分别为 44d、40d 和 37d，实际污染天数均值为 48d，川南经济区以及广安市、遂宁市等城市的污染天数预测结果与实际结果有较大偏差图［2-14（b）］。$PM_{2.5}$ 污染天数预测结果明显偏低，以中

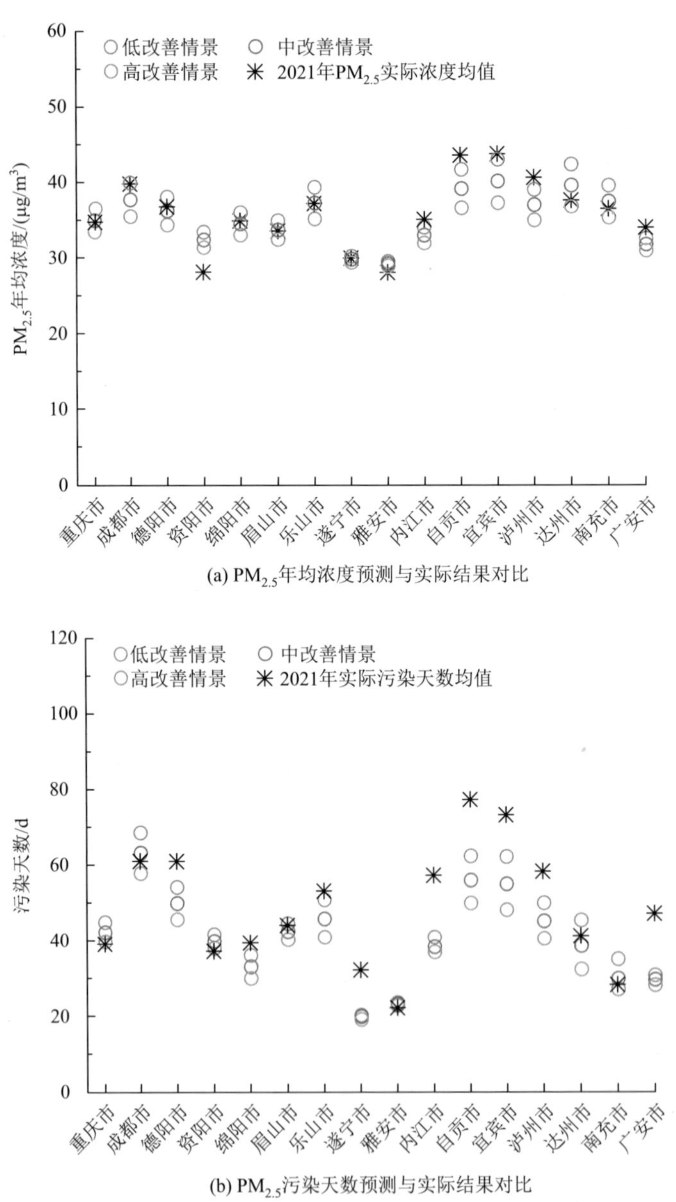

(a) $PM_{2.5}$年均浓度预测与实际结果对比

(b) $PM_{2.5}$污染天数预测与实际结果对比

图 2-14　成渝地区各城市 2021 年 $PM_{2.5}$ 浓度和污染天数情景预测与实际结果对比

改善情景为例，成渝地区各城市的污染天数均值比实际污染天数均值少 8d，说明污染天数的预测存在较大的不确定性。

2.2.3.2　$PM_{2.5}$ 预测结果

成渝地区不同情景下各阶段的 $PM_{2.5}$ 年均浓度预测结果（图 2-15）表明，低改善情景下，到 2025 年，成渝地区 $PM_{2.5}$ 年均浓度由基准年（2019 年）的 39μg/m^3 降至 33μg/m^3，小于 2020 年 $PM_{2.5}$ 年均浓度 35μg/m^3。16 个城市中成都市、乐山市、自贡市、泸州市、宜宾市、达州市和南充市 7 个城市 $PM_{2.5}$ 年均浓度未达到 35μg/m^3 以下，且重庆市、资阳市和乐山市 3 个城市的 $PM_{2.5}$ 年均浓度仍高于 2020 年实测值［图 2-15（a）］。按照《四川省“十四五”生态环境保护规划》《重庆市生态环境保护“十四五”规划（2021—2025 年）》中有关空气质量全面改善要求，2025 年各城市 $PM_{2.5}$ 年均浓度须优于 2020 年年均浓度；因此，低改善情景可能不能完全满足“十四五”空气质量全面改善要求。

中改善情景下，到 2025 年，成渝地区 $PM_{2.5}$ 年均浓度降为 31μg/m^3，16 个城市的 $PM_{2.5}$ 年均浓度全部达到 35μg/m^3 以下，资阳市、遂宁市、雅安市、内江市和广安市 5 个城市

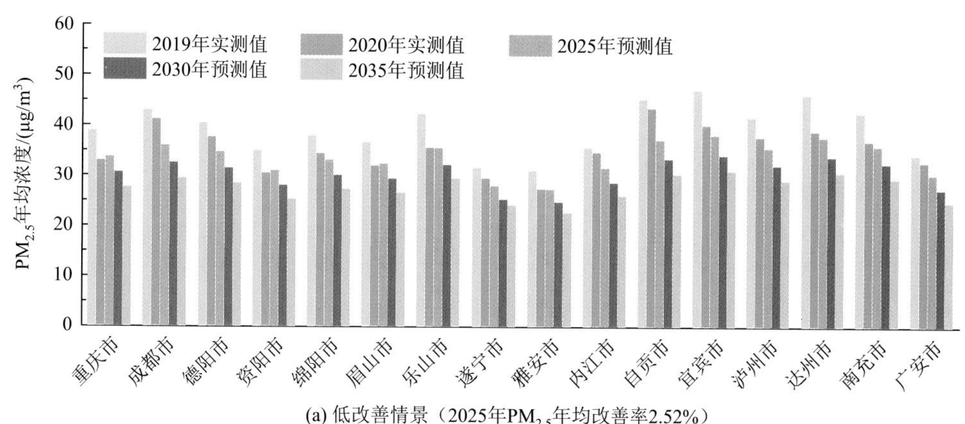

(a) 低改善情景（2025年$PM_{2.5}$年均改善率2.52%）

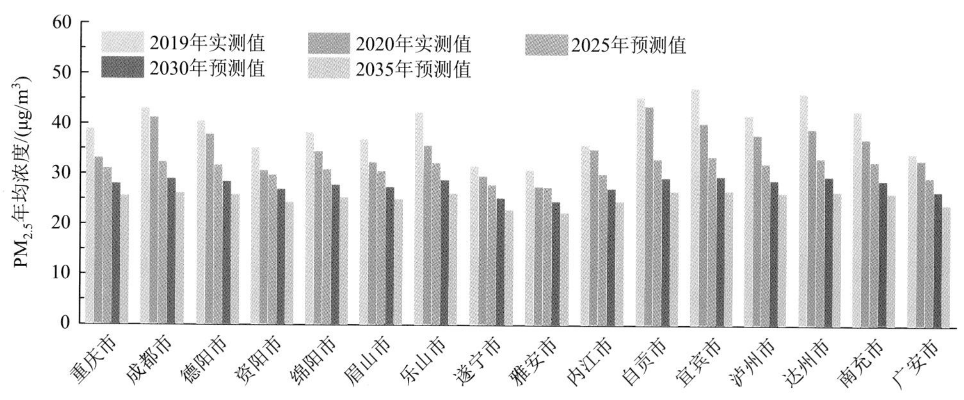

(b) 中改善情景（2025年$PM_{2.5}$年均改善率3.78%）

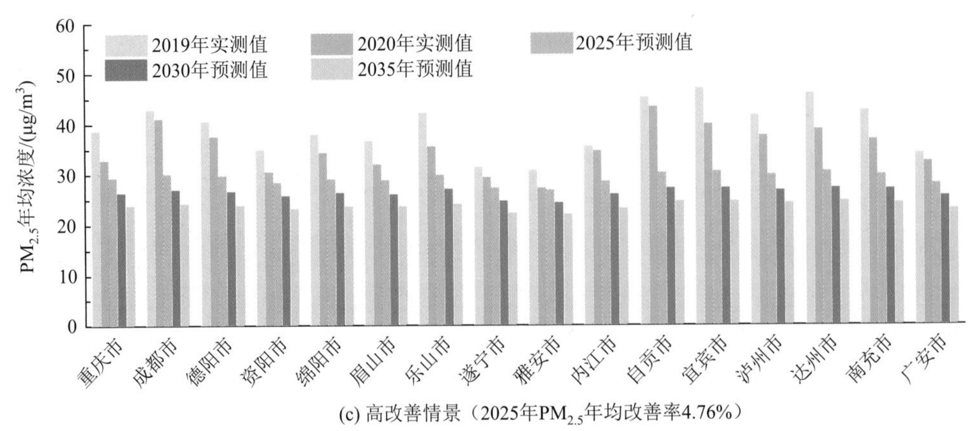

(c) 高改善情景（2025年$PM_{2.5}$年均改善率4.76%）

图 2-15　成渝地区不同城市各阶段 $PM_{2.5}$ 年均浓度实测与预测结果

的 $PM_{2.5}$ 年均浓度降至 30μg/m^3 以下。到 2030 年，成渝地区 $PM_{2.5}$ 年均浓度降为 28μg/m^3，16 个城市的 $PM_{2.5}$ 年均浓度全部降至 30μg/m^3 以下，遂宁市和雅安市的 $PM_{2.5}$ 年均浓度降至 25μg/m^3 以下。到 2035 年，成渝地区 $PM_{2.5}$ 年均浓度降为 25μg/m^3，16 个城市的 $PM_{2.5}$ 年均浓度趋近于 25μg/m^3，资阳市、绵阳市、眉山市、遂宁市、雅安市、内江市和广安市 7 个城市的 $PM_{2.5}$ 年均浓度降至 25μg/m^3 以下［图 2-15（b）］。

高改善情景下，到 2025 年，成渝地区 $PM_{2.5}$ 年均浓度降为 29μg/m^3，16 个城市的 $PM_{2.5}$ 年均浓度几乎全部达到 30μg/m^3 以下。到 2030 年，成渝地区 $PM_{2.5}$ 年均浓度降为 26μg/m^3；到 2035 年，成渝地区 $PM_{2.5}$ 年均浓度降为 23.5μg/m^3，16 个城市的 $PM_{2.5}$ 年均浓度全部达到 25μg/m^3 以下［图 2-15（c）］。

综上所述，以 2019 年为基准年，$PM_{2.5}$ 年均浓度应符合中、高改善情景，才能满足“十四五”空气质量全面改善要求（2025 年各城市 $PM_{2.5}$ 年均浓度须优于 2020 年年均浓度）。另外，由于 2020 年新冠疫情防控的影响，与同期相比，成渝地区 $PM_{2.5}$ 年均浓度改善率高达 10%；以 2020 年为基准年，假定 2021～2025 年执行低改善情景，“十四五”各城市 $PM_{2.5}$ 年均浓度也能达到中改善情景目标。中、高改善情景下，2030 年 16 个城市的 $PM_{2.5}$ 年均浓度均能降至 30μg/m^3 以下；仅在高改善情境下，2035 年 16 个城市的 $PM_{2.5}$ 年均浓度全部达到 25μg/m^3 以下。

2.2.3.3　O_3 预测结果

成渝地区不同情景下各阶段的 O_3 浓度预测结果（图 2-16）表明，成渝地区 O_3 高值城市到 2025 年 O_3 浓度仍超过 140μg/m^3，包括重庆市，成都平原经济区的成都市、德阳市、资阳市、绵阳市、眉山市和川南经济区的泸州市、自贡市、宜宾市及内江市；O_3 低值城市到 2025 年 O_3 浓度为 140μg/m^3 以下，包括成都平原经济区的遂宁市及雅安市和川东北经济区的达州市、南充市和广安市。2020～2025 年，成渝地区 O_3 浓度均值保持稳定（区域均值由 144μg/m^3 升至 145μg/m^3），其中成都市、德阳市和眉山市的 O_3 浓度显著下降，达州市和南充市的 O_3 浓度显著上升。成渝地区 O_3 浓度均值 2030 年和

2035 年将分别降至 140μg/m^3 和 135μg/m^3，到 2035 年所有城市 O_3 浓度均降至 140μg/m^3 以下。

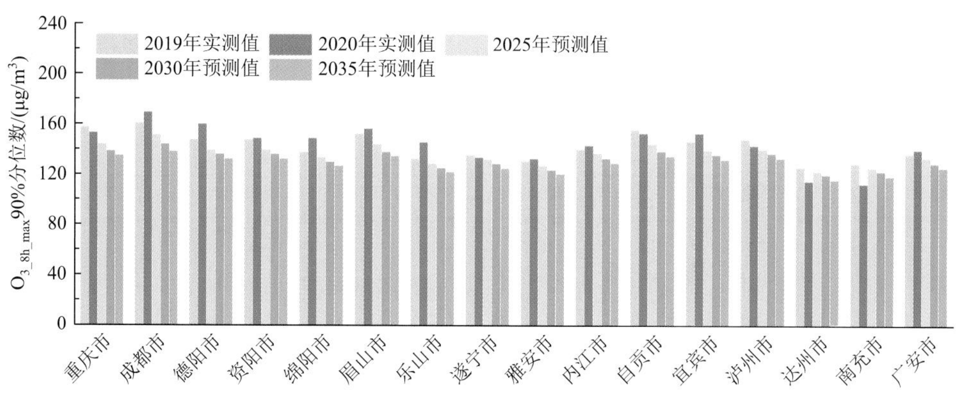

图 2-16　成渝地区不同城市各阶段的 O_3 浓度实测与预测结果

2.2.3.4　优良天数预测结果

成渝地区 $PM_{2.5}$ 中改善情景 + O_3 情景不同城市各阶段污染天数预测结果如图 2-17 所示。O_3 污染天数占总污染天数的比例从 43%（2020 年）逐年升高，预测 2025 年、2030 年和 2035 年占比将分别达到 65%、73%和 86%。到 2035 年，重庆市、眉山市、雅安

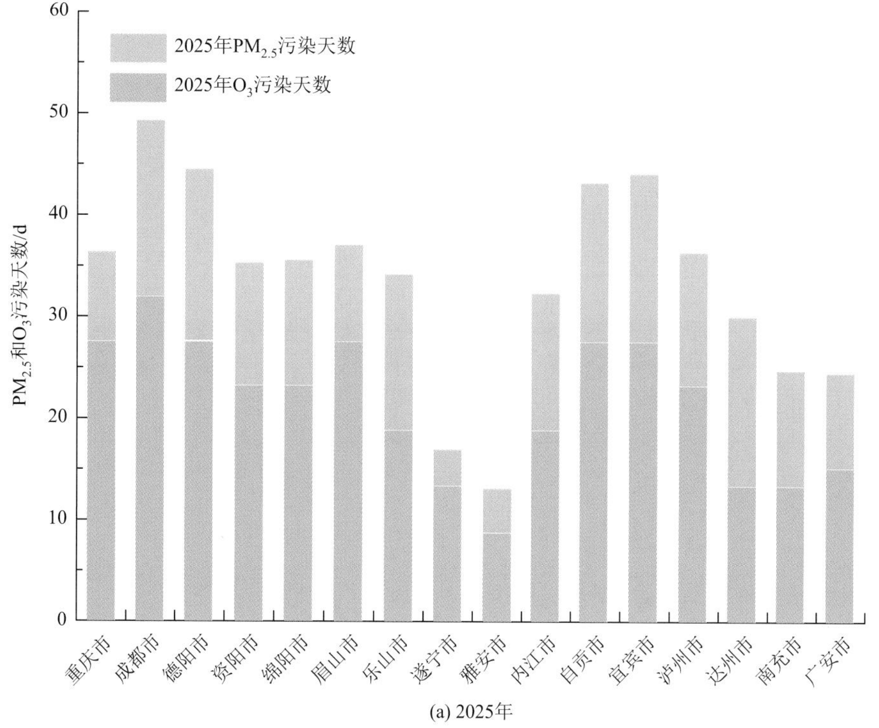

(a) 2025年

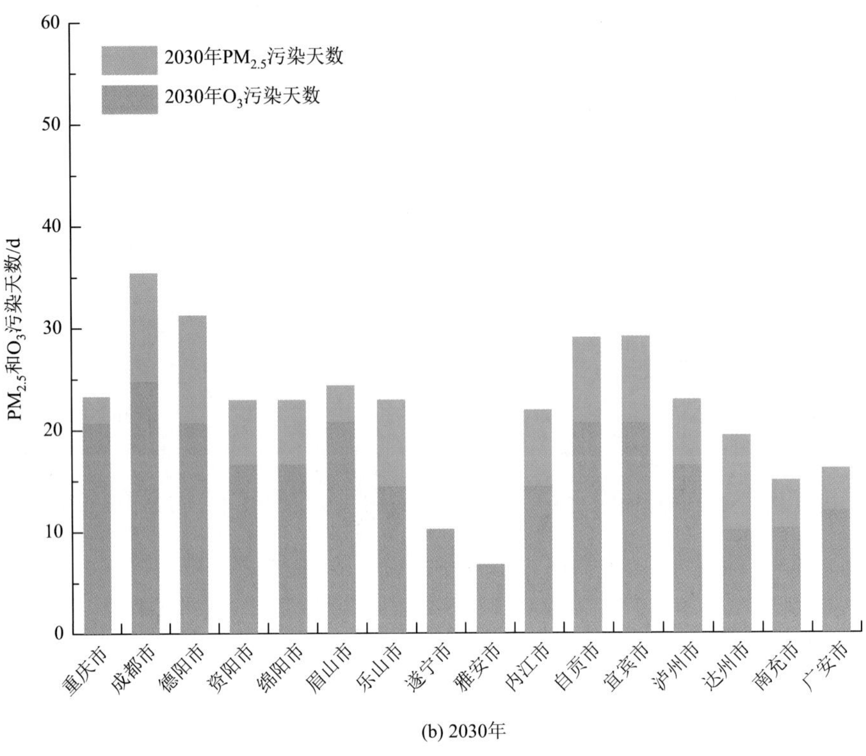

(b) 2030年

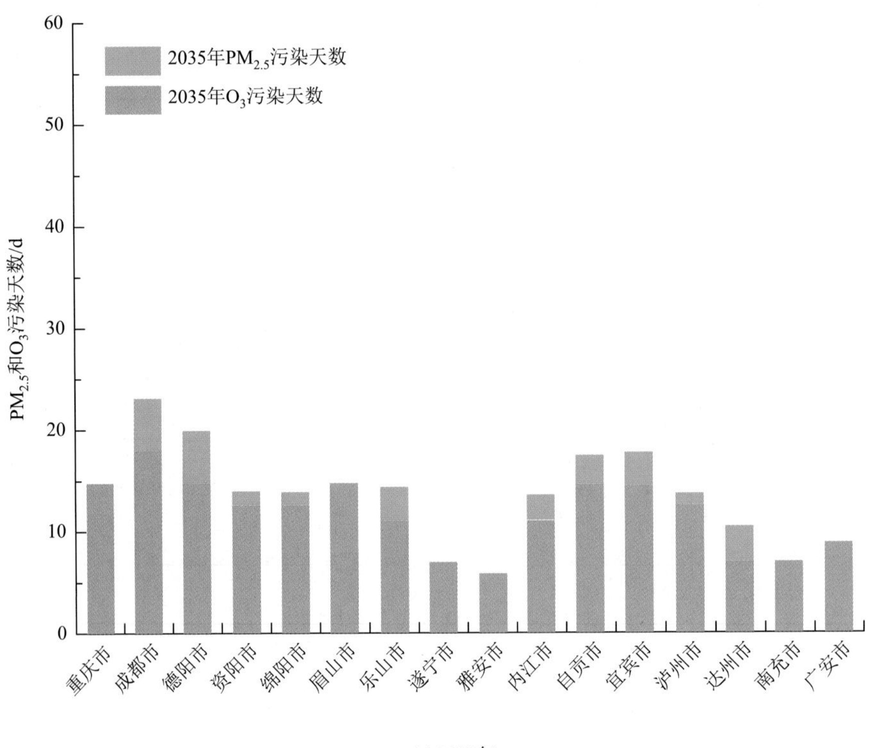

(c) 2035年

图 2-17　成渝地区 $PM_{2.5}$ 中改善情景 + O_3 情景不同城市各阶段污染天数预测结果

市、遂宁市、南充市和广安市的污染天全部为 O_3 污染。到 2025 年，成渝地区污染天数平均值为 34d（2020 年为 44d），优良天数达到 331d；遂宁市、雅安市、南充市和广安市优良天数均达到 335d 以上。到 2030 年和 2035 年，成渝地区污染天数分别降至 22d 和 14d，优良天数分别为 343d 和 351d；2035 年，除极个别城市外，其余城市优良天数均大于 345d。

2020～2025 年，成渝地区优良天比率平均值从 88%升至 91%；除成都市、德阳市、自贡市和宜宾市以外，优良天比率均超过 90%。到 2035 年，成渝地区优良天比率升至 96%，各城市的优良天比率均超过了 94%（图 2-18）。

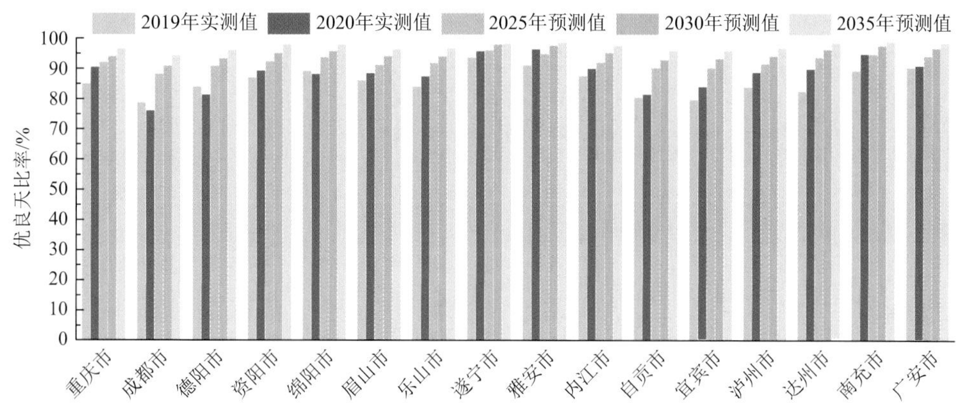

图 2-18　成渝地区不同城市各阶段优良天比率实测与预测结果

2.3　本 章 小 结

本章通过分析成渝地区空气质量历史监测数据，对比国内主要城市群空气质量，摸清成渝地区空气质量现状及存在的主要问题；在成渝地区“十四五”生态环境保护规划基础上，利用三年滑动平均数据及其变化率，核算确定了成渝地区中长期空气质量改善目标，为后续综合减排情景设定、模拟以及大气污染综合防治策略的提出提供依据。其中空气质量分析结果表明，与其他重点城市群相比，成渝地区空气质量整体较好，但仍然面临 $PM_{2.5}$ 浓度超标、O_3 浓度居高不下的难题，且区域内局部污染特征显著，特别是川南和川东北经济区秋冬季的颗粒物污染，以及成都平原经济区和重庆主城新区夏季的 O_3 污染。从城市尺度指标达标情况来看，成渝地区各城市 $PM_{2.5}$ 和 O_3 浓度均存在一定超标，因此，“十四五”期间加强 $PM_{2.5}$ 和 O_3 协同防控非常有必要。空气质量改善目标核定结果为，2025 年中、高情景下重庆市 $PM_{2.5}$ 年均浓度分别为 33.5μg/m^3 和 30.8μg/m^3；四川省 $PM_{2.5}$ 年均浓度分别为 31.0μg/m^3 和 29.0μg/m^3；重庆市中、高情景 $PM_{2.5}$ 改善目标均能满足“十四五”期间大气环境规划要求（低于 31μg/m^3），由于本书未考虑广元、巴中以及甘孜、阿坝等地区，故改善情景下 $PM_{2.5}$ 浓度相对四川省“十四五”规划偏高，在考虑全省所有地区时中、高情景同样能满足改善需求（29.5μg/m^3）。

第3章 污染源排放结构及其与空气质量的关系

3.1 大气污染源排放清单建立

为达到不同情景阶段的空气质量改善目标，本书构建了成渝地区（四川省15个市、重庆市38个区县）2017年全口径人为源大气污染物排放清单，并对各类源的大气污染物排放结构进行了分析，通过剖析成渝地区高污染、高能耗产业布局和煤炭能源利用现状，明确了未来情景调整和污染物减排方案制定的重点。

3.1.1 源清单建立方法及数据来源

成渝地区空气质量的精细化管理和污染物减排方案的科学制定，需编制本地化高分辨率的污染源排放清单。其中，大气污染物排放主要关注直接影响城市空气质量的人为源污染物，涵盖一次颗粒物和SO_2、NO_x、VOCs、NH_3、CO_2等气态污染物，而污染源分类应尽可能详细。

成渝地区主要大气污染物高分辨率排放清单以第二次全国污染源普查信息、本地污染源调查情况、环境统计数据、年鉴数据、公报等作为数据来源，按照“自下而上”为主、“自上而下”为辅的构建方法，以国家大气污染物源排放清单编制技术体系为基础，结合指南、手册、专著和期刊等，按工业、交通、扬尘、生活、农业和其他共六类污染源构建清单，汇总为全口径人为源污染物排放清单，并进行空间分配。成渝地区人为源大气污染物排放清单编制依据见表3-1，人为源污染物排放清单源分类及数据说明见表3-2。

表3-1 人为源大气污染物排放清单编制依据

类别		重要编制依据
法律依据		《中华人民共和国环境保护法》
		《中华人民共和国大气污染防治法》
		《大气污染防治行动计划》
		《清洁空气研究计划》
		《重庆市环境保护条例》
		《重庆市大气污染防治条例》
技术依据	指南	《大气可吸入颗粒物一次源排放清单编制技术指南（试行）》
		《大气细颗粒物一次源排放清单编制技术指南（试行）》
		《大气挥发性有机物源排放清单编制技术指南（试行）》
		《大气氨源排放清单编制技术指南（试行）》

续表

类别		重要编制依据
技术依据	指南	《民用煤大气污染物排放清单编制技术指南（试行）》
		《城市扬尘源排放清单编制技术指南（试行）》
		《道路机动车大气污染物排放清单编制技术指南（试行）》
		《非道路移动源大气污染物排放清单编制技术指南（试行）》
		《生物质燃烧源大气污染物排放清单编制技术指南（试行）》
	手册	《第二次全国污染源普查产排污核算系数手册》
		《工业源产排污核算方法和系数手册》
		《城市空气质量达标规划编制手册》
	专著	《区域高分辨率大气排放源清单建立的技术方法与应用》（郑君瑜等，2014）
		《$PM_{2.5}$输送特征与环境容量模拟》（薛文博等，2017）
		《长三角区域霾污染特征、来源及调控策略》（王书肖等，2016）
	文献	《重庆市主城区移动源排放清单建立与分布模拟》（刘佳等，2018）
		《重庆市主城区道路扬尘排放特性研究》（程健和傅敏，2015）
		《餐饮油烟排放特征》（吴芳谷等，2002）
		《重庆市五大功能区能源消耗与经济增长退耦研究》（曹华盛和韦杰，2016）
		《四川省人为源大气污染物排放清单及特征》（周子航等，2018a）
		《基于调查的中国秸秆露天焚烧污染物排放清单》（彭立群等，2016）
		《长三角地区典型城市非道路移动机械大气污染物排放清单》（鲁君等，2017）
		《广东省人为源大气污染物排放清单及特征研究》（潘月云等，2015）
		《珠江三角洲大气排放源清单与时空分配模型建立》（杨柳林等，2015）
		《京津冀地区钢铁行业高时空分辨率排放清单方法研究》（伯鑫等，2015）
		《四川省非道路移动源大气污染物排放清单研究》（范武波等，2018）
		《成都市道路移动源排放清单与空间分布特征》（周子航等，2018b）

表 3-2　人为源污染物排放清单源分类及数据说明

主要污染源			主要污染物	主要活动水平	数据来源	排放因子来源
工业源	工业点源	固定燃烧源	SO_2、NO_x、PM、VOCs、CO、CO_2、NH_3（烟气脱硝）	燃料消耗量、锅炉类型、处理设施等	2017 年第二次全国污染源普查数据、环境统计、统计年鉴、中国碳核算数据库等	SO_2采用物料衡算，其他污染物的排放因子来自清单编制技术指南、第二次全国污染源普查产排污核算系数手册等
		工艺过程源（含溶剂使用源）	SO_2、NO_x、PM、VOCs、CO、CO_2、NH_3（合成氨和氨肥生产）	产品产量、生产工艺、溶剂用量、处理设施等		清单编制技术指南、第二次全国污染源普查数据产排污核算系数手册、相关文献等
	工业面源		VOCs	产品产量等		

续表

主要污染源		主要污染物	主要活动水平	数据来源	排放因子来源
工业源	道路移动源（机动车）	SO_2、NO_x、PM、VOCs、CO	保有量、燃油消耗量、技术水平、平均行驶里程等	2017 年机动车保有量、统计年鉴等	
交通源	非道路移动源：非道路移动机械	SO_2、NO_x、PM、VOCs、CO	燃油消耗量、保有量、技术水平、年均行驶里程等	2017 年非道路移动机械、内河船舶保有量，统计年鉴等	清单编制技术指南
	非道路移动源：内河船舶		燃油消耗量		
	非道路移动源：民航飞机		民航飞机起飞着陆（landing and take off，LTO）循环次数	《2017 年民航机场生产统计公报》	
扬尘源	道路扬尘	PM	裸土面积、控尘措施等	统计年鉴	清单编制技术指南
			道路长度、车流量、控尘措施等	2017 年交通发展年度报告、统计年鉴	
	施工扬尘		施工面积、施工环节、控尘措施等	统计年鉴	
			堆场面积、物料类型、控尘措施等	2017 年第二次全国污染源普查数据	
生活源	生活燃烧源（生活锅炉、散煤燃烧、生物质燃烧、民用天然气等）	SO_2、NO_x、PM、VOCs、CO、NH_3	燃料消耗量、锅炉类型、干生物质燃烧量等	2017年第二次全国污染源普查数据、统计年鉴	清单编制技术指南
	烹饪（餐饮油烟等）	PM、VOCs	食用油使用量、处理设施等	统计年鉴、相关文献等	
	溶剂使用（建筑涂料、汽修、医药、干洗等）	VOCs	有机溶剂使用量、处理设施等	统计年鉴、调查数据等	清单编制技术指南、第二次全国污染源普查产排污核算系数手册、相关文献等
	人体排泄物	NH_3	没使用卫生厕所的成人数	统计年鉴等	清单编制技术指南
农业源	氮肥	NH_3	氮肥使用量、土壤类型等	统计年鉴、调查数据等	清单编制技术指南
	农药	VOCs	农药使用量		
	畜禽养殖	NH_3	畜禽饲养量、畜禽种类等	2017年第二次全国污染源普查数据、统计年鉴	
	露天焚烧	SO_2、NO_x、PM、VOCs、CO、NH_3	干生物质燃烧量	统计年鉴、相关文献等	
	秸秆堆肥	NH_3	秸秆堆肥量	统计年鉴、调查数据等	
其他源	污水处理、垃圾填埋、垃圾堆肥	VOCs、NH_3	废水处理量、固废处理量	2017年第二次全国污染源普查数据、统计年鉴	清单编制技术指南
	固体废物焚烧	SO_2、NO_x、PM、VOCs、CO、NH_3	固废处理量		

注：污染物减排率来源于《第二次全国污染源普查产排污核算系数手册》、第二次全国污染源普查数据核定数据反算、清单编制技术指南，筛选并整合后与本地实际情况相符合的数据。统计年鉴指重庆统计年鉴。

3.1.2 排放清单结果

根据成渝地区大气污染物排放清单核算结果，2017 年成渝地区 SO_2、NO_x、CO、PM_{10}、$PM_{2.5}$、VOCs 和 NH_3 排放总量分别为 29.3 万 t、99.2 万 t、369.8 万 t、151.7 万 t、65.4 万 t、107.5 万 t 和 128.1 万 t。此外，根据中国碳核算数据库数据，2019 年成渝地区 CO_2 总体排放 471.3 百万 t。总体上，成渝地区污染物排放总量仍处于高位，NO_x、CO、PM_{10}、VOCs 和 NH_3 排放量接近或者超过 100 万 t。与清华大学 MEIC 清单相比，二者在 NO_x、$PM_{2.5}$ 及 NH_3 排放量上较一致，核算数据 SO_2、CO、VOCs 更低，PM_{10} 则较高，这与成渝地区能源和产业结构密切相关。各类污染源排放量见表 3-3。

表 3-3 2017 年成渝地区污染源排放总量

对比	排放量							
	SO_2/万 t	NO_x/万 t	CO/万 t	PM_{10}/万 t	$PM_{2.5}$/万 t	VOCs/万 t	NH_3/万 t	CO_2(百万 t, 2019 年)
MEIC 清单（2017 年，重庆）	40.1	37.6	240.7	20.8	15.8	55.8	23.7	—
2017 年重庆市排放总量	11.5	36.9	120.1	71.0	28.9	37.1	19.1	156.2
工业源	9.9	10.2	55.7	15.9	7.9	15.2	0.6	120.9
交通源	0.9	24.4	32.7	1.0	0.9	7.9	0.2	26.7
扬尘源	0.0	0.0	0.0	44.1	10.8	0.0	0.0	0.0
生活源	0.2	0.3	7.6	5.2	4.6	7.6	0.3	4.7
农业源	0.3	1.5	23.7	4.6	4.5	6.3	17.3	1.6
其他源	0.1	0.5	0.4	0.3	0.2	0.2	0.8	2.3
MEIC 清单（2017 年，四川）	38.4	77.7	628.3	45.9	36.6	146.1	77.1	—
2017 年四川省排放总量	17.8	62.3	249.7	80.7	36.5	70.4	109.0	315.1
工业源	13.5	16.5	150.5	24.8	16.8	27.2	2.5	237.6
交通源	0.7	44.5	80.0	1.9	1.7	21.4	1.2	51.3
扬尘源	0.0	0.0	0.0	46.0	12.8	0.0	0.0	0.0
生活源	3.6	1.0	11.7	5.5	4.2	18.1	0.0	12.8
农业源	0.0	0.3	7.5	2.6	1.0	2.4	105.3	3.8
其他源	0.0	0.0	0.0	0.0	0.0	1.3	0.0	9.6
成渝地区合计	29.3	99.2	369.8	151.7	65.4	107.5	128.1	471.3

注：CO_2 数据来源于中国碳核算数据库 2019 年数据。表中数据因四舍五入的原因总计和分项合计可能有误差。

基于企业位置信息、人口密度和城市路网信息，将各类大气污染物排放量分配到3km×3km网格（图3-1），成渝地区大气污染物（除NH_3）排放呈现以成都平原经济区和重庆主城区（含中心城区和新区）部分城市为核心的“两极”辐射状分布，该区域人口密集，工业、建筑业、交通业较为发达。

从各项大气污染物分布来看，SO_2以电厂和工业锅炉等燃煤点源排放为主，其中以眉山、乐山为代表的成都平原经济区和以綦江、江津、长寿为代表的重庆主城新区排放量较大，这些地区工业企业、电厂分布密集，其他地区排放强度相对较小，主要是受到一些小工业点源影响；NO_x除了分布在一些工业集中的地区，如成都平原经济区的眉山、川南经济区的宜宾、川东北经济区的南充、重庆市主城新区的长寿、重庆其他区县的万州，还与道路分布呈现极强相关性，路网密集的成都平原经济区的成都、重庆主城都市区的交通源排放也有重要贡献；CO分布呈现从成都平原经济区和重庆主城都市区向四周辐散减弱的趋势，从成都平原经济区—川南经济区向重庆主城区过渡，且排放强度与交通路网呈现极强相关性，CO零星分布在重庆其他区县，原因可能是存在散煤燃烧及小型工业；$PM_{2.5}$和PM_{10}的贡献源相似，呈现的空间分布特征也相似，均集中分布在路网发达和施工强度大的工业区，其中成都平原经济区的成都—眉山城市群，川南经济区的宜宾、自贡，重庆主城区的长寿、合川、江津、九龙坡、渝北等地为排放高值区域，该区域存在较多水泥、有色企业和钢铁产业及发达的交通；VOCs的排放量差异体现在交通源、生活源、工业源，与人口活动密度、路网密布度相关性较高，以点线状结合分布于成都、绵阳等成都平原经济区和重庆主城区的长寿、涪陵、江津、沙坪坝等；NH_3的排放主要源于农业和畜牧业，四川省作为全国主要的畜禽和农业产地，NH_3的排放分布较为广泛，以农牧业NH_3排放相对较多，以片状分布于川南经济区东北部自贡—内江一带和川东北经济区。

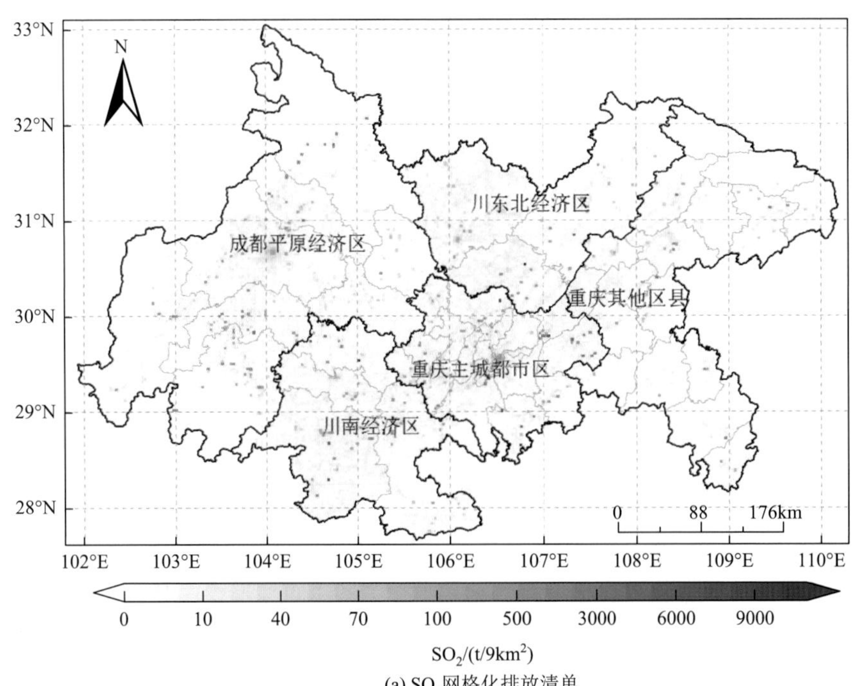

(a) SO_2网格化排放清单

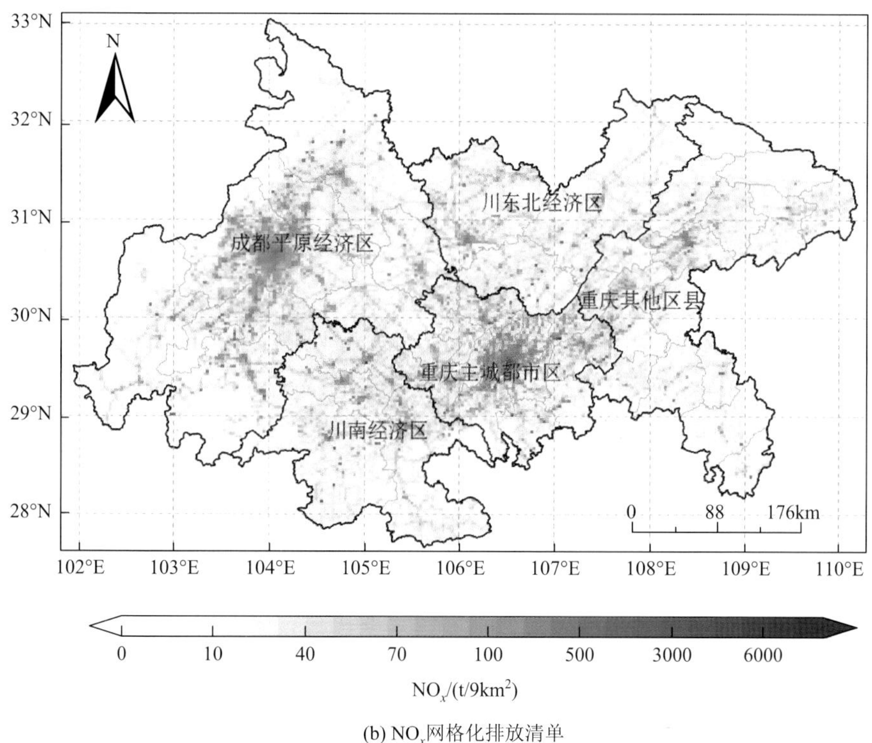

(b) NO_x网格化排放清单

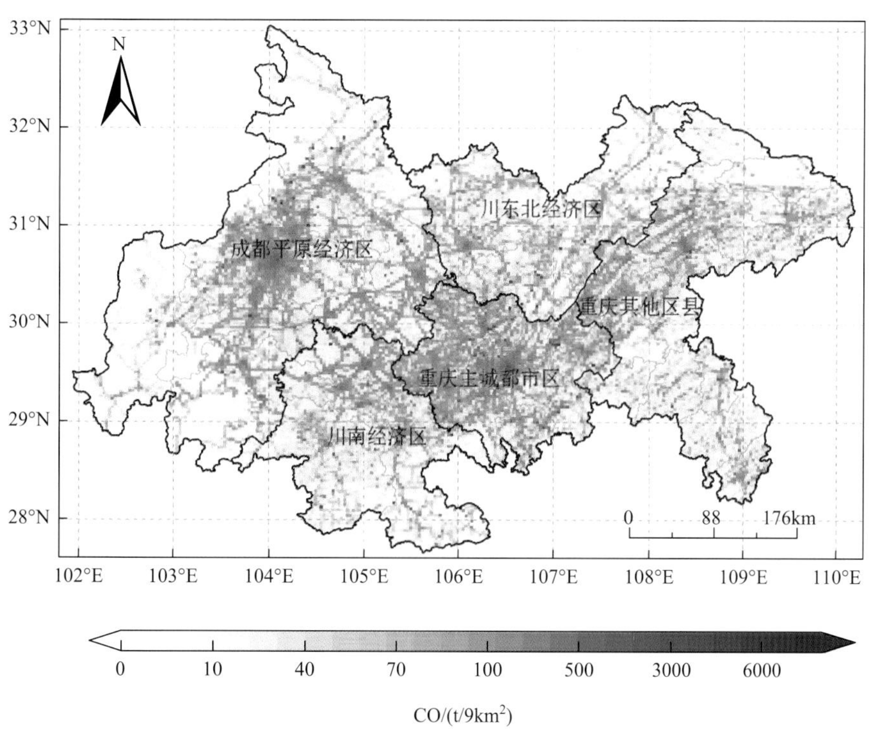

(c) CO网格化排放清单

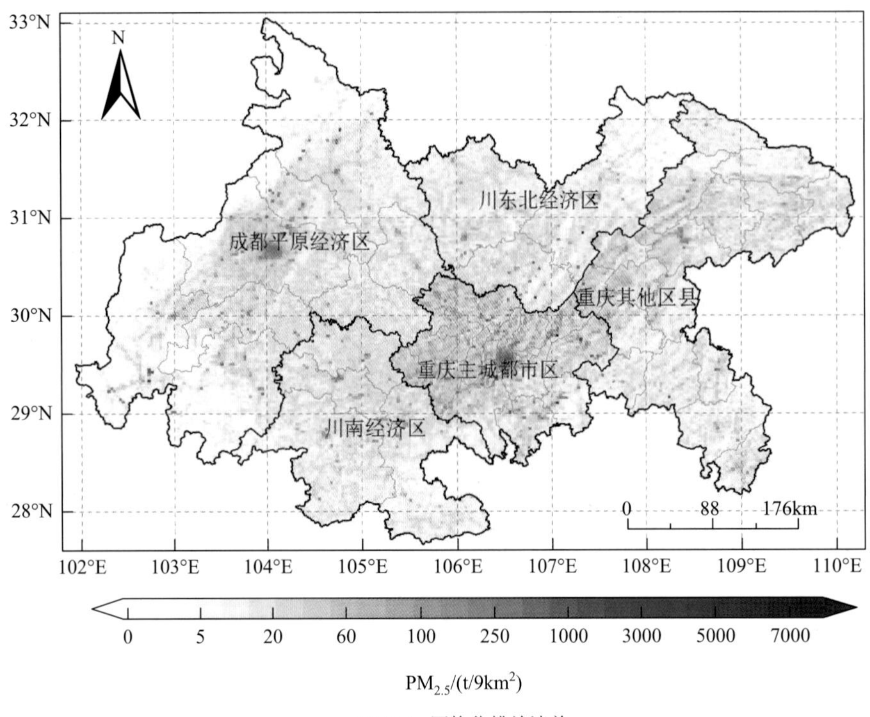

(d) $PM_{2.5}$网格化排放清单

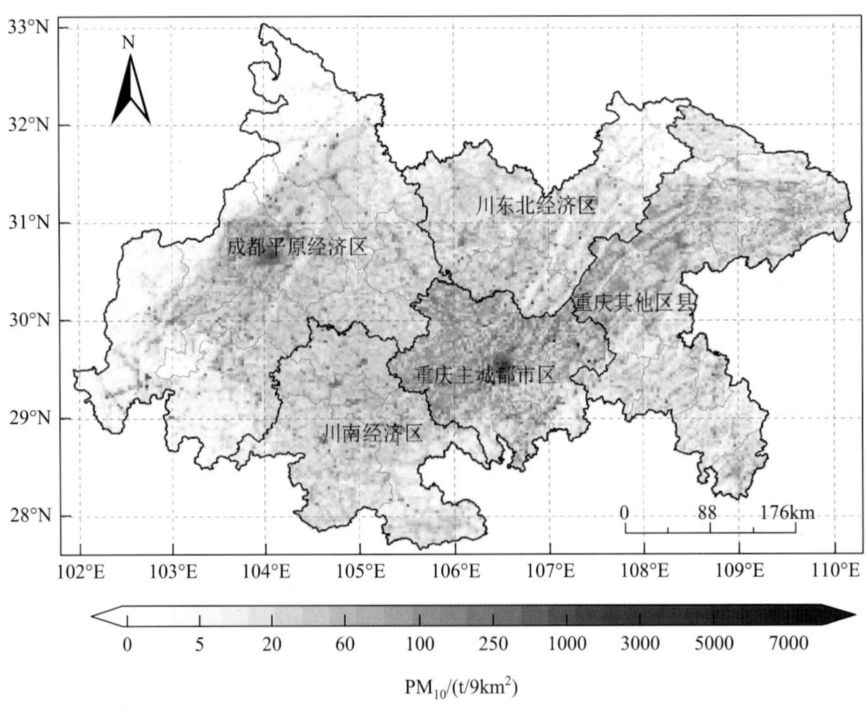

(e) PM_{10}网格化排放清单

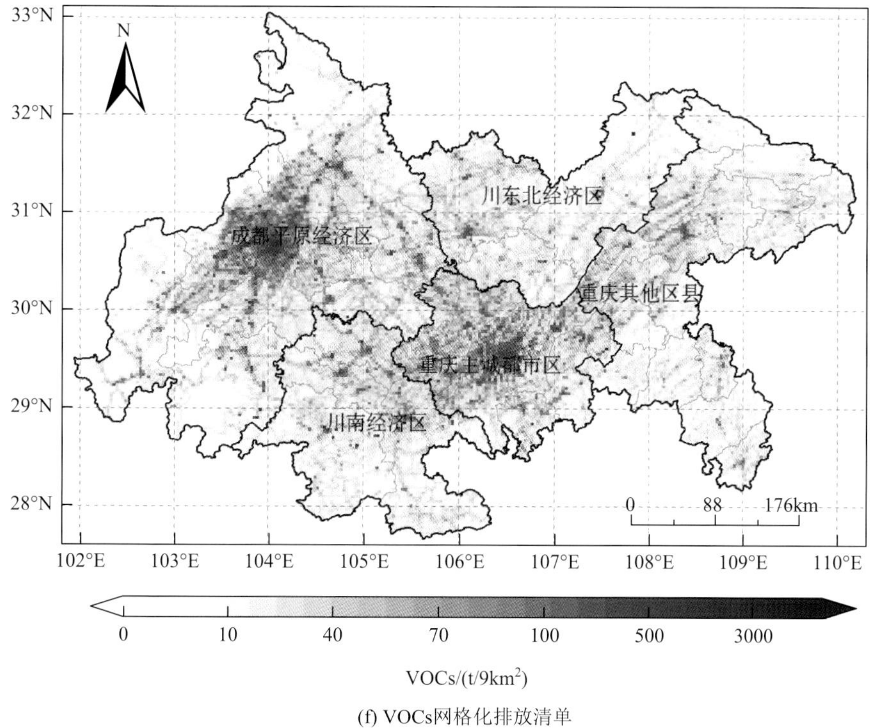

(f) VOCs网格化排放清单

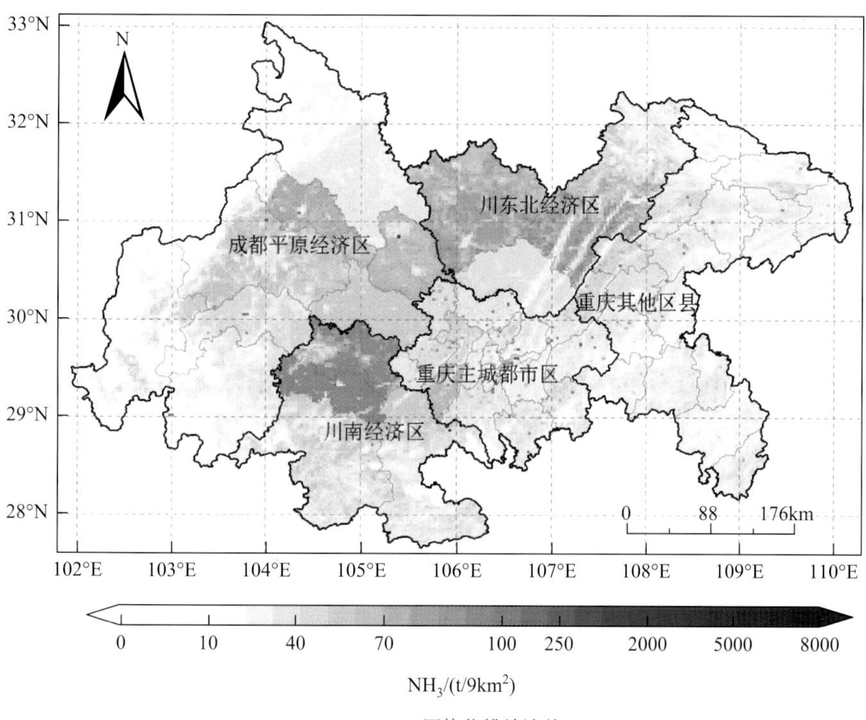

(g) NH_3网格化排放清单

图 3-1　成渝地区大气污染物网格化排放清单结果

工业源包括固定燃烧源、工艺过程源、溶剂使用源、生物质锅炉、储运及运输，各源类大气污染物排放量核算结果见表 3-4。其中，固定燃烧源包括电力企业锅炉以及其他工业锅炉在燃料燃烧过程中产生的污染物排放；工业过程源是指工业生产和加工过程中，以对工业原料进行物理和化学转化为目的的工业活动，包括工业窑炉生产过程中产生的污染物排放，工业生产过程中产生的颗粒物，催化裂解过程中产生的 NH_3 及烟气脱硝过程产生的 NH_3，原料使用过程中产生的 SO_2、NO_x、VOCs 的挥发等；工业面源包括油品储存以及运输过程中挥发产生的 VOCs。

表 3-4　工业源各大气污染物排放量　（单位：万 t）

类别	地区	SO_2	NO_x	CO	PM_{10}	$PM_{2.5}$	VOCs	NH_3
固定燃烧源	四川省	6.04	5.22	3.22	2.25	1.03	0.04	0.03
	重庆市	6.74	5.72	5.67	3.80	1.72	0.04	0.35
工艺过程源	四川省	7.33	10.96	146.55	22.40	15.70	16.06	2.44
	重庆市	3.15	4.45	49.81	12.05	6.17	5.86	0.26
溶剂使用源	四川省	0.00	0.00	0.00	0.00	0.00	9.78	0.00
	重庆市	0.00	0.00	0.00	0.00	0.00	8.51	0.00
生物质锅炉	四川省	0.08	0.33	0.74	0.13	0.11	0.37	0.03
	重庆市	0.04	0.02	0.23	0.01	0.02	0.00	0.00
储存及运输	四川省	0.00	0.00	0.00	0.00	0.00	0.93	0.00
	重庆市	0.00	0.00	0.00	0.00	0.00	0.78	0.00
工业源总计		23.38	26.70	206.22	40.64	24.75	42.37	3.11

交通源分为道路移动源和非道路移动源。道路移动源主要为机动车的尾气排放；非道路移动源主要包括飞机、内河船舶、工程机械和农业机械排放的污染物，根据排放清单编制指南计算得出的结果见表 3-5。

表 3-5　交通源各大气污染物排放量　（单位：万 t）

类别	地区	源类	SO_2	NO_x	CO	PM_{10}	$PM_{2.5}$	VOCs	NH_3
道路移动源	四川省	机动车	0.52	26.37	69.36	1.06	0.96	18.75	1.15
	重庆市	机动车	0.23	12.71	25.07	0.34	0.31	5.58	0.24
	小计		0.75	39.08	94.43	1.40	1.27	24.33	1.39
非道路移动源	四川省	非道路移动机械（不含船舶）	0.2	17.28	10.47	0.78	0.66	2.59	0
		内河船舶	0	0.81	0.2	0.06	0.06	0.06	0
	重庆市	非道路移动机械（不含船舶）	0.42	5.09	6.09	0.35	0.32	1.88	0
		内河船舶	0.26	6.62	1.54	0.32	0.31	0.4	0
	小计		0.88	29.8	18.30	1.51	1.35	4.93	0
移动源总计			1.63	68.88	112.73	2.91	2.62	29.26	1.39

扬尘源包括施工扬尘和道路扬尘，核算结果见表 3-6。

表 3-6　扬尘源各大气污染物排放量　（单位：万 t）

类别	地区	PM_{10}	$PM_{2.5}$
施工扬尘	四川省	15.01	3.27
	重庆市	23.09	5.61
	小计	38.10	8.88
道路扬尘	四川省	30.95	9.49
	重庆市	21.03	5.19
	小计	51.98	14.68
扬尘源总计		90.08	23.56

生活源包括民用燃气、民用燃煤、餐饮和非工业溶剂使用源等，核算结果见表 3-7。

表 3-7　生活源各大气污染物排放量　（单位：万 t）

地区	类别	SO_2	NO_x	CO	PM_{10}	$PM_{2.5}$	VOCs	NH_3
四川省	非工业溶剂使用源	0.00	0.00	0.00	0.00	0.00	17.53	0.00
	民用燃气	3.56	0.34	9.49	1.55	1.13	0.11	0.00
	民用燃煤	0.08	0.63	0.54	0.10	0.04	0.08	0.00
	居民薪柴燃烧	0.01	0.02	1.68	0.09	0.09	0.12	0.03
	餐饮	0.00	0.00	0.00	3.74	2.98	0.28	0.00
	小计	3.65	0.99	11.71	5.48	4.24	18.12	0.03
重庆市	非工业溶剂使用源	0.00	0.00	0.00	0.00	0.00	4.36	0.00
	民用燃气	0.01	0.03	2.73	0.04	0.03	0.04	0.00
	民用燃煤	0.10	0.14	0.00	0.01	0.01	0.00	0.00
	居民薪柴燃烧	0.07	0.16	4.82	0.58	0.54	0.52	0.22
	餐饮	0.00	0.00	0.00	4.55	3.99	2.64	0.06
	小计	0.18	0.33	7.55	5.18	4.57	7.56	0.28
生活源总计		3.83	1.32	19.26	10.66	8.81	25.68	0.31

农业源包括农药使用、氮肥施用、畜禽养殖、秸秆露天焚烧，核算结果见表 3-8。

表 3-8　农业源各大气污染物排放量　（单位：万 t）

地区	类别	SO_2	NO_x	CO	PM_{10}	$PM_{2.5}$	VOCs	NH_3
四川省	畜禽养殖	0.00	0.00	0.00	0.00	0.00	0.00	81.38
	氮肥施用	0.00	0.00	0.00	0.00	0.00	0.00	23.85
	农药使用	0.00	0.00	0.00	0.00	0.00	0.83	0.00

续表

地区	类别	SO_2	NO_x	CO	PM_{10}	$PM_{2.5}$	VOCs	NH_3
四川省	秸秆露天焚烧	0.03	0.32	7.45	2.58	1.00	1.55	0.07
	小计	0.03	0.32	7.45	2.58	1.00	2.38	105.30
重庆市	畜禽养殖	0.00	0.00	0.00	0.00	0.00	0.00	4.91
	氮肥施用	0.00	0.00	0.00	0.00	0.00	0.00	12.01
	农药使用	0.00	0.00	0.00	0.00	0.00	0.73	0.00
	秸秆露天焚烧	0.33	1.45	23.70	4.55	4.46	5.56	0.35
	小计	0.33	1.45	23.70	4.55	4.46	6.29	17.27
生活源总计		0.36	1.77	31.15	7.13	5.46	8.67	122.57

将废物利用、建筑装修、沥青铺路、垃圾填埋、垃圾焚烧、工业固体废物焚烧、污水处理过程中产生的污染物归为其他源，核算结果见表 3-9。

表 3-9　其他源各大气污染物排放量　　（单位：万 t）

类别	地区	SO_2	NO_x	CO	PM_{10}	$PM_{2.5}$	VOCs	NH_3
其他源	四川省	0.00	0.00	0.00	0.00	0.00	1.30	0.00
	重庆市	0.12	0.49	0.41	0.26	0.17	0.21	0.75
其他源总计		0.12	0.49	0.41	0.26	0.17	1.51	0.75

3.2　大气污染物排放特征分析

成渝地区 SO_2 主要来自工业源（80%），NO_x 主要来自交通源（69%），CO 主要来自工业源（56%）和交通源（30%），PM_{10} 主要来自扬尘源（59%），$PM_{2.5}$ 主要来自工业源（38%）和扬尘源（36%），VOCs 主要来自工业源（39%）、交通源（27%）和生活源（24%），NH_3 主要来自农业源（96%），CO_2 主要来自工业源（76%）和交通源（17%），如图 3-2 所示。

2017 年四川省 SO_2、NO_x、CO、PM_{10}、$PM_{2.5}$、VOCs 和 NH_3 排放量分别为 17.8 万 t、62.3 万 t、249.7 万 t、80.7 万 t、36.5 万 t、70.4 万 t 和 109.0 万 t，2019 年 CO_2 排放量为 315.1 百万 t；重庆市 SO_2、NO_x、CO、PM_{10}、$PM_{2.5}$、VOCs 和 NH_3 排放量分别为 11.5 万 t、36.9 万 t、120.1 万 t、71.0 万 t、28.9 万 t、37.1 万 t 和 19.1 万 t，2019 年 CO_2 排放量为 156.2 百万 t。从排放结构上看，四川省与重庆市主要污染物排放结构占比类似，整体上四川的污染物排放量高于重庆，尤其是 SO_2、NO_x、CO、VOCs、NH_3 和 CO_2 的排放量分别是重庆的 1.5 倍、1.7 倍、2.1 倍、1.9 倍、5.7 倍和 2.0 倍（图 3-3）。

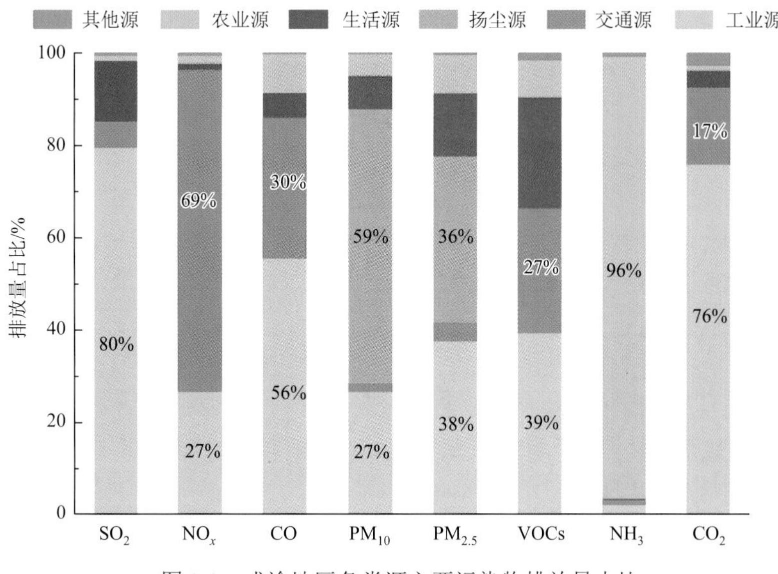

图 3-2　成渝地区各类源主要污染物排放量占比

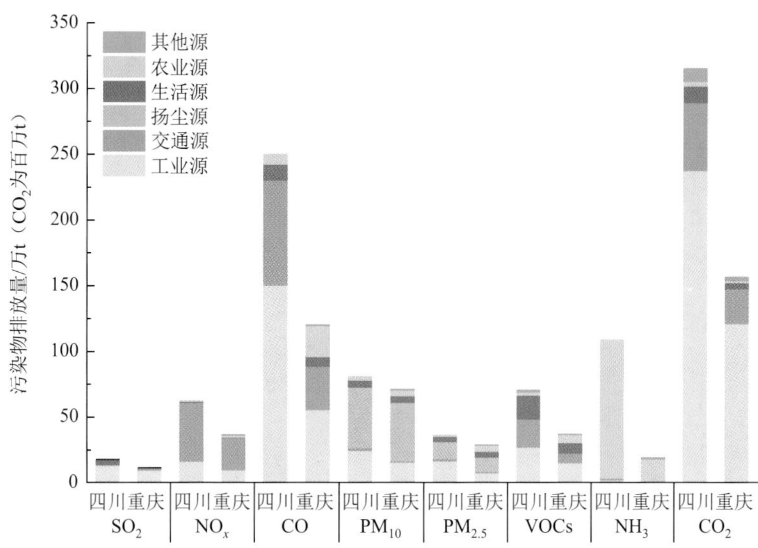

图 3-3　2017 年四川和重庆各类源主要污染物排放量比较

3.2.1　污染物行业分布特征

3.2.1.1　主要污染源排放贡献

2017 年成渝地区能耗结构以煤炭为主，天然气、电力等清洁能源为辅，是典型的工业城市群，工业中传统化石燃料燃烧、交通用油、生活溶剂使用等造成污染物排放浓度超标，工业污染是城市大气污染源中的主要组成部分。以 SO_2、NO_x 和 VOCs 为例（图 3-4），成渝地区以工业锅炉（5%/SO_2）、固定燃烧源（39%/SO_2）（11%/NO_x）、工艺过程源（36%/SO_2）

（16%/NO_x）（20%/VOCs）、溶剂使用源（19%/VOCs）为代表的第二产业和以交通源（6%/SO_2）（71%/NO_x）（28%/VOCs）及生活源（13%/SO_2）（24%/VOCs）为代表的第三产业排污情况较为严峻，工业、交通和生活设施使用煤炭及液化石油气，汽车使用汽油、柴油等，均是排放污染物的途径，尤其是火电、钢铁（散乱排放）、水泥、玻璃、陶瓷等传统的高能耗、高污染行业更是高污染源的输出途径。因此需要从能源消耗—替代—节能改造入手，加快清洁能源在工业、交通等行业的应用，提高煤的洁净利用水平；并进一步调整产业结构，重点发展低能耗、低污染和高产出的产业，构筑以水电和天然气等为主体的绿色能源体系。

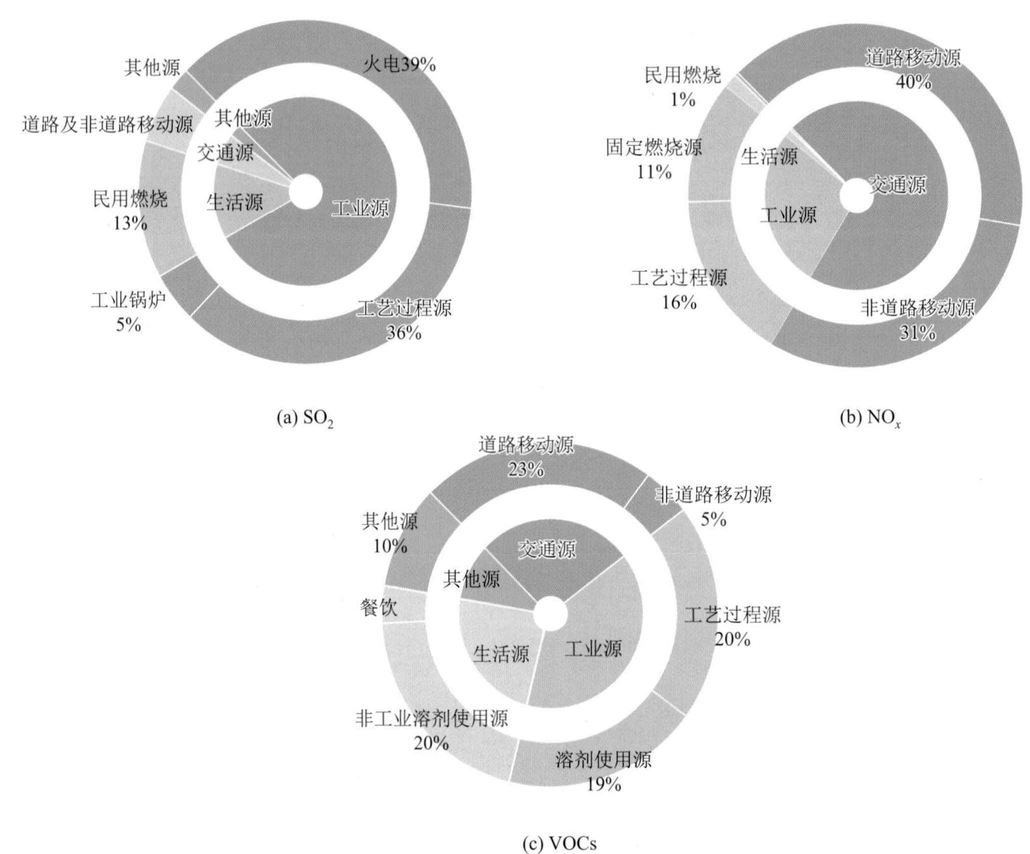

图 3-4　主要污染源污染物排放贡献

3.2.1.2　各类污染指标贡献来源

SO_2主要产生于含硫燃料的燃烧和氧化，主要由电厂锅炉、工业锅炉、工业窑炉排放。成渝地区SO_2［图 3-5（a）］主要由火电厂贡献（40%），其次民用燃烧、钢铁行业、水泥行业的贡献量均超过 10%，砖瓦行业、工业锅炉、有色金属、机动车的贡献量相当，占比为 3%～6%；其余重点行业陶瓷、玻璃、化工，以及开放燃烧、非道路移动机械（不含船舶）的贡献占比总计约为 8%。

NO_x 主要产生于以空气为助燃气的高温燃烧过程，以发动机排放为主，因此 NO_x 的主要排放源为机动车（40%）、非道路移动机械（不含船舶）（23%）、火电厂（10%）和内河船舶（8%），其中载货汽车和载客汽车两类重点源排放量超过 38 万 t，分别占 NO_x 总排放量的 30%和 9%，重点行业中水泥、钢铁、玻璃和陶瓷贡献总量占排放总量的 15%，如图 3-5（b）所示。

CO 是燃烧室缺氧，致使燃料不完全燃烧的产物，主要由工艺过程源的钢铁行业贡献（35%），机动车（26%）仅次于钢铁行业为第二大贡献源，汽油在机动车发动机气缸内燃烧的产物发生高温离解的倾向比较严重，某些死区点不着火或在某些工况下断火，因此导致 CO 排放量较高，水泥行业和开放燃烧贡献相当，分别为 10%和 9%，非道路移动机械（不含船舶）、民用燃烧、火电厂及其他工艺过程源分别贡献 5%、5%、3%、2%，如图 3-5（c）所示。

PM_{10} 主要产生于物料受到剪切应力等发生物理破碎的过程中，以及燃料、原料中的灰分残留，道路扬尘（35%）、施工扬尘（25%）为 PM_{10} 两大主要贡献源，其排放量超过 8 万 t，重点行业中水泥行业（10%）、钢铁行业（5%）对 PM_{10} 排放贡献较大，餐饮、开放燃烧、火电厂、有色金属冶炼的贡献占比为 3%～6%，砖瓦行业、民用燃烧、机动车等的贡献率均在 1%左右，如图 3-5（d）所示。

$PM_{2.5}$ 的行业排放特征与 PM_{10} 极为相似，扬尘源对其贡献十分突出，其中道路扬尘和施工扬尘分别占 $PM_{2.5}$ 总排放量的 23%和 14%，水泥行业（13%）和餐饮（11%）对 $PM_{2.5}$ 的贡献也较大，钢铁行业（9%）、开放燃烧（8%）、有色金属冶炼（7%）对 $PM_{2.5}$ 的贡献相当，火电厂、机动车、玻璃行业、民用燃烧等的贡献占比均超过 2%，如图 3-5（e）所示。

VOCs 来源较为广泛，机动车（23%）和生活溶剂使用（20%）为主要贡献源，机动车中汽油车所排放尾气贡献较多 VOCs，开放燃烧（7%）、化工行业（6%）、汽车及零部件制造行业（5%）、其他工艺过程（5%）、装备制造行业（5%）贡献明显，非道路移动机械（不含船舶）、石化行业、家具制造行业、餐饮业、橡塑制品业贡献占比为 3%～4%，如图 3-5（f）所示。

NH_3 的主要来源是畜禽养殖（68%）和氮肥施用（28%），均属于面源污染，化工行业（2%）、机动车（1%）和废弃物处理（1%）仅贡献小部分，如图 3-5（g）所示。

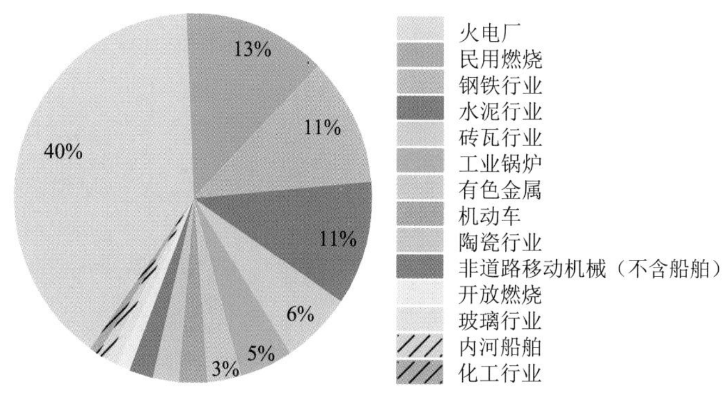

(a) SO_2

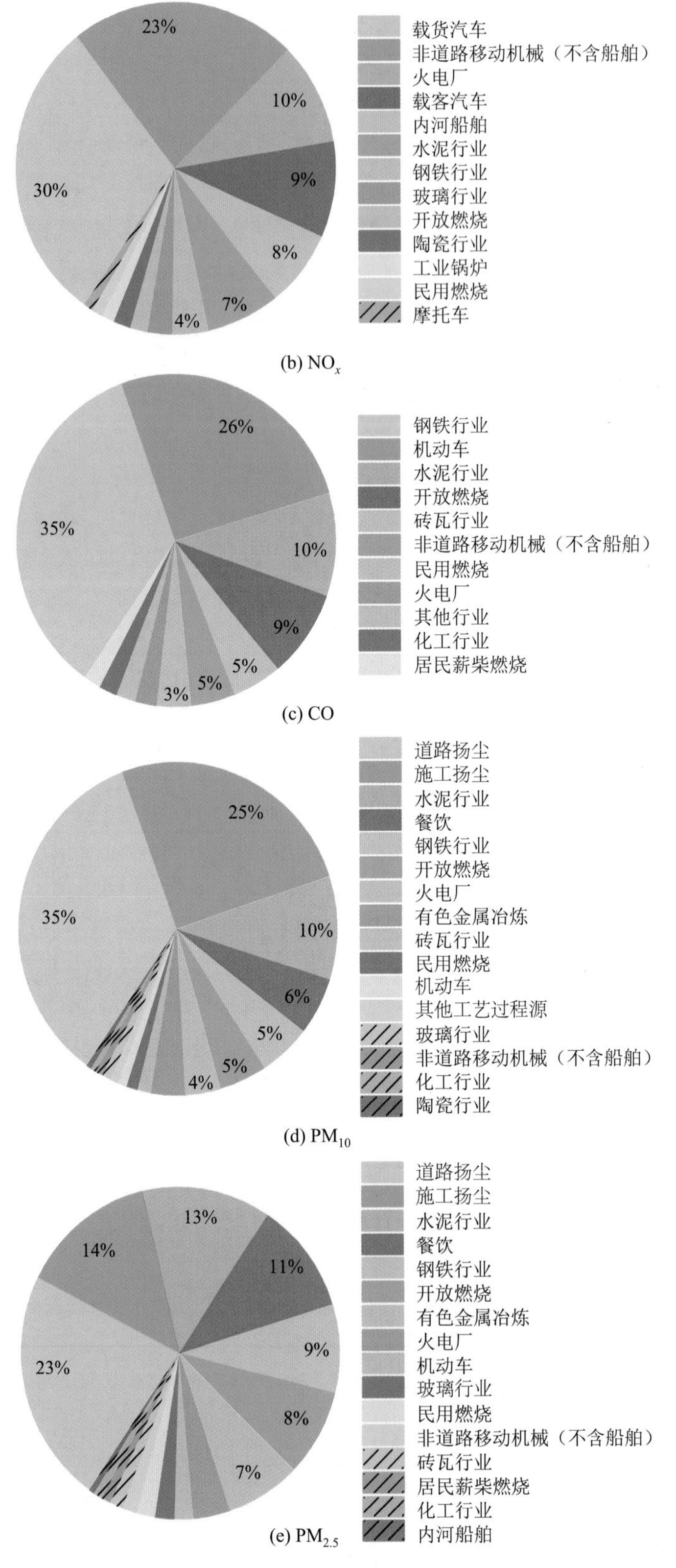

(b) NO_x

(c) CO

(d) PM_{10}

(e) $PM_{2.5}$

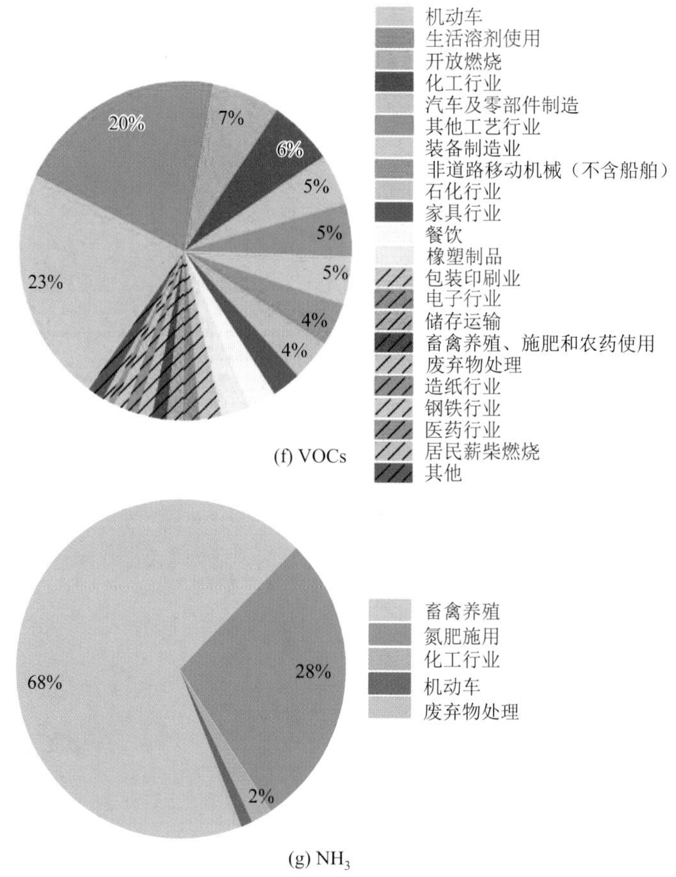

(f) VOCs

(g) NH_3

图 3-5 成渝地区大气污染物排放源贡献

CO_2 主要由工业源中煤炭开采和选矿业（27%）、石油和天然气开采业（19%）和黑色金属开采和选矿业（12%）贡献，有色金属开采和选矿业、非金属矿物开采和选矿业、其他矿物开采业、木材和竹子采伐业的 CO_2 排放量超过 116 万 t，贡献占比分别为 6%、4%、2%和 2%，交通源中机动车（7%）的贡献也较大，其中 5%来自柴油车、3%来自汽油车。

3.2.2 污染物空间分布格局

以工业源、交通源及生活源的代表污染物 SO_2、NO_x、$PM_{2.5}$ 以及 VOCs 为例，探讨各区域大气污染物空间分布态势，将成渝地区 53 个行政单元的污染物排放量按照詹克斯（Jenks）最佳自然断裂点（陈敏等，2022）划分为低、中低、中、中高和高 5 个排放等级（图 3-6），发现 SO_2 高排放区分布于成都平原经济区的眉山—乐山沿线、川南经济区部分城市、川东北经济区的广安—达州一带和重庆主城都市区南部区域，NO_x、$PM_{2.5}$ 以及 VOCs 排放高值区集中分布在成都平原经济区的成都—德阳—绵阳、成都—眉山—乐山两条产业经济发展高峰地带，川南经济区宜宾—泸州连接地带，川东北经济区大部分城市以及重庆主城都市区部分城市，呈现线源交叉及大面积圈层式格局，整体上四川的污染物排

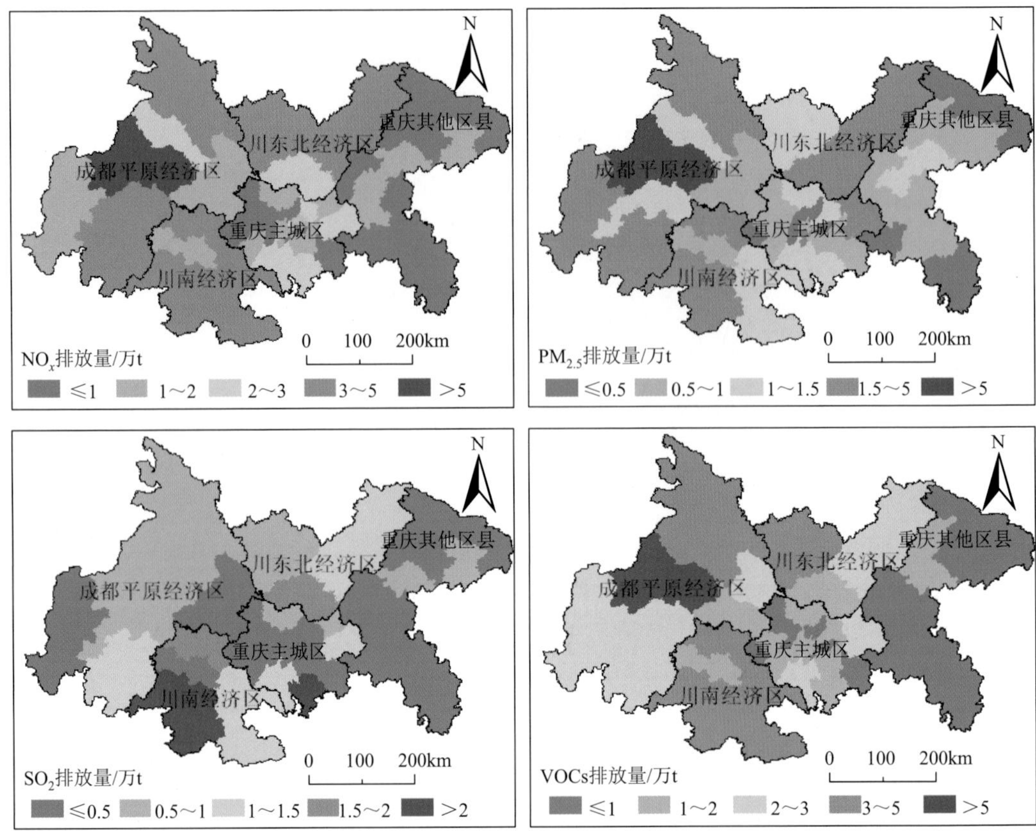

图 3-6　污染物排放量分布

放量高于重庆，此类地区重工业占主导、产业开发密度大，同时大气污染物排放基数大、单位工业增加值污染物排放量高，这种分布趋势除与工业产业格局挂钩外，还与川渝毗邻区域污染物传输影响相关，因此在重视高排放-高污染区（包括成都平原经济区的成都—眉山—乐山、川南经济区的宜宾—内江、川东北经济区的广安—南充以及重庆市主城新区的涪陵、江津、南川、綦江、长寿等地）环境管控的同时，还应考虑川东北经济区（南充、广安及达州）和川南经济区（宜宾、自贡、泸州及内江等）污染物传输对重庆主城都市区大气环境的影响。

3.3　重点源污染物排放与空气质量的关系

3.3.1　方法描述与模型参数设置

3.3.1.1　方法描述

本节使用强力削减法（brute-force method）来量化重点源污染物排放与空气质量之间

的关系（Burr and Zhang，2011）。强力削减法是分析大气污染物对排放源敏感性的方法之一，通过直接削减污染源排放，使用空气质量模型模拟得到的大气污染物浓度与基础排放情景下的模拟浓度进行对比，从而衡量大气污染物浓度对污染源排放的敏感性大小。可以直接在空气质量模型中通过调节污染源排放来进行操作，多用于不同污染控制情景下的减排效果评估。

具体应用流程：将去除了成渝地区重点源污染物的排放清单以及基础清单输入空气质量模型 CMAQ 中，对不同排放情景下各类大气污染物进行模拟，通过比较不同排放情景和基础情景下大气污染物浓度的差异，得到成渝地区重点源污染物排放与空气质量之间的关系。本书对基准年 2019 年 1 月、4 月、7 月、10 月的数据进行了模拟，以模拟结果的平均值代表年均结果。

3.3.1.2　模型参数设置

WRF 的模拟结果可以为空气质量模型 CMAQ 提供气象场，研究中采用双重嵌套网格，最外层水平分辨率为 27km，包含中国大部分区域；最内层水平分辨率为 9km，包含四川省、重庆市及周边部分区域，如图 3-7 所示。

垂直层数均为 28 层，选取了适合成渝地区的参数化方案，WRF 主要参数设置见表 3-10。

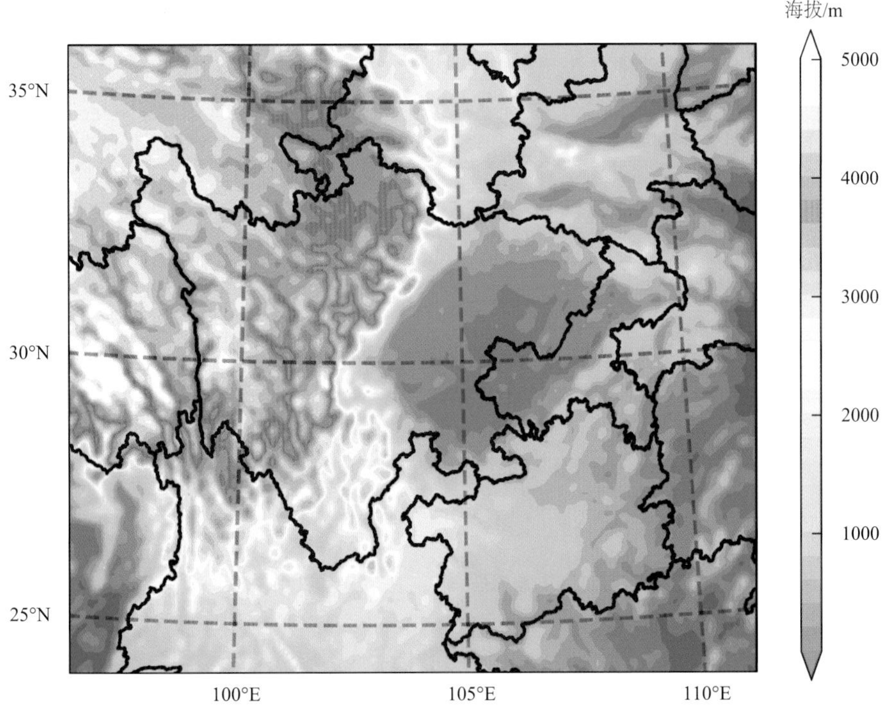

图 3-7　WRF 最内层模拟区域

表 3-10　WRF 主要参数设置

名称	参数设置		
中心点 投影类型	35°N、103°E 兰伯特（Lambert）投影		
网格	层数	分辨率/km	网格数（经向×纬向）
	1	27	192×168
	2	9	168×150
微物理过程方案 积云对流方案 短波辐射方案 长波辐射方案 陆面方案 边界层方案	WSM6 Kain-Fritsch Dudhia RRTM Noah MYJ		

CMAQ 使用的气象场由中尺度气象模型 WRF 提供，因此两者的参数设置应尽量保持一致，使用前处理模块 MCIP 将 WRF 模拟结果处理为 CMAQ 所需的格式。CMAQ 的初始场和边界条件使用前处理模块 ICON 和 BCON 生成，化学机制使用 CB6 碳键机制（carbon bond 6 version r3 with aero7 treatment of SOA set up for standard cloud chemistry，cb6r3_ae7_aq）（Luecken et al.，2019）。CMAQ 参数设置见表 3-11。

表 3-11　CMAQ 参数设置

名称	参数设置		
中心点 投影类型	35°N、103°E 兰伯特（Lambert）投影		
网格	层数	分辨率/km	网格数（经向×纬向）
	1	27	190×166
	2	9	166×148
初始场和边界条件 化学机制 干沉降参数化方案 水平平流方案 垂直扩散方案	ICON、BCON cb6r3_ae7_aq m3dry wrf_cons ACM2		

3.3.1.3　模型排放清单

根据清单编制方法，以 2017 年为基准年，核算得到川渝两地各类源的主要大气污染物排放量，详细内容见 3.1 节。各类源排放量按空间、时间和化学物种分配后，形成空气质量模型可以应用的排放清单。本书中川渝两地人为源排放的 SO_2、NO_x、PM_{10}、$PM_{2.5}$、VOCs 和 NH_3 采用本地数据，其他地区人为源排放数据采用清华大学 2017 年 MEIC 排放清单［源自清华大学大气污染防治行动计划效果评估数据集（Evaluation of Air Pollution

Prevention and Control Action Plan Dataset，EAPPCAP）（http://www.meicmodel.org/dataset-appcape.html）]；生物源组分源于全球排放清单 GEIA（Global Emissions InitiAtive）。

以 NO_x 排放清单为例，图 3-8（a）是插值至 9km 的 MEIC 排放清单，图 3-8（b）是川渝两地本地化 9km 的排放清单，图 3-8（c）是本地化排放清单与 MEIC 排放清单融合后的排放清单，图 3-8（d）是校验后最终模型应用的排放清单。

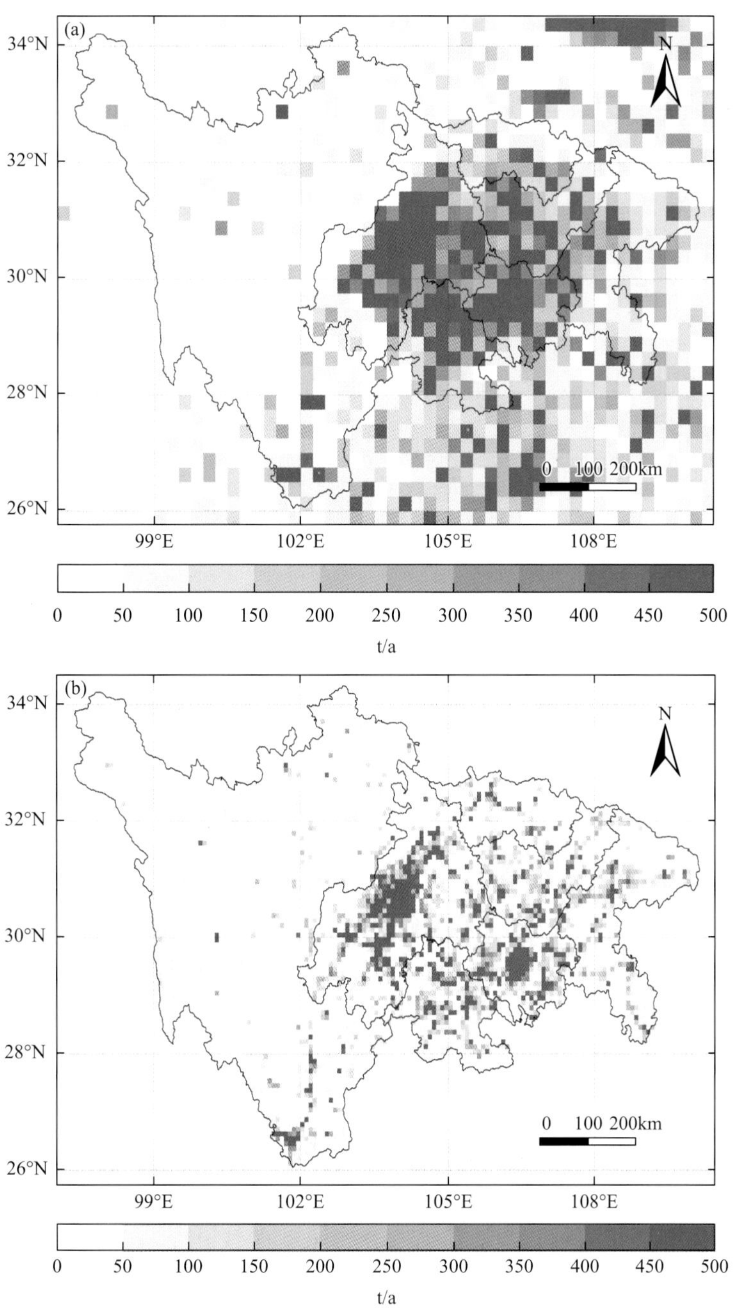

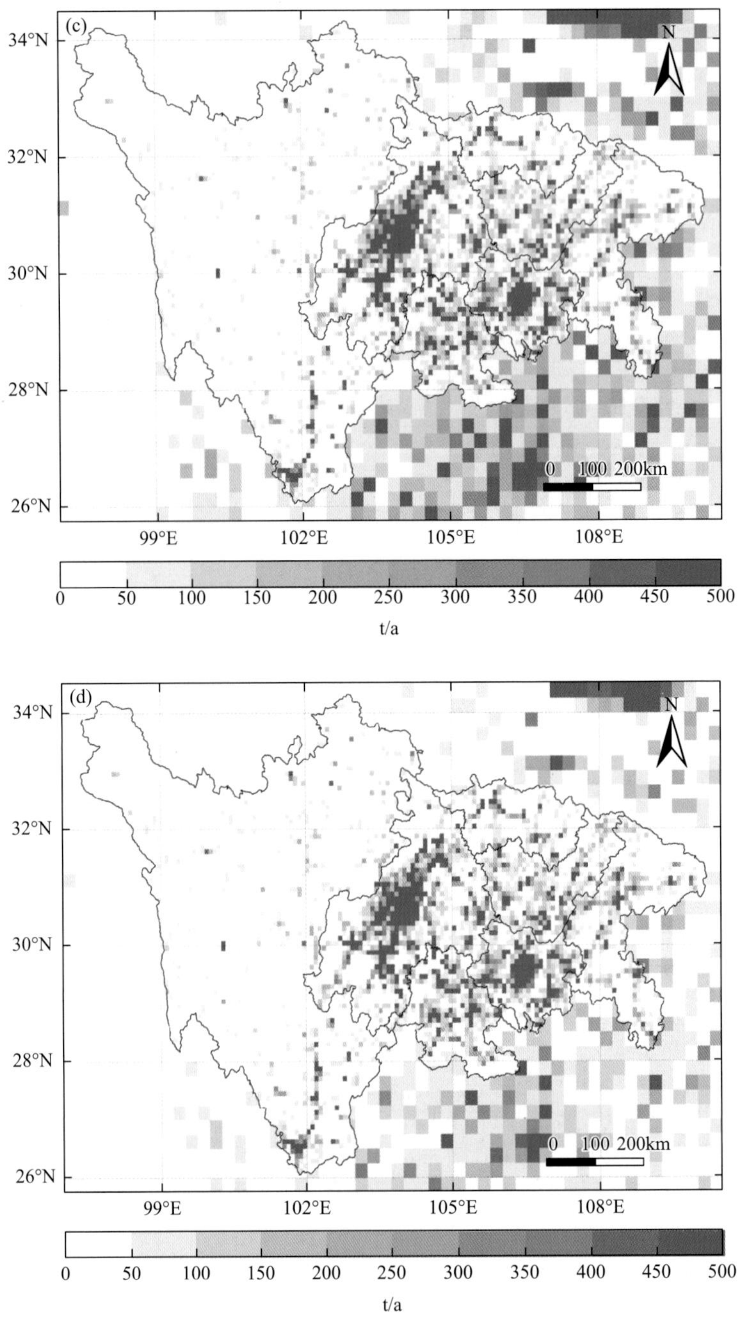

图 3-8　内层网格 NO_x 排放清单

模型应用的清单相比 MEIC 清单具有更高的时空分辨率；本地数据中 SO_2、CO、VOCs 更低，PM_{10} 则较高，这与成渝地区的能源和产业结构密切相关，更加贴近实际情况；相比 MEIC 清单的 5 类排放源，本地数据细分到第 4 级源分类，能够适用于精细化的排放情景设置和模拟研究。

3.3.1.4　模型效果评估

图 3-9～图 3-12 中黑线为成渝地区国家级气象站 2019 年 1 月、4 月、7 月、10 月的 2m 气温、10m 风速、2m 相对湿度、地表气压、逐小时降水量的空间平均值，红线为将 WRF 对应模拟结果插值到各国家级气象站坐标后计算的平均值。可以看出，所有变量的模拟结果在变化趋势上都与实际观测值较为一致；而模拟效果最好的是地表气压，其次是 2m 气温及 10m 风速，再次是逐小时降水量和 2m 相对湿度。2m 相对湿度产生相对较大误差的主要原因在于重庆地区湿度观测站较少，因此也导致同化效果较差。但依然可以认为本书中的数值模拟结果可以代表实际的大气状态，尤其从逐小时降水量对比可见，模拟结果捕捉到了大部分降水事件，仅在个别降水过程及降水量级的模拟上存在误差。

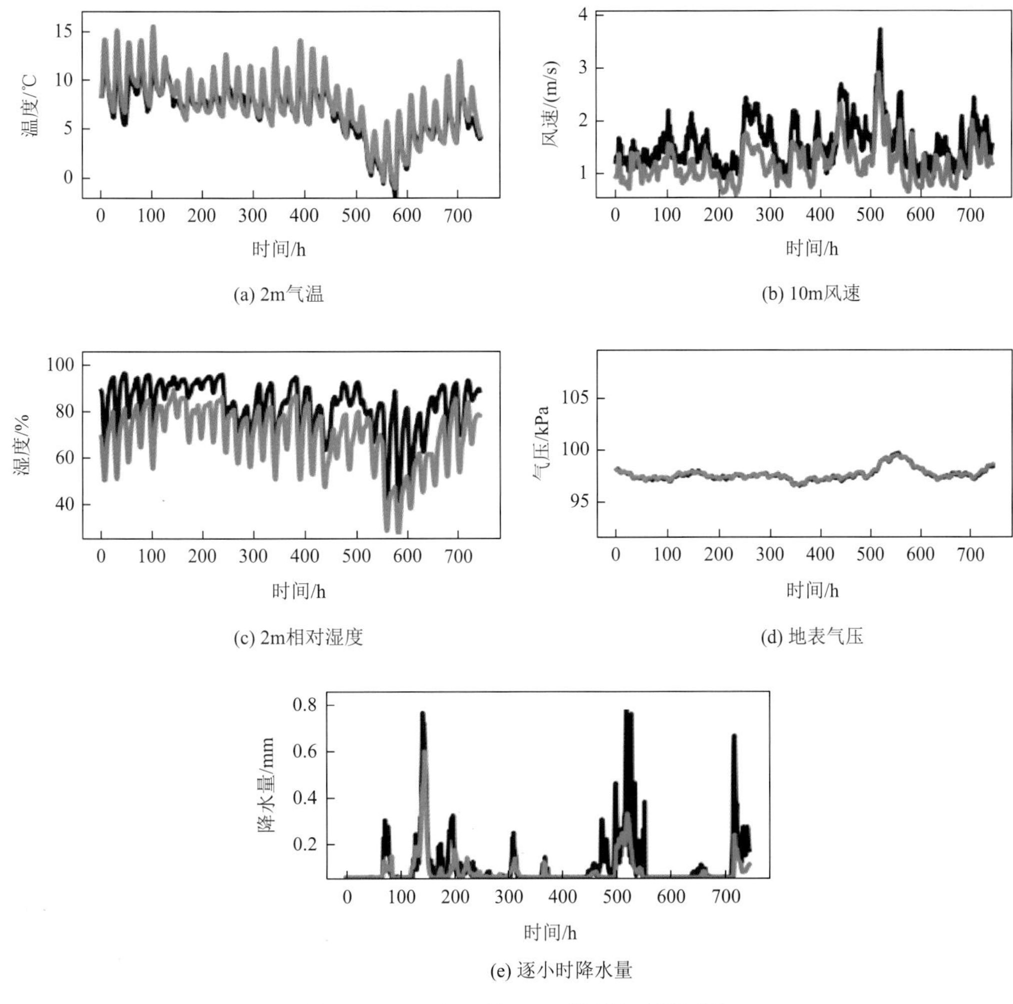

图 3-9　2019 年 1 月 WRF 模拟与观测对比

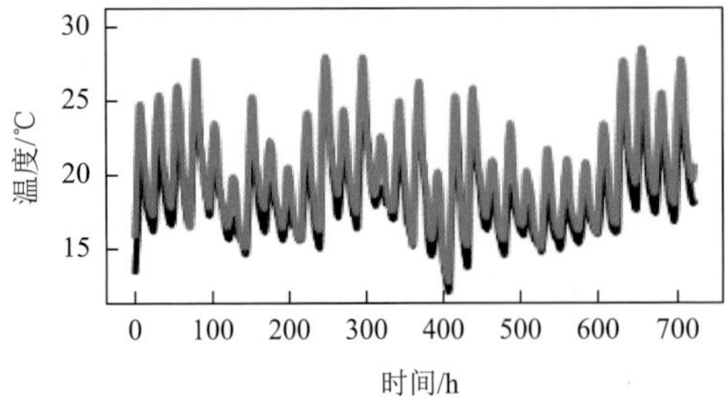

(a) 2m气温 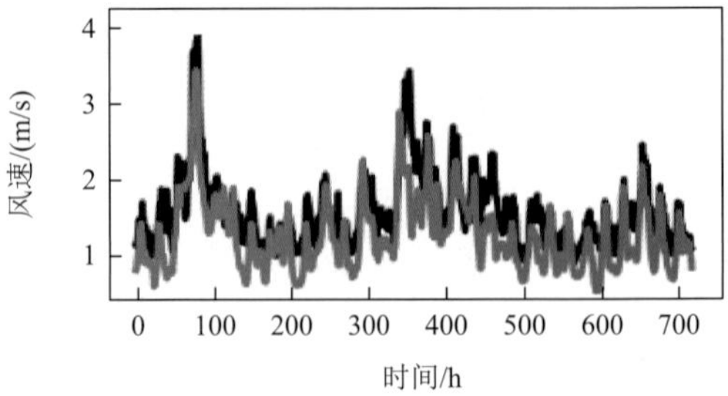　　(b) 10m风速

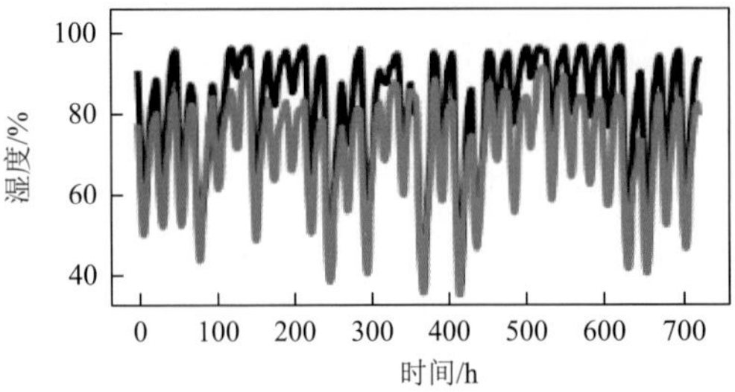

(c) 2m相对湿度 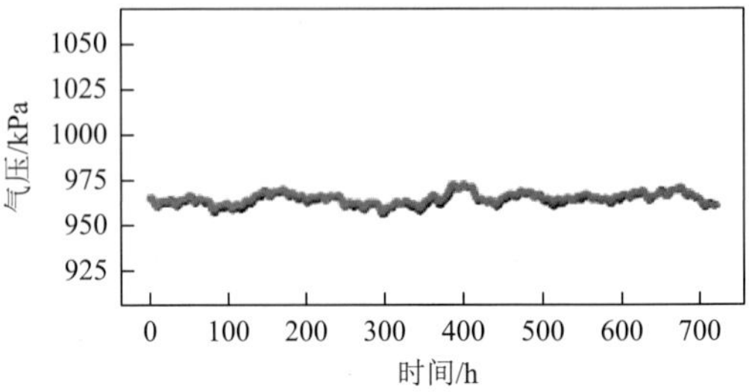　　(d) 地表气压

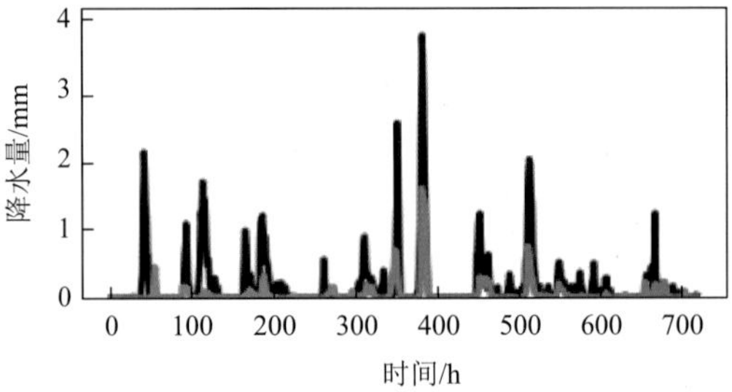

(e) 逐小时降水量

图 3-10　2019 年 4 月 WRF 模拟与观测对比

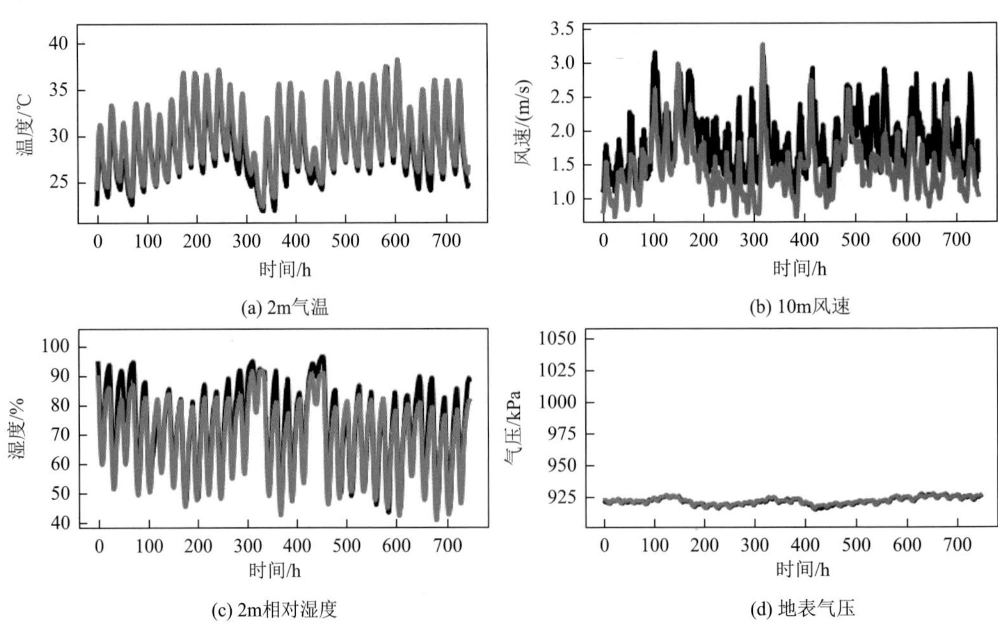

(a) 2m气温　　(b) 10m风速

(c) 2m相对湿度　　(d) 地表气压

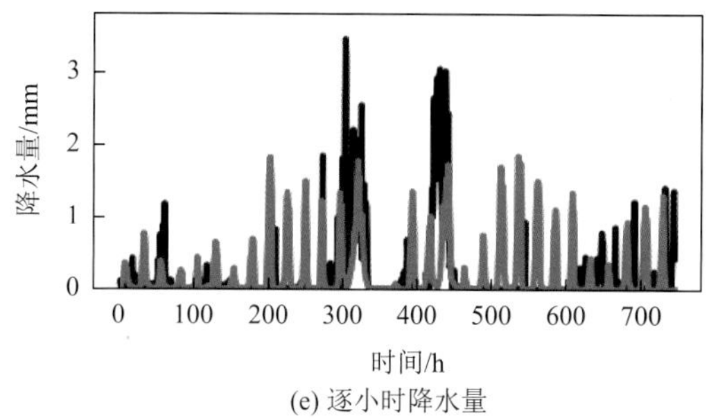

(e) 逐小时降水量

图 3-11　2019 年 7 月 WRF 模拟与观测对比

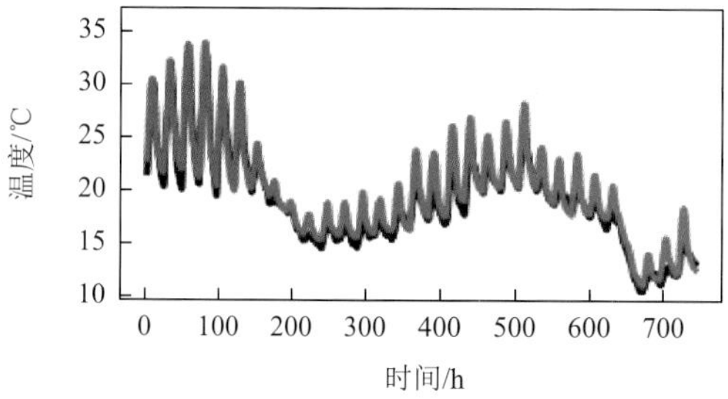

(a) 2m气温

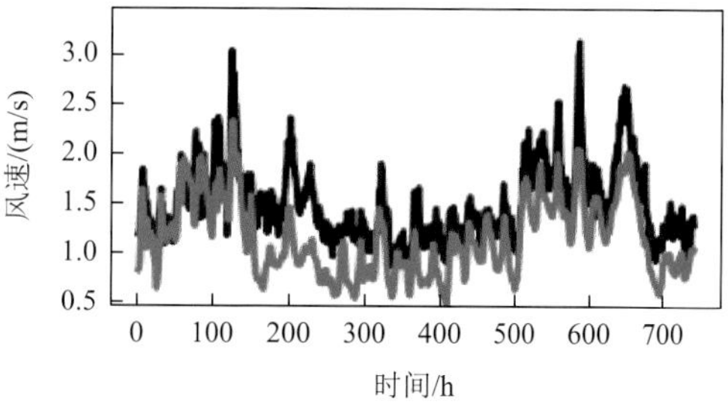

(b) 10m风速

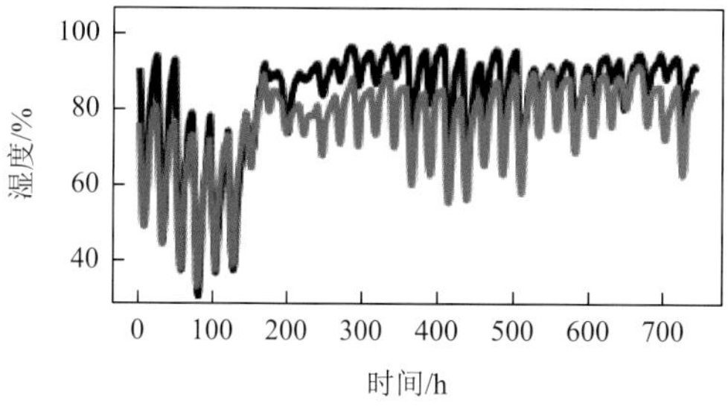

(c) 2m相对湿度

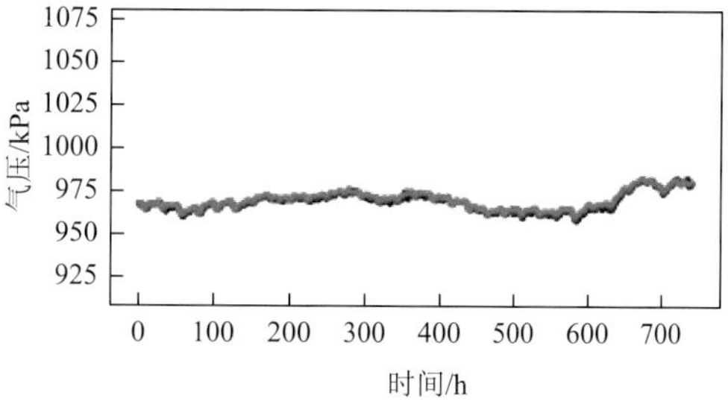

(d) 地表气压

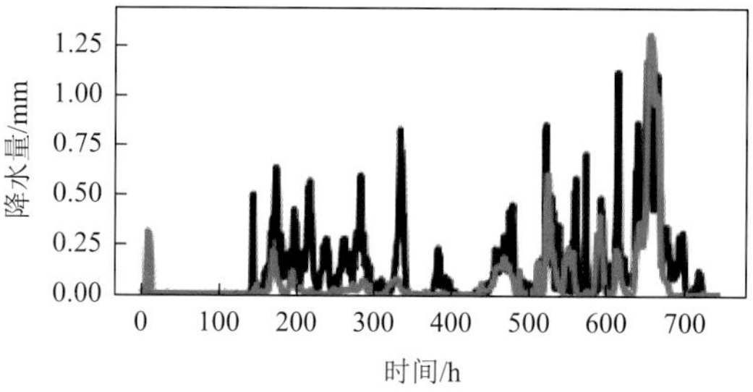

(e) 逐小时降水量

图 3-12　2019 年 10 月 WRF 模拟与观测对比

3.3.1.5　CMAQ 模型评估

以 2019 年为基准年，模拟时段选取 1 月、4 月、7 月、10 月 4 个典型月份，4 个月份的平均值代表全年平均值。应用本地化排放清单的 2019 年 $PM_{2.5}$ 年均浓度空间分布模拟结果如图 3-13 所示，与清华大学 EAPPCAP 的 2017 年 $PM_{2.5}$ 年均浓度空间分布模拟结果（图 3-14）相比，具有较好的相关性。

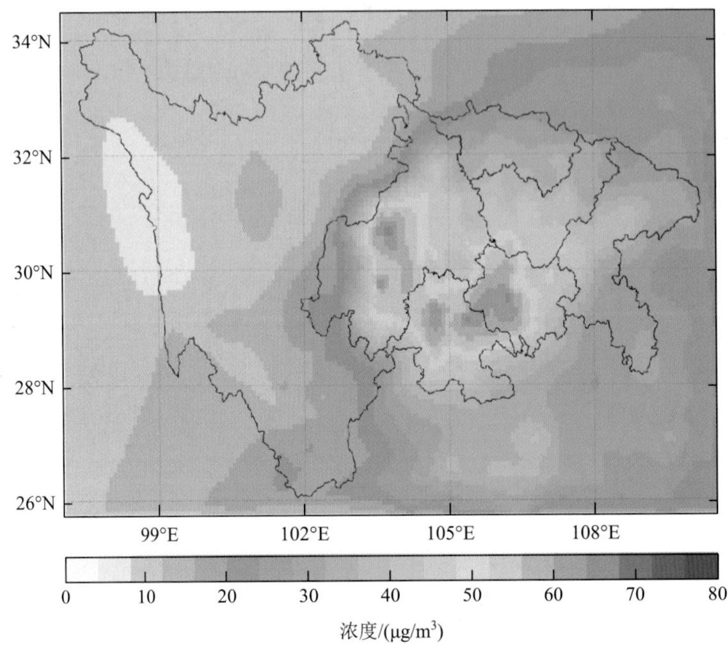

图 3-13　应用本地化排放清单的 2019 年 $PM_{2.5}$ 年均浓度空间分布模拟结果

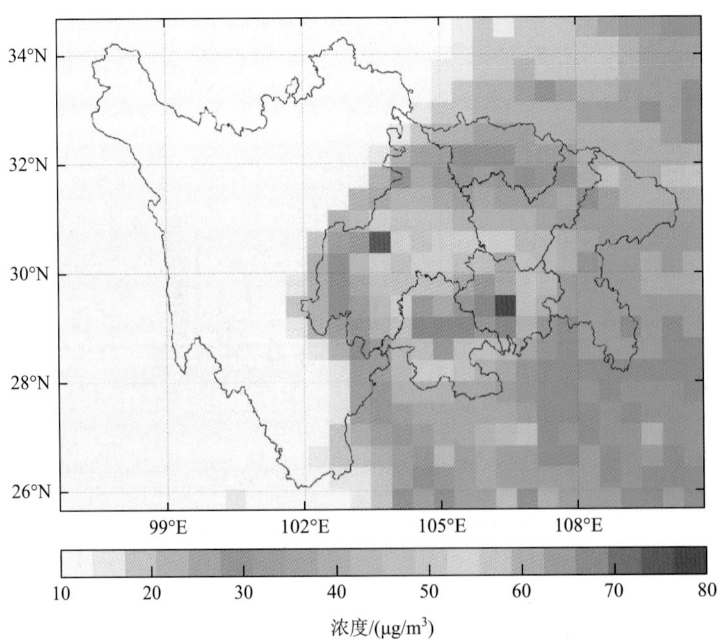

图 3-14　EAPPCAP 的 2017 年 $PM_{2.5}$ 年均浓度空间分布模拟结果

注：数据来自 http://www.meicmodel.org/dataset-appcape.html。

将模拟结果插值到各空气质量国控点坐标，将成渝地区划分为重庆主城都市区、成都平原、川南和川东北 4 个主要经济区，按照各区域内国控点平均值，计算了各区域 $PM_{2.5}$ 和 O_3 年均浓度的观测和模拟结果并进行了对比。

表 3-12 为 4 个区域 $PM_{2.5}$ 和 O_3 年均浓度观测值与模拟值的统计参数，其中统计了观测值与模拟值的相关系数（R）、标准化平均偏差（normalized mean bias，NMB）、平均偏差（mean bias，MB）、均方根误差（root mean square error，RMSE）、标准化平均误差（normalized mean error，NME）和一致性系数（interobserver agreement，IOA）。Huang 等（2021）整理了 2006～2019 年发布的 307 篇空气质量模型相关的文献，统计了文献中使用的模型评估方案和标准，归纳总结并给出了推荐的评估方案和标准，本节选取的 6 类统计参数为推荐的前 6 种方案。由表 3-12 可以看出，MB 和 RMSE 值较低，观测值和模拟值量级基本一致；除了重庆主城都市区和川东北 $PM_{2.5}$ 的 R 和 IOA 略低于标准以外，R、IOA、NMB 和 NME 统计参数整体上优于推荐标准。

表 3-12　$PM_{2.5}$ 和 O_3 年均浓度观测值与模拟值的统计参数

污染物	城市	MB/(μg/m³)	R	RMSE/(μg/m³)	IOA	NMB/%	NME/%
	推荐标准	*	≥0.60	*	≥0.70	≤±20	≤45
$PM_{2.5}$	重庆主城都市区	3.19	0.55	28.24	0.66	8.39	26.94
	成都平原	1.25	0.75	22.81	0.72	2.91	24.14
	川南	−0.99	0.66	22.47	0.75	−2.11	21.15
	川东北	1.23	0.51	20.51	0.59	2.93	21.41
O_3	重庆主城都市区	−8.62	0.82	39.60	0.83	−5.49	21.83
	成都平原	−7.78	0.84	33.94	0.91	−4.86	25.51
	川南	4.24	0.76	26.18	0.79	2.90	17.13
	川东北	3.20	0.81	28.06	0.89	2.48	14.26

注：“*”表示没有推荐标准，数值越低模型表现越好。

图 3-15 为成渝地区 $PM_{2.5}$ 和 O_3 年均浓度观测值与模拟值对比。成渝地区西南部的雅安市、乐山市、眉山市、自贡市和宜宾市，以及渝东南地区的 $PM_{2.5}$ 模拟值偏低，由于模型模拟过程中成渝地区采用的清单为本地清单，成渝地区以外区域耦合的是 MEIC 清单，所以位于成渝地区边界的区域更容易受到耦合清单不确定性的影响。此外，多位学者（Sicard et al.，2020；Li and Yu，2019；王红丽，2015）的模拟研究表明，城市区域的 NO_x 和 O_3 浓度变化呈负相关关系，成都市和重庆主城都市区等区域的 O_3 浓度模拟结果偏低，可能是由于 NO_x 排放量较大造成的。

清单本身存在的误差（何斌等，2017；Li et al.，2017）、CMAQ 模型化学机制的不确定性以及气象场的准确性等因素，都会导致模拟值与观测值之间的差异。但是整体来看，模型模拟的 $PM_{2.5}$ 和 O_3 年均浓度量级、变化趋势和空间分布与观测值相对一致，模型模拟结果可以接受。因此，应用 WRF-CMAQ 模式，可以较好地描述主要大气污染物排放与空气质量间的响应关系，也可用于模型迭代估算大气环境容量以及污染源贡献识别。

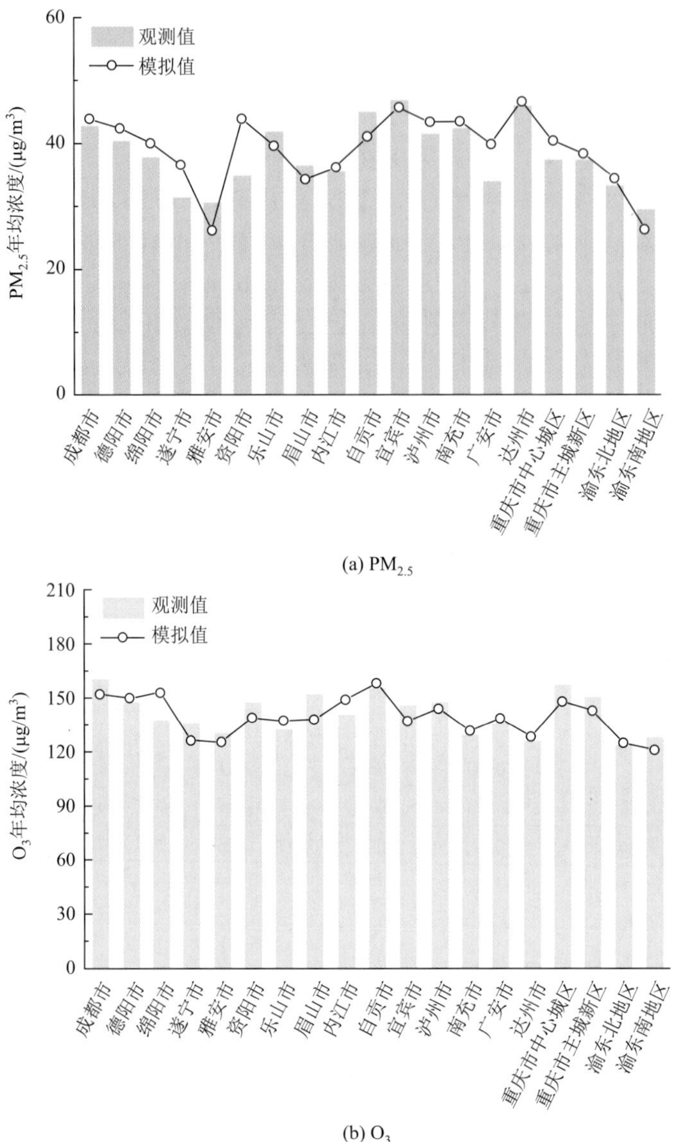

图 3-15　成渝地区 $PM_{2.5}$ 和 O_3 年均浓度观测值与模拟值对比

3.3.2　各类重点源贡献结果

3.3.2.1　各类重点源对 $PM_{2.5}$ 浓度的贡献

利用空气质量模型 CMAQ 对不同排放情景进行模拟，分别得到成渝地区生活面源、工业固定燃烧源、交通源和工业生产过程源 4 类重点源，以及与能源和产业相关的细分源类对 $PM_{2.5}$ 浓度的贡献（表 3-13）。整体来看，交通源和工业生产过程源对 $PM_{2.5}$ 浓度的贡献最大，分别为 4.95～10.82μg/m³ 和 3.22～11.62μg/m³，其次是生活面源，贡献 2.61～5.48μg/m³，工业固定燃烧源贡献最小，为 1.48～3.26μg/m³。

表 3-13　成渝地区重点源对 $PM_{2.5}$ 浓度的贡献　（单位：μg/m³）

源类	四川省				重庆市				
	成都平原	川南	川东北	加权平均	中心城区	主城新区	渝东北	渝东南	加权平均
生活面源	3.12	2.61	2.80	2.90	5.38	5.48	2.81	2.78	4.37
工业固定燃烧源	2.02	3.04	2.59	2.44	1.63	3.26	2.40	1.48	2.35
交通源	10.82	8.03	6.31	8.98	9.85	10.19	5.77	4.95	8.19
工业生产过程源	8.27	7.62	8.71	8.19	11.62	7.80	3.28	3.22	6.96
火电	0.67	4.74	3.65	2.35	0.40	3.79	1.74	0.91	1.94
船舶	0.01	0.53	0.03	0.15	1.79	0.44	1.14	1.03	1.06
汽车喷涂	0.20	0.11	0.06	0.15	0.01	0	0	0	0
水泥	1.85	1.15	5.66	2.42	2.85	1.31	2.38	3.26	2.29
玻璃	0.62	0.26	0.01	0.40	0.19	0.33	0.04	0	0.16
钢铁	1.31	1.77	2.17	1.60	0	1.21	0	0	0.38
有色金属	1.18	0.03	0	0.64	0.03	1.03	0.32	0.22	0.46
砖瓦	0.91	0.59	0.86	0.81	0.09	0.97	0.46	0.32	0.51
陶瓷	0.86	0.21	0.07	0.53	0.01	0.11	0.05	0	0.05
汽车制造	0.15	0	0.01	0.08	0.93	0.50	0.02	0.02	0.39
化工	0.88	1.41	0.40	0.93	0.26	0.52	0.08	0.02	0.25
装备制造	0.23	0.23	0.04	0.19	0.72	0.24	0.03	0.05	0.26
石化	0.26	0.13	0.21	0.22	0	0.15	0.12	0	0.08
酒和食品	0.23	0.84	0.10	0.36	0.03	0.14	0.07	0.09	0.08
家具	0.19	0.10	0.04	0.14	0.08	0.07	0.03	0.01	0.05
橡塑	0.05	0.09	0.01	0.05	0.16	0.46	0.02	0	0.19
电子	0.09	0	0.01	0.05	0.06	0.07	0.04	0	0.05
医药制造	0.07	0.04	0.05	0.06	0.11	0.11	0.13	0.16	0.12
包装印刷	0.14	0.05	0	0.09	0.16	0.08	0.02	0.01	0.07

能源方面，火电对川南、川东北、重庆市主城新区和渝东北的 $PM_{2.5}$ 浓度有较高贡献，分别为 4.74μg/m³、3.65μg/m³、3.79μg/m³ 和 1.74μg/m³。交通方面，船舶对重庆市 $PM_{2.5}$ 浓度的贡献为 1.06μg/m³。产业方面，整体来看水泥（1.15～5.66μg/m³）、钢铁（0～2.17μg/m³）、砖瓦（0.09～0.97μg/m³）、化工（0.02～1.41μg/m³）、有色金属（0～1.18μg/m³）等行业对 $PM_{2.5}$ 浓度的贡献相对较大，其余行业贡献相对较小。此外，贡献大小与产业分布密切相关，钢铁和化工行业对四川省和重庆市主城新区 $PM_{2.5}$ 浓度的贡献相对较大，对成渝其他地区 $PM_{2.5}$ 浓度的贡献相对较小，有色金属对成都平原和重庆市主城新区 $PM_{2.5}$ 浓度的贡献相对较大。

交通源的 NO_x、VOCs 和 CO 排放占比较高（图 3-16），其中 NO_x 和 VOCs 占比分别

为 69.47%和 27.22%，这两类污染物都是 $PM_{2.5}$ 的主要前体物，对 $PM_{2.5}$ 的二次生成影响较大。工业生产过程源的 $PM_{2.5}$ 一次排放和 VOCs 在这 4 类重点源中占比较高，分别为 33.45%和 37.41%，SO_2 也有较高占比，对 $PM_{2.5}$ 一次和二次排放都有较大影响。从污染物排放总量来看，交通源和工业生产过程源排放量较高。生活面源的 $PM_{2.5}$ 一次排放和 VOCs 分别占 20.17%和 30.64%，工业固定燃烧源除 SO_2 以外，其余污染物排放占比较低。

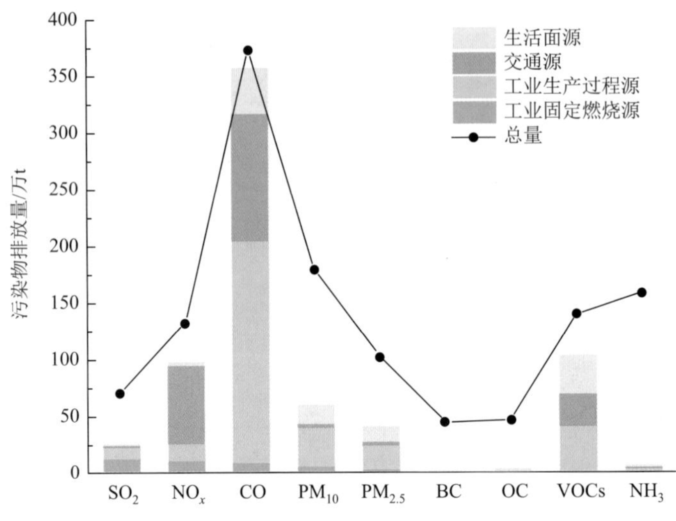

图 3-16　成渝地区重点源类污染物排放

从成渝地区各类重点源对 $PM_{2.5}$ 浓度贡献的空间分布来看（图 3-17），重庆主城都市区生活面源的贡献高于成渝其他地区。工业固定燃烧源除个别点位贡献稍高以外，整体贡献较低。整个四川盆地内部交通源贡献较高。重庆市中心城区和川东北经济区的工业生产过程源贡献较大，其次是成都市和川南经济区。从整体影响来看，交通源和工业生产过程源贡献相当，但是由于工业影响点集中，对工业聚集的城市空气质量影响更为显著。

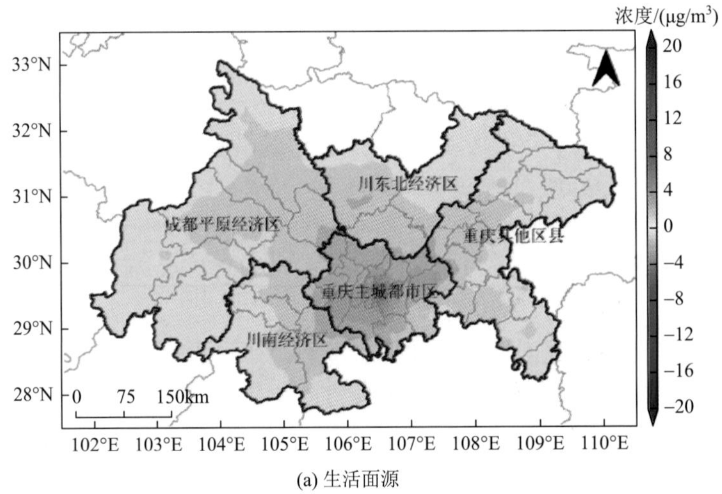

(a) 生活面源

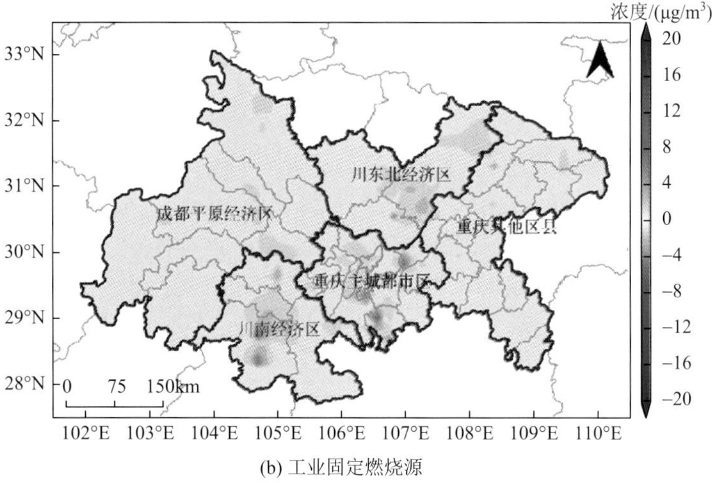

(b) 工业固定燃烧源

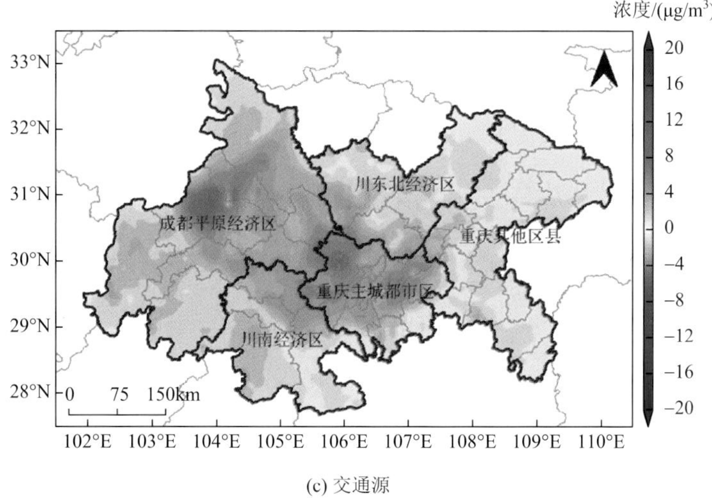

(c) 交通源

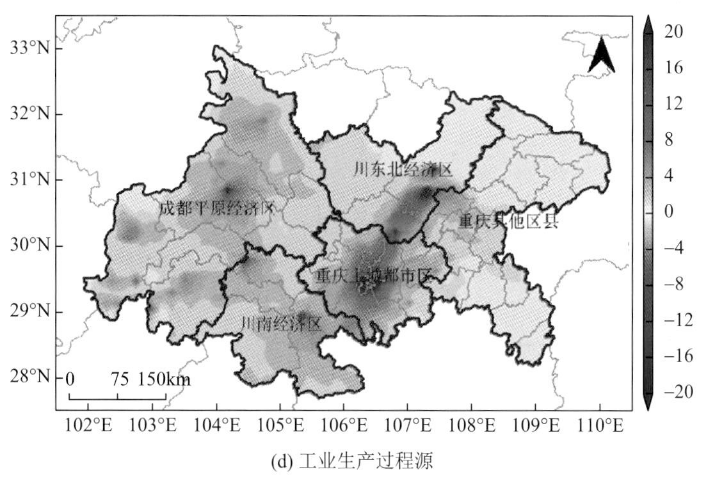

(d) 工业生产过程源

图 3-17　成渝地区各类重点源对 $PM_{2.5}$ 浓度的贡献

3.3.2.2 各类重点源对 O_3 浓度的贡献

利用空气质量模型 CMAQ 对不同排放情景进行模拟，分别得到成渝地区生活面源、工业固定燃烧源、交通源和工业生产过程源 4 类重点源，以及与能源和产业相关的细分源类对 O_3 浓度的贡献（表 3-14）。整体来看，工业生产过程源和交通源对 O_3 浓度的贡献最大，分别为 6.48～31.81μg/m^3 和–21.52～25.10μg/m^3，其次是生活面源，贡献 3.46～15.07μg/m^3，工业固定燃烧源贡献最小，为–4.36～2.74μg/m^3。

表 3-14 成渝地区重点源对 O_3 浓度的贡献 （单位：μg/m^3）

源类	四川省				重庆市				
	成都平原	川南	川东北	加权平均	中心城区	主城新区	渝东北	渝东南	加权平均
生活面源	12.4	11.06	5.89	10.49	15.07	11.08	4.68	3.46	9.36
工业固定燃烧源	2.74	0.95	1.23	1.88	–3.00	–4.36	2.29	2.19	–1.33
交通源	25.10	17.27	23.90	22.63	–21.52	–6.68	12.69	10.76	–3.00
工业生产过程源	27.96	23.96	17.73	24.44	31.81	20.30	8.25	6.48	18.18
火电	0.02	0.06	0.02	0.03	0.04	0.09	0.04	0.02	0.05
船舶	0	0.30	0.03	0.09	2.88	0.23	0.91	1.20	1.21
汽车喷涂	2.94	1.87	2.16	2.50	0.13	0.10	0.13	0.13	0.12
水泥	0.04	0.07	0.18	0.08	0.08	0.21	0.42	0.27	0.25
玻璃	0.07	0.20	0	0.09	0.09	0.08	0.01	0	0.05
钢铁	1.06	0.02	1.22	0.82	0	0.16	0	0	0.05
有色金属	0.15	0.62	0.01	0.25	0	0	0	0	0
砖瓦	0.03	0.02	0.05	0.03	0.01	0.06	0.04	0.01	0.03
陶瓷	0.28	0.05	0.05	0.17	0.02	0.17	0.06	0	0.08
汽车制造	2.20	0.05	0.23	1.23	10.70	4.61	0.51	0.85	5.48
化工	6.58	7.92	4.96	7.68	0.67	4.39	0.12	0.02	1.71
装备制造	3.04	3.89	0.78	2.81	8.42	3.20	1.13	1.42	3.56
石化	3.14	2.47	4.44	3.23	0.08	3.25	1.12	0	1.37
酒和食品	1.96	6.65	2.53	2.86	0.40	0.94	0.42	0.60	0.61
家具	2.33	1.38	0.58	1.72	1.74	1.28	0.78	0.32	1.09
橡塑	0.60	1.47	0.22	0.75	3.30	4.70	0.48	0.07	2.61
电子	0.96	0.03	0.29	0.58	1.16	1.13	0.91	0.01	0.90
医药制造	1.00	0.50	1.50	0.97	2.66	2.29	3.20	4.21	2.89
包装印刷	1.58	0.75	0.05	1.05	3.20	1.78	0.44	0.56	1.53

能源方面，火电对 O_3 浓度的贡献低于 0.1μg/m^3。交通方面，船舶对重庆市 O_3 浓度的贡献为 1.21μg/m^3。产业方面，整体来看汽车制造（0.05～10.70μg/m^3）、化工（0.02～7.92μg/m^3）、装备制造（0.78～8.42μg/m^3）、石化（0～4.44μg/m^3）、酒和食品（0.40～

6.65μg/m^3）、橡塑（0.07～4.70μg/m^3）、医药制造（0.50～4.21μg/m^3）等行业对 O_3 浓度的贡献相对较大。汽车制造和装备制造对重庆市中心城区和主城新区 O_3 浓度的贡献明显高于成渝其他地区，化工和石化对四川省和重庆市主城新区 O_3 浓度的贡献相对较大，酒和食品对四川省特别是川南 O_3 浓度的贡献相对较大，橡塑对重庆市中心区和主城新区 O_3 浓度的贡献相对较大，医药制造对重庆市 O_3 浓度的贡献相对较大，家具、包装印刷、电子等行业对 O_3 浓度的贡献也不容忽视。

从 O_3 的主要前体物 NO_x 和 VOCs 排放量占比来看（图 3-18），成渝地区交通源的 NO_x 排放量最大，占 69.55%；工业生产过程源 VOCs 排放量占 38.74%，生活面源和交通源分别占 29.84%和 26.70%。

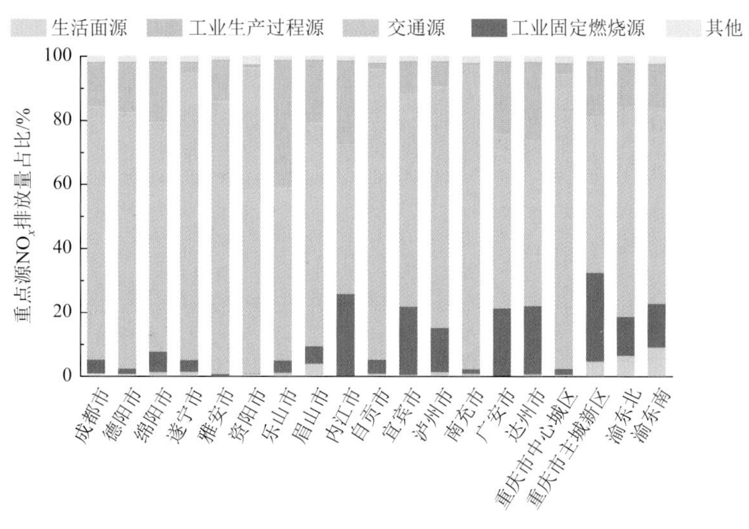

(a) NO_x

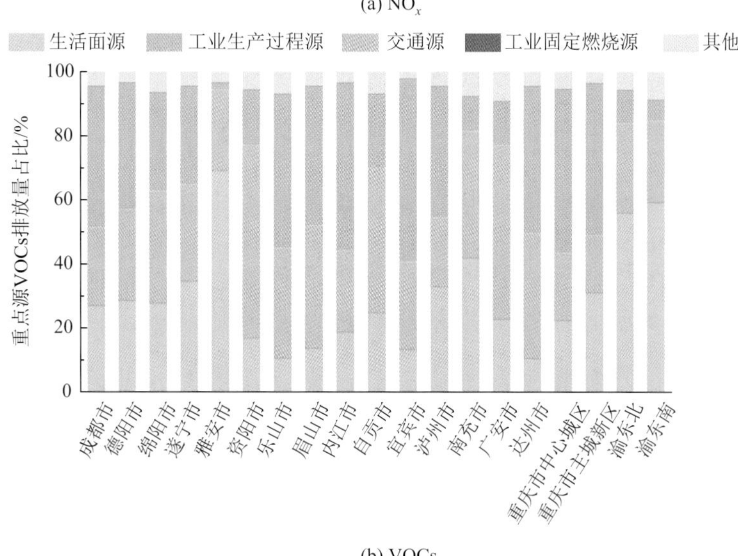

(b) VOCs

图 3-18　各类重点源 NO_x 和 VOCs 排放量占比

从成渝地区各类重点源对 O_3 浓度贡献的空间分布来看（图 3-19），重庆主城都市区和内江市的工业固定燃烧源对 O_3 浓度的贡献为负值［图 3-19（b）］；重庆市中心城区和成都市的交通路网十分发达，其交通源对 O_3 浓度有显著的负贡献［图 3-19（c）］。这表明减少这两类重点源污染物的排放，这些区域的 O_3 浓度反而会升高。这两类重点源的共同特征都是 NO_x 的排放量显著高于 VOCs，NO_x 中的 NO 会消耗 O_3，因此 NO_x 排放量降低反而有利于的 O_3 累积。

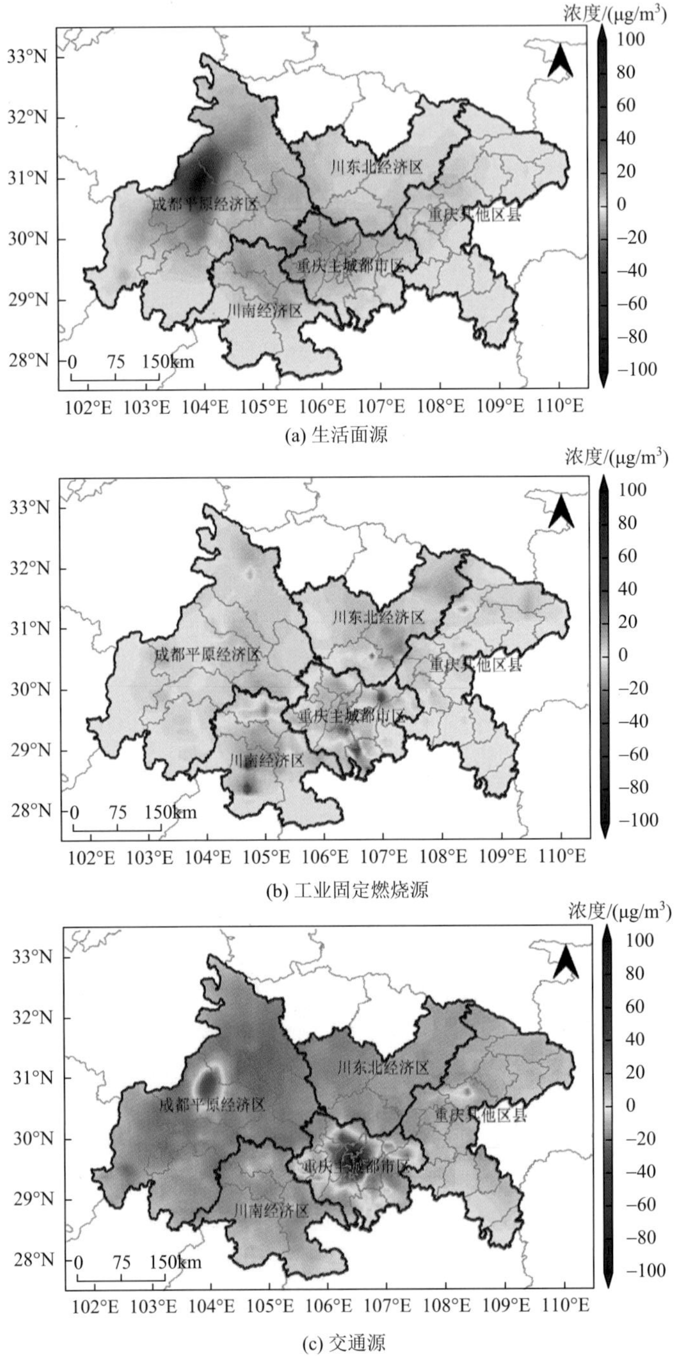

(a) 生活面源

(b) 工业固定燃烧源

(c) 交通源

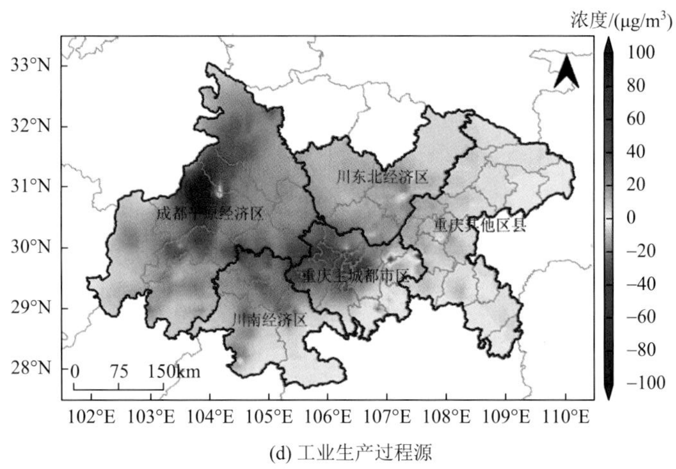

(d) 工业生产过程源

图 3-19　成渝地区各类重点源对 O_3 浓度的贡献

从空气质量模型 CMAQ 对各类重点源对空气质量影响的模拟结果来看，制定空气质量管控措施不能仅从控制排放量出发，除了 O_3 以外，$PM_{2.5}$ 的二次组分占比相对较高，污染物排放量与 O_3 和 $PM_{2.5}$ 浓度呈现高度非线性关系，需要充分考虑前体物及其中间产物之间的化学反应关系，特别要注意交通源和工业固定燃烧源这类 NO_x 排放量显著高于 VOCs 排放量的污染源。O_3 和 $PM_{2.5}$ 的二次组分都来自大气氧化，而且 NO_x 和 VOCs 都是两者重要的前体物，O_3 和 $PM_{2.5}$ 的生成不是两个问题，而是一个问题，两者的污染需要协同控制。

3.3.3　环境容量核算

3.3.3.1　容量核算目标

大气环境容量是指一个区域在某种环境目标（如空气质量达标）约束下的大气污染物最大允许排放量。它是大气环境承载力的评估依据，也是大气污染物总量控制和空气质量管理的重要依据。本节以 2017 年为基准年核算成渝地区 $PM_{2.5}$ 年均浓度分别为 35μg/m³、30μg/m³ 和 25μg/m³ 时的大气环境容量，为后续成渝地区大气治理措施的选择提供支撑。

3.3.3.2　容量核算方法

自 20 世纪 60 年代末日本研究者提出大气环境容量概念后，国内外学者进行了大量的研究（Zheng et al.，2018；朱蓉等，2018；赵德山等，1991；徐大海和朱蓉，1989）。目前，主要的核算方法包括 A-P 值法、模型迭代法和线性规划法（徐大海和李宗恺，1993）。其中 A-P 值法[①]简单易懂，操作便捷，但仅能反映大气环境“资源禀赋”对一次污染物的容纳量，不能反映周边污染物传输的影响和污染物间的化学反应。基于第三代空气质量

① A-P 值法是指用 A 值法计算控制区域中允许排放总量，用修正的 P 值法分配到每个污染源的一种方法。

模型的模型迭代法既考虑了区域污染物传输的影响和污染物间复杂的化学反应机制，又可以充分考虑污染源排放等社会因素对大气环境容量的影响，但容量结果的空间和时间分布取决于模拟时制作的网格化排放清单的空间和时间分布，呈现出污染重的区域和时刻容量大的规律，容量分配“不合理”。而线性规划法仅适用于小空间尺度的容量核算。

本书基于 A-P 值法和模型迭代法提出了一种考虑化学传输（二次生成、传输扩散）影响和空气资源禀赋的大气环境容量综合估算方法。该综合估算方法是先利用模型迭代法计算出区域大气环境容量总量，然后使用 WRF 模拟结果评估区域内高时空分辨率的空气资源禀赋，最后根据高时空分辨率空气资源禀赋把区域大气环境容量总量分配到估算区域内的各行政单元。这样既考虑了化学传输影响，又考虑了区域内部空气资源禀赋差异，得到的大气环境容量时空分辨率高。技术路线如图 3-20 所示。

第一步：应用模型迭代法计算区域大气环境容量总量。模型迭代法是通过空气质量数值模型进行迭代计算来确定评价区域目标年大气环境容量总量。该方法以空气质量达到环境管理要求为目标，根据目标年的污染源变化进行数值模型迭代计算得到控制点污染物浓度，当控制点污染物浓度等于环境管理要求目标浓度时，所有污染源的排放总量即为该污染物的环境承载力。

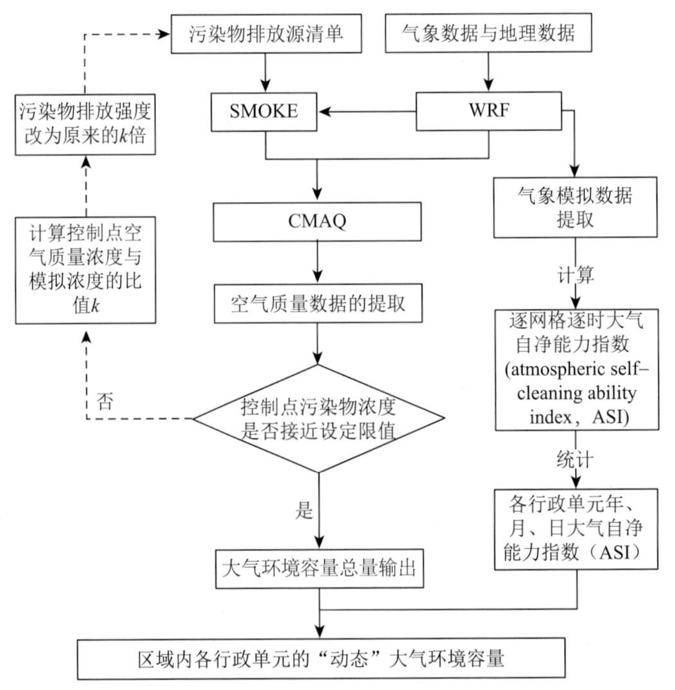

图 3-20　大气环境容量综合估算技术路线

具体迭代算法如下。

（1）基准情形大气污染物浓度模拟：利用 WRF-SMOKE-CMAQ 模拟出 2017 年 4 个季节成渝地区 5 种污染物（CO、NO_x、SO_2、$PM_{2.5}$、PM_{10}）的平均浓度，模型基础设定见 3.3.1 节。

（2）污染物达标限值设定：四川（15 市）和重庆 $PM_{2.5}$ 年均浓度分别为 35μg/m³、30μg/m³、25μg/m³。

（3）排放源的重制：计算各季节、各污染物达标限值浓度与模拟浓度的比值 k，基于污染物浓度与排放量呈线性关系的假定，将排放源强度改为原来的 k 倍，即重制排放源。

（4）数值模型迭代：使用重制的排放源，再次利用 WRF-SMOKE-CMAQ 模拟计算各季节各污染物平均浓度，再进行步骤（3），重复以上步骤，直至各污染物均接近达标限值，便可得到各季节各污染物达标限值下的大气环境容量，各季节大气环境容量之和即为年大气环境容量。

第二步：评估区域内高时空分辨率的空气资源禀赋。单位时间、单位面积上大气平流扩散和降水所能清除的最大污染物总量为大气自净能力指数 A。大气自净能力指数与大气污染物排放量和空气质量都没有任何关系，仅表示大气平流扩散和降水清除污染物的能力。大气自净能力指数越大，表示大气自净能力越强；反之，表示大气自净能力越弱。

计算大气自净能力指数所需的大气边界层气象要素，如地面风速、混合层高度等，均可由中尺度数值模式 WRF 预报输出。本书基于 WRF 模拟结果计算逐小时的网格化大气自净能力指数。具体算法如式（3-1）所示。

$$A = 3.1536 \times 10^{-3} \times \frac{\sqrt{\pi}}{2} \times V_{\mathrm{E}} + 1.7 \times 10^{-2} \times R \times \sqrt{S} \tag{3-1}$$

式中，V_{E} 为通风量，m^2/s，计算方法如式（3-2）和式（3-3）所示；R 为降水强度，mm/d；S 为单位面积，取 $100km^2$。

当机械混合层高度在 200m 以下时，通风量计算公式为

$$V_{\mathrm{E}} = (U_{200} + U_{10}) \times 0.5 \times L_{\mathrm{b}} \tag{3-2}$$

当热力或机械混合层高度在 200m 以上时，通风量计算公式为

$$V_{\mathrm{E}} = 200 \times (U_{200} + U_{10}) \times 0.5 + (L_{\mathrm{b}} - 200) \times U_{200} \tag{3-3}$$

式中，U_{200} 为 200m 高度处的风速，m/s；U_{10} 为 10m 高度处的平均风速，m/s；L_{b} 为热力或机械混合层高度，m，具体算法如式（3-4）和式（3-5）所示。

大气稳定度为 A 级、B 级、C 级和 D 级时，混合层高度计算公式为

$$L_{\mathrm{b}} = a_{\mathrm{s}} \times \frac{U_{10}}{f} \tag{3-4}$$

式中，L_{b} 为热力混合层高度，m；a_{s} 为热力混合层系数，见表 3-15；U_{10} 为 10m 高度处的平均风速，m/s，大于 6m/s 时取 6m/s；f 为地转参数，(°)，从 WRF 模拟结果中直接提取。

大气稳定度为 E 级和 F 级时，混合层高度计算公式为

$$L_{\mathrm{b}} = b_{\mathrm{s}} \times \sqrt{\frac{U_{10}}{f}} \tag{3-5}$$

式中，L_{b} 为机械混合层高度，m；b_{s} 为机械混合层系数，见表 3-15；U_{10} 为 10m 高度上平均风速，m/s，大于 6m/s 时取 6m/s；f 为地转参数，(°)，从 WRF 模拟结果中直接提取。

表 3-15　中国各地区 a_s 和 b_s 值

系数		1	2	3	4	5	6	7
热力混合层系数 a_s	A	0.090	0.073	0.073	0.073	0.056	0.073	0.090
	B	0.067	0.060	0.060	0.060	0.029	0.048	0.067
	C	0.041	0.041	0.041	0.041	0.020	0.031	0.041
	D	0.031	0.019	0.019	0.019	0.012	0.022	0.031
机械混合层系数 b_s	E				1.66			
	F				0.70			

注：1.新疆、西藏、青海；2.黑龙江、吉林、辽宁、内蒙古（阴山以北）；3.北京、天津、河北、河南、山东；4.内蒙古（阴山以南）、山西、陕西（秦岭以北）、宁夏、甘肃（渭河以北）；5.上海、广东、广西、湖南、湖北、江苏、浙江、安徽、海南、台湾、福建、江西；6.云南、贵州、四川、甘肃（渭河以南）、陕西（秦岭以南）；7.静风区（年平均风速小于 1m/s）。

大气稳定度计算公式为

$$L = -\frac{u^{*3} C_p \rho T}{kgH(1 + 0.07 / B)} \tag{3-6}$$

式中，u^* 为摩擦速度；$C_p = 1004\text{J/(kg·K)}$，为定压比热；$\rho = 1.225\text{kg/m}^3$，为空气密度；$k = 0.4$，为卡门（Karman）常数；$T$ 为热力学温度；$g = 9.8\text{m/s}^2$，为重力加速度；H 为地表热通量，$\text{J/(m}^2\text{·s)}$；B 为波文比（Bowen ratio）；其中，u^*、T、H 直接从 WRF 模拟结果中提取。大气稳定度等级与稳定度的对应关系见表 3-16。

表 3-16　大气稳定度等级与 L 的关系

稳定度等级	L
A	−3～−2
B	−5～−4
C	−15～−12
D	∞
E	35～75
F	8～35

第三步：估算区域内各行政单元的大气环境容量。统计各行政单元内各网格逐小时的大气自净能力指数之和，统计第一步应用模型迭代法计算大气容量对应区域逐小时的大气自净能力指数之和。以大气自净能力指数作为分配因子把第一步得到的年总容量进行分配，可得到逐小时、逐日、逐月精细化的大气环境容量，计算公式为

$$Q_{i,t} = Q \times \frac{A_{i,t}}{\sum_{i=1,t=1}^{n,T} A_{i,t}} \tag{3-7}$$

式中，Q 为第一步计算出的区域大气环境容量；$Q_{i,t}$ 为第 i 个行政单元 t 时的大气环境容量；$A_{i,t}$ 为第 i 个行政单元 t 时的大气自净能力指数；T 为 Q 对应的总时间段。

3.3.3.3　容量核算结果

1）区域大气环境容量结果

应用模型迭代法，计算了不同目标下的大气环境容量，具体结果见表 3-17。

表 3-17　成渝地区大气环境容量核算结果

地区	目标/（μg/m³）	SO_2/万 t	NO_x/万 t	$PM_{2.5}$/万 t	VOCs/万 t	NH_3/万 t
四川（15 市）	35	19	49.69	22.2	58.93	65.01
	30	17.51	44.23	18.76	45.99	62.87
	25	16.45	40.19	16.26	35.66	61.5
重庆	35	21.86	30.23	17.85	27.19	14.56
	30	19.25	27.06	14.56	23.79	13.99
	25	17.61	25.13	12.66	21.72	13.64

2）大气自净能力指数结果

成渝地区大气自净能力指数空间分布图（图 3-21）包括基准年 2017 年 1 月、4 月、7 月、10 月以及全年平均结果。可以看出，成渝地区大气自净能力指数整体较周边低，尤其是成都平原经济区、川南经济区、广安、达州以及重庆大部分区域，大气自净能力指数均在 7 以下。从不同月份来看，成渝地区大气自净能力指数 4 月最高，10 月、7 月次之，1 月最低，大气自净能力指数较低的区域依然集中在重庆、成都平原经济区、川南经济区和广安、达州。

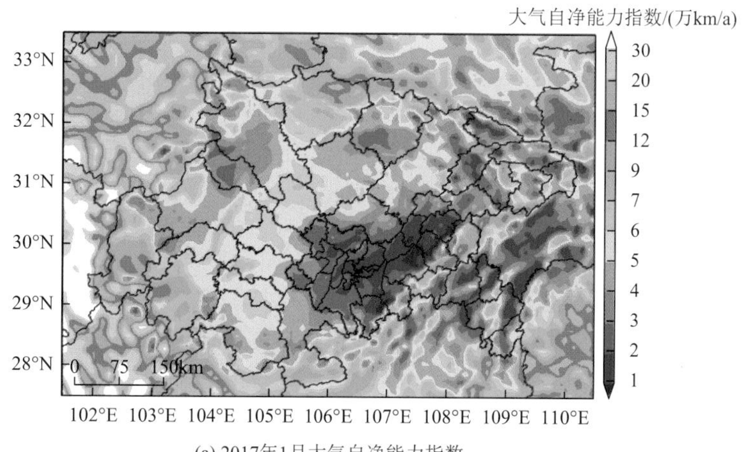

(a) 2017年1月大气自净能力指数

大气自净能力指数/(万km/a)

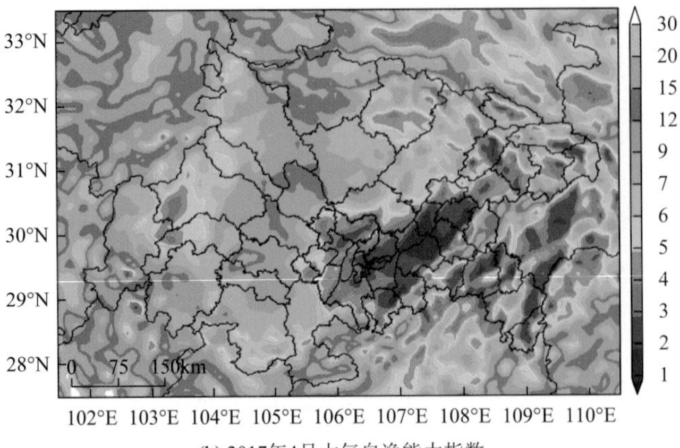

(b) 2017年4月大气自净能力指数

大气自净能力指数/(万km/a)

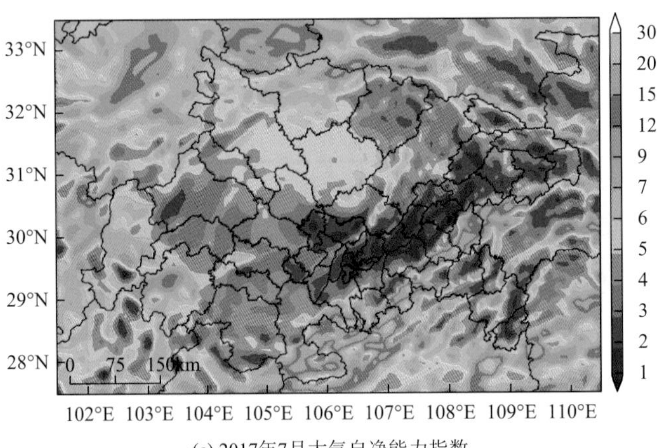

(c) 2017年7月大气自净能力指数

大气自净能力指数/(万km/a)

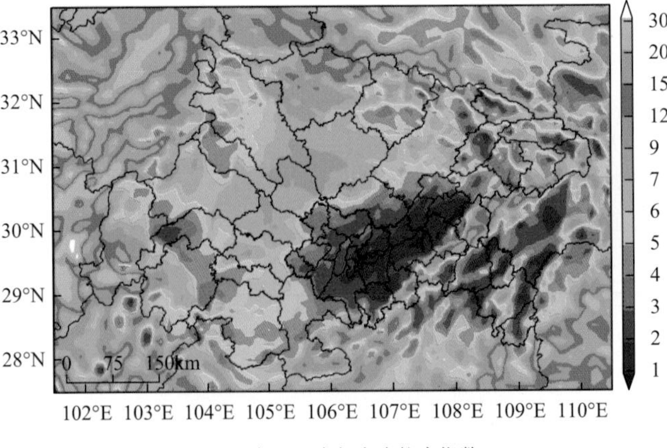

(d) 2017年10月大气自净能力指数

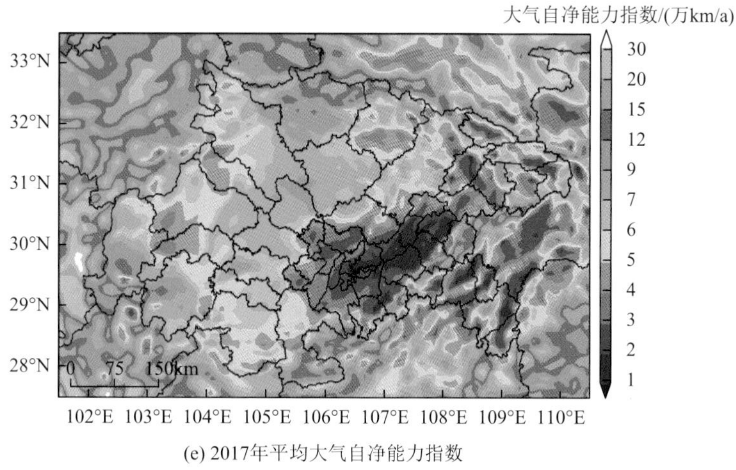

(e) 2017年平均大气自净能力指数

图 3-21　成渝地区大气自净能力指数空间分布图

3）城市大气环境容量结果

结合区域大气环境容量结果，根据各城市大气自净能力，分摊得到各城市的大气环境容量。具体结果见表 3-18～表 3-20。

表 3-18　$PM_{2.5}$≤35μg/m³ 各城市大气环境容量　（单位：万 t）

区域	地区	SO_2	NO_x	$PM_{2.5}$	VOCs	NH_3
成都平原经济区	成都市	1.41	11.68	4.47	17.94	5.97
	德阳市	0.96	2.53	1.00	3.31	3.82
	绵阳市	0.84	3.34	1.55	3.76	2.93
	眉山市	1.59	3.58	0.98	4.67	2.22
	乐山市	2.51	3.67	1.67	4.57	1.57
	资阳市	0.20	1.15	0.64	1.52	3.31
	遂宁市	0.20	1.62	0.60	2.64	3.80
	雅安市	0.39	1.67	1.61	1.96	1.38
川南经济区	内江市	1.56	2.77	1.15	3.20	5.35
	自贡市	0.47	1.50	0.71	1.29	5.64
	泸州市	1.80	3.71	1.20	3.43	3.68
	宜宾市	3.25	3.71	1.35	3.31	4.74
川东北经济区	南充市	0.71	3.25	1.21	3.08	10.06
	广安市	1.76	2.19	1.59	1.60	2.11
	达州市	1.35	3.32	2.47	2.65	8.43
重庆中心城区	渝中区	0.01	0.23	0.32	0.25	0.05
	南岸区	0.09	0.63	0.29	0.62	0.09
	江北区	0.06	0.56	0.19	0.58	0.08

续表

区域	地区	SO_2	NO_x	$PM_{2.5}$	VOCs	NH_3
重庆中心城区	沙坪坝区	0.08	1.00	0.39	0.75	0.12
	九龙坡区	0.47	0.88	0.32	1.01	0.20
	大渡口区	0.15	0.43	0.29	0.37	0.04
	渝北区	0.11	1.91	0.88	1.62	0.32
	巴南区	0.33	0.90	0.44	1.33	0.24
	北碚区	0.30	1.20	0.32	0.64	0.15
重庆主城新区	璧山区	0.37	0.71	0.32	1.61	0.31
	合川区	1.43	2.08	0.90	1.58	0.42
	长寿区	1.47	1.62	0.82	1.10	0.39
	涪陵区	1.77	1.81	0.86	4.08	1.49
	南川区	0.92	0.69	0.36	0.37	0.41
	綦江区	1.63	1.67	0.75	0.59	0.57
	江津区	1.80	2.06	0.79	0.98	0.72
	永川区	1.58	1.35	0.65	0.88	0.66
	大足区	0.70	0.54	0.45	0.60	0.31
	荣昌区	0.38	0.57	0.25	0.44	0.23
	铜梁区	0.58	0.53	0.36	0.48	0.40
	潼南区	0.52	0.59	0.49	0.61	0.32
重庆其他区县	万州区	1.30	1.32	0.91	0.91	0.54
	开州区	0.45	0.64	0.68	0.72	0.62
	梁平区	0.48	0.41	0.47	0.46	0.48
	垫江县	0.57	0.44	0.50	0.47	0.43
	丰都县	0.59	0.90	0.46	0.41	0.62
	忠县	0.59	1.01	0.63	0.45	0.42
	云阳县	0.41	0.47	0.43	0.46	0.45
	奉节县	0.66	0.78	0.64	0.53	0.35
	巫山县	0.16	0.23	0.23	0.24	0.22
	巫溪县	0.11	0.12	0.36	0.21	0.28
	城口县	0.20	0.14	0.22	0.11	0.13
	黔江区	0.21	0.35	0.31	0.32	0.36
	武隆区	0.28	0.24	0.23	0.21	0.26
	石柱县	0.51	0.51	0.27	0.26	0.44
	彭水县	0.29	0.28	0.39	0.31	0.52
	酉阳县	0.15	0.21	0.39	0.33	0.57
	秀山县	0.15	0.22	0.29	0.30	0.35

表 3-19　$PM_{2.5}$≤30μg/m³ 各城市大气环境容量　（单位：万 t）

区域	地区	SO_2	NO_x	$PM_{2.5}$	VOCs	NH_3
成都平原经济区	成都市	1.38	10.98	4.11	13.38	5.95
	德阳市	0.92	2.25	0.86	2.46	3.77
	绵阳市	0.82	3.05	1.35	2.92	2.90
	眉山市	1.49	3.07	0.84	3.40	2.19
	乐山市	2.36	3.24	1.41	3.31	1.56
	资阳市	0.19	1.10	0.60	1.38	3.21
	遂宁市	0.19	1.56	0.57	2.25	3.7
	雅安市	0.39	1.53	1.32	1.53	1.36
川南经济区	内江市	1.36	2.28	0.97	2.48	5.05
	自贡市	0.45	1.38	0.60	1.17	5.29
	泸州市	1.64	3.07	1.02	2.68	3.60
	宜宾市	2.77	3.07	1.14	2.59	4.65
川东北经济区	南充市	0.69	2.98	1.08	2.74	9.62
	广安市	1.59	1.87	1.18	1.41	2.07
	达州市	1.27	2.80	1.71	2.29	7.95
重庆中心城区	渝中区	0.01	0.20	0.21	0.19	0.05
	南岸区	0.09	0.52	0.21	0.47	0.08
	江北区	0.05	0.46	0.15	0.44	0.08
	沙坪坝区	0.08	0.82	0.29	0.58	0.12
	九龙坡区	0.43	0.74	0.26	0.77	0.19
	大渡口区	0.14	0.36	0.20	0.29	0.04
	渝北区	0.11	1.57	0.64	1.25	0.31
	巴南区	0.32	0.84	0.40	1.10	0.24
	北碚区	0.29	1.04	0.28	0.58	0.15
重庆主城新区	璧山区	0.34	0.64	0.25	1.36	0.31
	合川区	1.21	1.82	0.71	1.41	0.41
	长寿区	1.21	1.41	0.65	0.98	0.39
	涪陵区	1.48	1.61	0.69	3.46	1.37
	南川区	0.78	0.65	0.32	0.35	0.40
	綦江区	1.34	1.47	0.59	0.56	0.56
	江津区	1.49	1.81	0.63	0.94	0.71
	永川区	1.29	1.19	0.52	0.81	0.63
	大足区	0.63	0.52	0.36	0.57	0.30

续表

区域	地区	SO_2	NO_x	$PM_{2.5}$	VOCs	NH_3
重庆主城新区	荣昌区	0.32	0.50	0.20	0.39	0.22
	铜梁区	0.49	0.50	0.28	0.44	0.38
	潼南区	0.48	0.56	0.39	0.56	0.31
重庆其他区县	万州区	1.13	1.19	0.70	0.79	0.54
	开州区	0.45	0.64	0.57	0.65	0.60
	梁平区	0.46	0.41	0.40	0.43	0.46
	垫江县	0.53	0.44	0.42	0.44	0.43
	丰都县	0.55	0.81	0.41	0.40	0.56
	忠县	0.55	0.91	0.50	0.43	0.42
	云阳县	0.41	0.47	0.41	0.45	0.45
	奉节县	0.59	0.71	0.48	0.48	0.35
	巫山县	0.16	0.23	0.21	0.23	0.22
	巫溪县	0.11	0.12	0.33	0.21	0.28
	城口县	0.20	0.14	0.22	0.11	0.13
	黔江区	0.21	0.33	0.25	0.29	0.32
重庆其他区县	武隆区	0.27	0.24	0.22	0.21	0.26
	石柱县	0.46	0.48	0.26	0.26	0.40
	彭水县	0.29	0.28	0.34	0.31	0.48
	酉阳县	0.15	0.21	0.37	0.33	0.53
	秀山县	0.15	0.22	0.24	0.27	0.31

表 3-20　$PM_{2.5}$≤25μg/m^{3}各城市大气环境容量　　（单位：万 t）

区域	地区	SO_2	NO_x	$PM_{2.5}$	VOCs	NH_3
成都经济区	成都市	1.36	10.21	3.68	9.69	5.93
	德阳市	0.88	2.05	0.76	1.80	3.73
	绵阳市	0.79	2.80	1.19	2.14	2.88
	眉山市	1.41	2.76	0.73	2.52	2.17
	乐山市	2.24	2.95	1.24	2.41	1.56
	资阳市	0.19	1.05	0.53	1.06	3.17
	遂宁市	0.19	1.49	0.53	1.66	3.65
	雅安市	0.37	1.40	1.15	1.13	1.35
川南经济区	内江市	1.21	1.96	0.84	2.02	4.82
	自贡市	0.43	1.21	0.53	0.97	5.07
	泸州市	1.49	2.65	0.89	2.21	3.54
	宜宾市	2.49	2.68	1.00	2.15	4.59

续表

区域	地区	SO_2	NO_x	$PM_{2.5}$	VOCs	NH_3
川东北经济区	南充市	0.68	2.74	1.00	2.52	9.33
	广安市	1.49	1.69	0.90	1.28	2.03
	达州市	1.23	2.55	1.29	2.10	7.68
重庆中心城区	渝中区	0.01	0.17	0.16	0.16	0.05
	南岸区	0.09	0.46	0.17	0.39	0.08
	江北区	0.05	0.40	0.12	0.36	0.08
	沙坪坝区	0.08	0.72	0.23	0.48	0.12
	九龙坡区	0.41	0.66	0.21	0.63	0.19
	大渡口区	0.14	0.32	0.15	0.24	0.04
	渝北区	0.11	1.38	0.50	1.03	0.30
	巴南区	0.31	0.79	0.36	0.92	0.24
	北碚区	0.28	0.92	0.26	0.54	0.15
重庆主城新区	璧山区	0.33	0.59	0.21	1.23	0.30
	合川区	1.06	1.67	0.60	1.29	0.41
	长寿区	1.05	1.28	0.54	0.90	0.38
	涪陵区	1.28	1.47	0.58	3.08	1.29
	南川区	0.68	0.63	0.27	0.33	0.39
	綦江区	1.16	1.34	0.49	0.55	0.55
	江津区	1.30	1.65	0.53	0.91	0.69
	永川区	1.11	1.09	0.43	0.75	0.61
	大足区	0.56	0.50	0.30	0.54	0.30
	荣昌区	0.28	0.46	0.17	0.36	0.21
	铜梁区	0.43	0.47	0.24	0.41	0.37
	潼南区	0.45	0.54	0.33	0.52	0.31
重庆主城新区	万州区	1.06	1.13	0.65	0.75	0.54
	开州区	0.45	0.63	0.53	0.62	0.58
	梁平区	0.44	0.41	0.37	0.41	0.45
	垫江县	0.50	0.44	0.38	0.42	0.42
	丰都县	0.53	0.78	0.37	0.39	0.54
	忠县	0.53	0.86	0.46	0.42	0.41
	云阳县	0.41	0.47	0.37	0.44	0.45
	奉节县	0.56	0.68	0.45	0.46	0.35
	巫山县	0.16	0.23	0.19	0.23	0.22
	巫溪县	0.11	0.12	0.30	0.21	0.28
	城口县	0.20	0.14	0.22	0.11	0.13
	黔江区	0.21	0.32	0.23	0.27	0.31
	武隆区	0.26	0.24	0.20	0.21	0.25

续表

区域	地区	SO_2	NO_x	$PM_{2.5}$	VOCs	NH_3
重庆主城新区	石柱县	0.43	0.46	0.23	0.26	0.38
	彭水县	0.29	0.28	0.31	0.31	0.46
	酉阳县	0.15	0.21	0.33	0.33	0.51
	秀山县	0.15	0.22	0.22	0.26	0.30

3.4 本 章 小 结

本章基于成渝地区本地大气污染源排放数据，按照清单编制指南构建了成渝地区大气污染物排放清单，从污染源大类贡献和各类指标主要贡献来源两个角度分析了污染物排放特征，并运用空气质量模型 CMAQ 对四类重点源贡献和成渝地区大气环境容量进行了模拟计算，为成渝地区中长期空气质量改善情景设定和评估提供了研究基础，主要结论如下。

从 2017 年成渝地区大气污染物排放清单来看，污染物排放高值区集中分布在成都平原经济区、川南经济区和重庆中心城区。2017 年成渝地区 SO_2、NO_x、CO、PM_{10}、$PM_{2.5}$、VOCs 和 NH_3 的排放量分别为 29.3 万 t、99.2 万 t、369.8 万 t、151.7 万 t、65.4 万 t、107.5 万 t、128.1 万 t，四川省的排放量整体上高于重庆，与清华大学 MEIC 清单相比，NO_x、$PM_{2.5}$ 及 NH_3 排放量较一致，本地数据中 SO_2、CO、VOCs 更低，PM_{10} 则较高，这与成渝地区的能源和产业结构密切相关。从污染物贡献源角度来看，工业源和交通源是未来管控的重点，特别是工业锅炉燃烧源、工艺过程源、溶剂使用源、道路移动源，以及非工业溶剂使用源。

从污染物浓度贡献来看，交通源和工业生产过程源是对 $PM_{2.5}$ 和 O_3 浓度贡献最主要的源类，其次是生活面源，工业固定燃烧源贡献最小。不同区域浓度改善范围略有不同，高改善区主要为核心城区，包括重庆主城都市区和成都平原经济区，其次为川东北经济区和川南经济区，渝东北和渝东南改善幅度最小，这与污染物排放量大小的空间分布直接相关。其中，交通源和工业固定燃烧源对重庆中心城区和主城新区的 O_3 浓度是负贡献（排放减少，浓度增加），可能原因是重庆市主城区交通路网发达，交通源排放占比高（66.8%），同时交通源和工业固定燃烧源中 NO_x（交通源 17.2 万 t、固定燃烧源 4.5 万 t）的排放量显著高于 VOCs（交通源 5.3 万 t、固定燃烧源 0.05 万 t），NO_x 中的 NO 会消耗 O_3，因此其排放量降低反而有利于 O_3 的累积。运用模型迭代和大气自净能力指数相结合的方法，核算了不同 $PM_{2.5}$ 浓度改善目标下成渝地区各城市的大气环境容量，总体表现出高排放和大气自净能力指数较低区域大气环境容量较低，为综合减排情景提供了大气环境背景参考。

第 4 章　产业发展现状与产业结构升级情景分析

4.1　产业结构特征及变化趋势

4.1.1　工业化阶段划分

利用钱纳里工业化阶段理论对成渝地区的工业化阶段进行评价，具体划分标准见表 4-1，主要包括人均 GDP、三次产业产值结构、第一产业就业人员占比和人口城市化率四大类。

表 4-1　工业化阶段划分标准

基本指标	前工业化阶段	工业化实现阶段			后工业化阶段
		工业化初期	工业化中期	工业化后期	
人均 GDP(2005 年)/美元	748～1490	1490～2980	2980～5960	5960～11170	11170 以上
三次产业产值结构	A＞I	A＞20%，A＜I	A＜20%，I＞S	A＜10%，I＞S	A＜10%，I＜S
第一产业就业人员占比/%	60 以上	45～60	30～45	10～30	10 以下
人口城市化率/%	30 以下	30～50	50～60	60～75	75 以上

注：A 代表第一产业，I 代表第二产业，S 代表第三产业。

根据表 4-1 中三次产业产值结构的划分标准对成渝地区以及各区域不同城市所处工业化阶段进行评价。2020 年成渝地区第一产业产值占比为 9.4%，小于 10%，第二产业产值占比为 37.4%，低于第三产业产值占比（53.2%），成渝地区整体处于工业化后期阶段。在区域上（图 4-1），雅安市、资阳市、梁平区、城口县、巫溪县还处于工业化初期，重庆中心城区的北碚区和主城新区的璧山区、大足区、涪陵区、荣昌区、铜梁区、永川区、长寿区处于工业化后期，成都市、重庆中心城区（巴南区、大渡口区、江北区、九龙坡区、南岸区、沙坪坝区、渝北区、渝中区）、渝东片区的万州区处于后工业化阶段，其余城市仍处于工业化中期。

4.1.2　三次产业结构特征

2018 年成渝地区生产总值为 62267 亿元，是 2000 年的 11 倍，占西部地区的 21.4%，占全国的 6.9%。1990 年成渝地区的三次产业结构比例为 34.6∶36.8∶28.6，截至 2018 年，成渝地区三次产业结构比例为 9.3∶38.8∶51.9，由原来的“二一三”结构演变为“三二一”结构（图 4-2）。近 30 年间，成渝地区第一产业在 GDP 中的占比下降趋势明显；而第三产业与第一产业的变化趋势正好相反，整体呈现逐年上升的趋势，1999 年，第三产

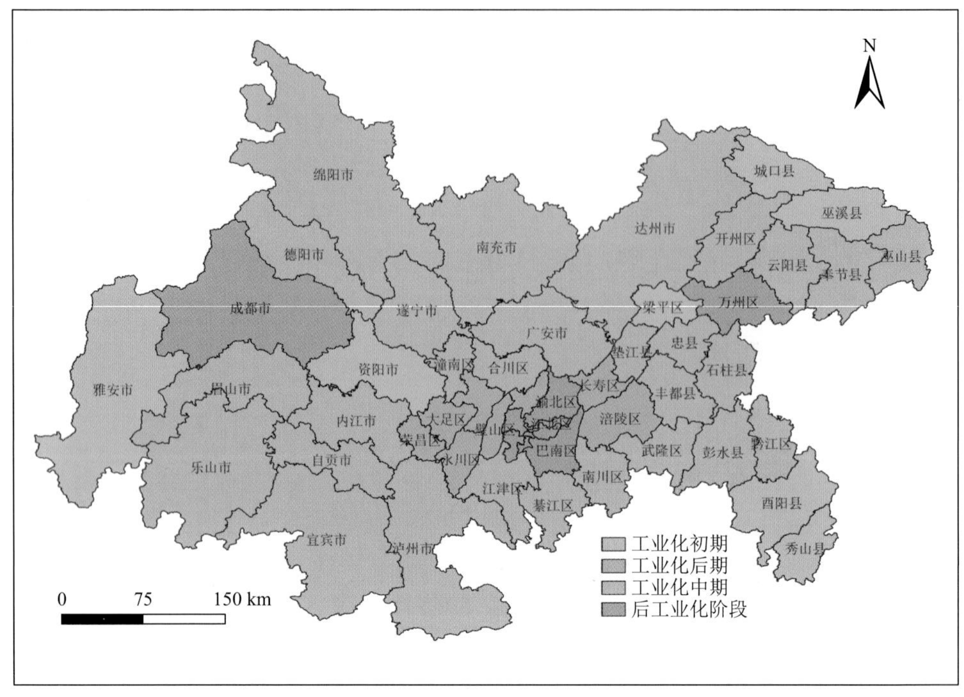

图 4-1　成渝地区依据三次产业产值结构指标判断的工业化阶段分布

业在 GDP 中的占比首度超过第二产业，随后几年持续升高至 41.6%；2004～2011 年，成渝地区大力发展第二产业，其比重呈逐步提升态势，2011 年其比重达到历史最高 46.9%，其后逐年降低，2018 年降低为 38.8%；2015 年第二产业占比回升至 44.4%，而第三产业再度超过第二产业，其后该比重一直在 45%以上稳步增加，经济增长由工业拉动向服务业拉动转变。经几次产业结构调整后，目前成渝地区呈现较稳定的“三二一”产业格局。

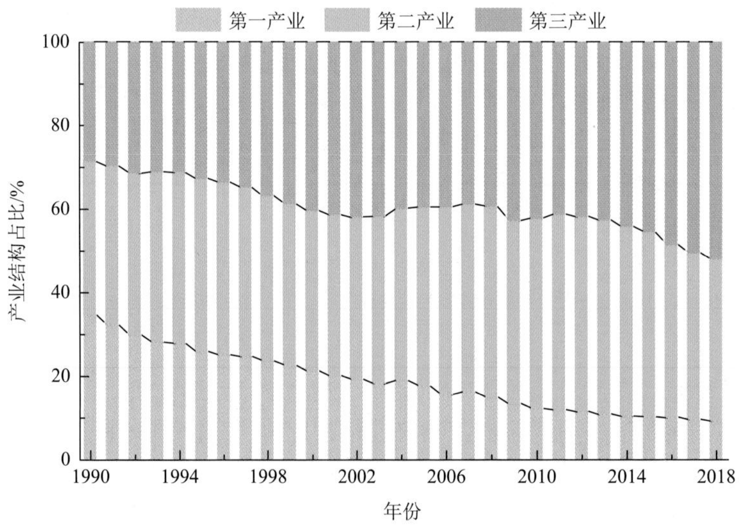

图 4-2　成渝地区产业结构年际变化

与全国其他区域相比（图 4-3），成渝地区第一产业增加值占比相对较高。2018 年，四川省三次产业结构占比为 10.9∶37.7∶51.4，重庆市三次产业结构占比为 6.8∶40.9∶52.3，与国内经济发达省份（北京、上海、天津、广东、江苏、浙江等）相比，四川省和重庆市第一产业增加值占比相对较高，四川省比全国平均水平高 2.2 个百分点。

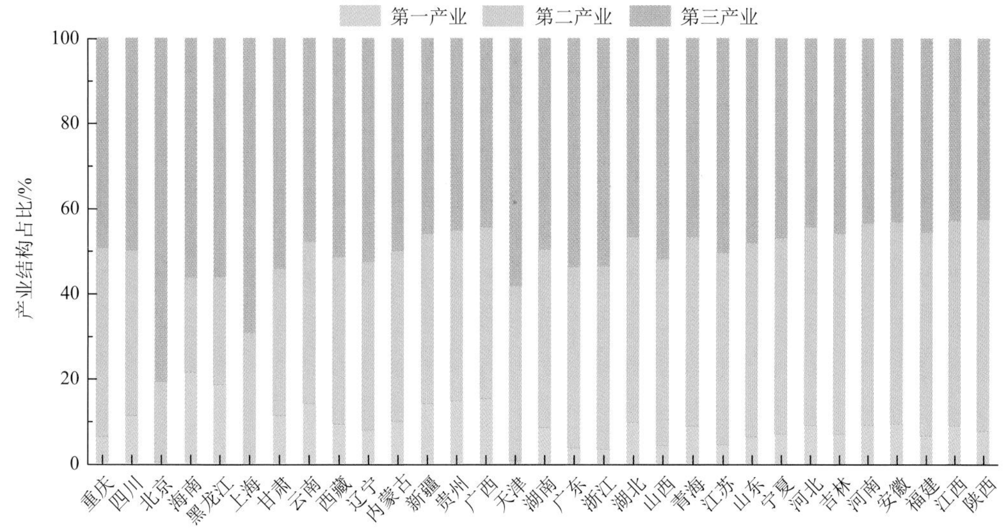

图 4-3　川渝产业结构与其他省份比较

4.1.3　产业结构合理化和高级化评估

产业结构的演变是经济发展取得实质性进展的重要体现，产业结构要升级首先要厘清三个评价指标：产业结构合理化指数、产业结构高级化指数和产业结构升级系数（马小明等，2003）。产业结构合理化是指在一个经济系统中产业之间协调发展，互相促进与补充，是产业结构升级的基础，通常采用泰尔指数（Theil index）来评估产业结构的合理化程度（干春晖等，2011）。产业结构合理化指数的计算公式为

$$\mathrm{TL}=\sum_{i=1}^{n}\left(\frac{Y_i}{Y}\right)\ln\left(\frac{Y_i}{L_i}\Big/\frac{Y}{L}\right) \tag{4-1}$$

式中，TL 为泰尔指数；Y 为地区产值；L 为就业人数；i 为产业类型；n 为产业数目。泰尔指数与产业结构合理化变动呈反向关系，当 $Y_i / L_i = Y / L$ 时，TL = 0，说明产业结构为均衡状态；反之，TL≠0，表明产业结构偏离了均衡状态，产业结构不合理，值越大代表产业结构不合理程度越高。

产业结构高级化指数为第三产业产值与第二产业产值之比，它能够清楚地反映出经济结构的服务化倾向，表明产业结构是否朝着“服务化”的方向发展（干春晖等，2011；刘嘉毅和陈玉萍，2018）。如果产业结构高级化指数处于上升状态，就意味着经济在向服务化的方向推进，产业结构在不断升级。产业结构高级化指数的计算公式为

$$SY = \frac{Y_i}{Y_j} \quad (i=3, j=2) \tag{4-2}$$

式中，SY 为产业结构高级化指数；Y 为地区产值；i、j 为产业类型。比值越大，说明第三产业占比越高，表明产业结构越高级。

产业结构升级系数表明该地区的产业层次。产业结构升级系数的计算公式为

$$UC = (Y_1 + Y_2 \times 2 + Y_3 \times 3) / Y \tag{4-3}$$

式中，UC 为产业结构升级系数；Y_1、Y_2、Y_3 分别为第一、二、三产业产值。UC 越接近于 1 表明产业结构层次越低，经济社会以农耕经济为主体，第一产业占比较大；UC 越接近于 3，表明产业结构层次越高，经济社会处于后工业化知识、信息经济社会，第三产业占比较大。

产业结构合理化指数是产业之间协调程度的反映，也是资源有效利用程度的反映。1990～2018 年成渝地区产业结构合理化指数整体上呈降低趋势，如图 4-4 所示，说明成渝地区整体产业结构合理化程度上升，其中 2010～2018 年成渝地区产业结构合理化指数持续降低至 0.15 左右，产业结构趋于合理；同时，也可以看出成渝地区产业结构高级化指数整体呈现“升—降—升”的波动变化趋势，2011～2018 年，成渝地区产业结构高级化指数提高明显，至 2016 年，产业结构高级化指数已超过历史最大值。1990～2018 年成渝地区的产业结构升级系数整体上呈增加趋势，至 2018 年增加至接近 2.5，产业层次逐年提高，产业结构总体上还是处在优化升级的过程中。

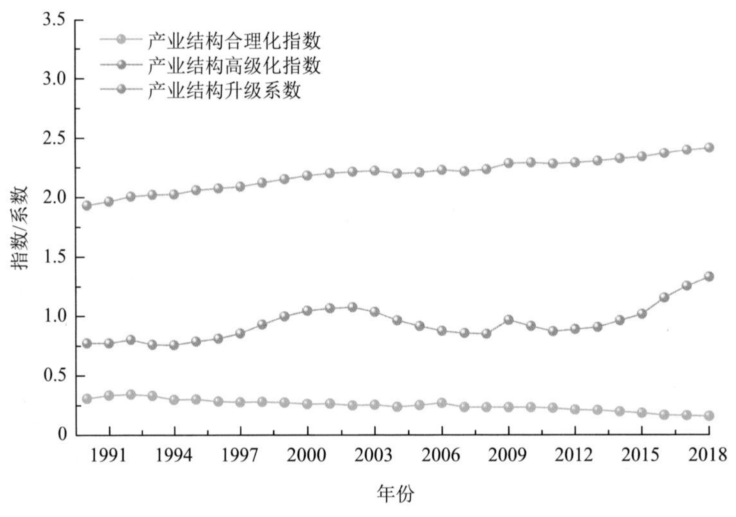

图 4-4　成渝地区产业结构合理化指数、高级化指数与升级系数

成都市和重庆市与国内其他城市的产业结构评估对比如图 4-5 所示，各城市产业结构升级系数差异不大。与其他一线城市相比，重庆市的产业结构合理化指数明显更高；成都市的产业结构合理化指数与杭州市、南京市相差不大，比北京市、上海市的高。成都

市与重庆市的产业结构高级化指数与其他城市相比，均存在一定差别。成都与重庆产业结构高级化指数与其他城市相比，均存在一定差距，仍有较大改善空间。

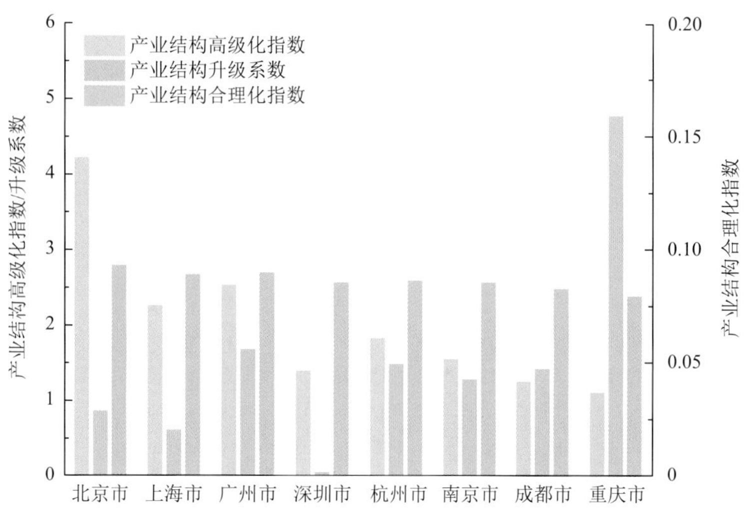

图 4-5　成都市和重庆市与国内其他城市的产业结构评估对比

4.2　工业内部结构与污染排放驱动因素

4.2.1　工业内部结构特征

4.2.1.1　工业行业类型特征

重工业指为国民经济各部门提供物质技术基础的主要生产资料的工业。按其生产性质和产品用途，可以分为下列三类：①采掘（伐）工业，是指对自然资源的开采，包括石油开采、煤炭开采、金属矿开采、非金属矿开采等工业；②原材料工业，指为国民经济各部门提供基本材料、动力和燃料的工业，包括金属冶炼及加工、炼焦及焦炭、化学、化工原料、水泥、人造板以及电力、石油和煤炭加工等工业；③加工工业，是指对工业原材料进行再加工制造的工业，包括装备国民经济各部门的机械设备制造工业、金属结构、水泥制品等工业，以及为农业提供生产资料如化肥、农药等工业。重工业对经济增长的贡献率高于轻工业和服务业，但是产业结构无论以重工业为主，还是以轻工业、服务业为主，将传统的粗放型经济增长方式转变为高效率集约化的经济发展方式都是经济结构调整和产业结构升级的关键所在。

2019 年成渝地区重工业产值占比 72%，轻工业产值占比 28%，以重工业为主；重庆市重工业产值占比 79%，高于四川省（69%），主要在于重庆的汽车制造和计算机、通信和其他电子设备制造业产值占比远高于四川省（图 4-6）。对国内其他地区的产业结构进行分析，浙江省 2019 年重工业产值占比约为 65%，广东省和江苏省重工业产值占比分别为 68%、75%。

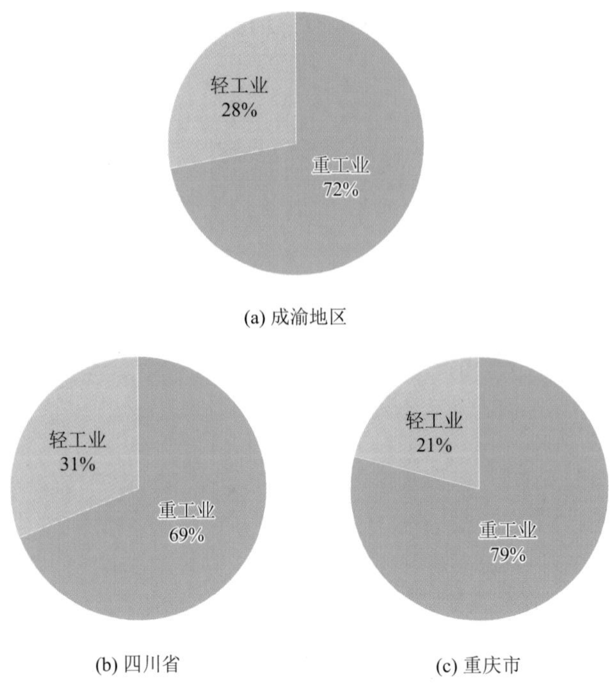

(a) 成渝地区

(b) 四川省　　(c) 重庆市

图 4-6　2019 年成渝地区重工业和轻工业占比

近年来，成渝地区重工业产值占比基本呈逐年降低趋势（图 4-7），尤其是四川省，2010～2011 年下降趋势明显，主要在于其他采矿业和石油、煤炭及其他燃料加工业产值出现大幅度缩减，重庆市重工业产值占比也呈现逐年下降趋势，但总体来说成渝地区重工业产值占比仍然较大。

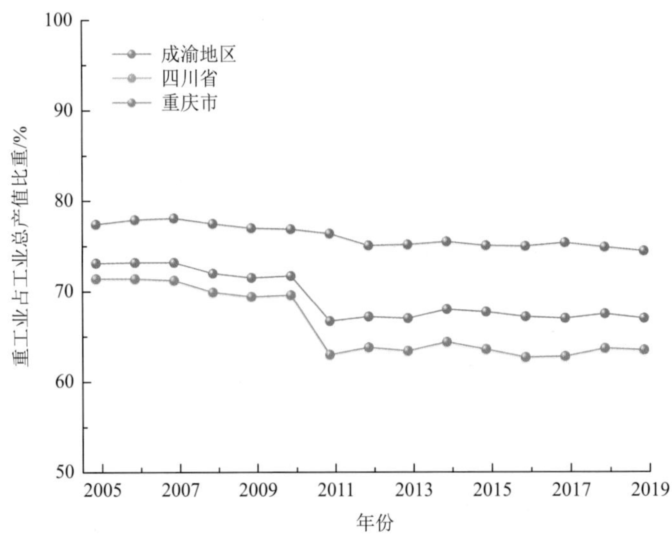

图 4-7　2005～2019 年成渝地区重工业产值占比变化

高技术产业是研究和开发高技术密集型产业，是国际经济和科技竞争的重要阵地，发展高技术及基础业，对推动产业结构升级，提高劳动生产率和经济效益，具有不可替代的作用。并且，高技术产业的发展能够从总体上提高国民经济的技术含量和集约化程度，降低初级产业部门的比重，相应降低单位产出对资源的消耗，减轻对环境的压力，发展高技术产业对地区经济结构战略性调整具有重大意义。转变经济发展方式就必须提高高新技术对传统产业的渗透程度，利用技术进步推动产业结构调整，从长期来看，这是推动产业结构调整和优化的主要动力。

根据《高技术产业（制造业）分类（2017）》（国统字〔2017〕200 号），高技术产业（制造业）是指国民经济行业中研发（research and development，R&D）投入强度相对高的制造业行业，包括：医药制造，航空、航天器及设备制造，电子及通信设备制造，计算机及办公设备制造，医疗仪器设备及仪器仪表制造，信息化学品制造 6 大类。这与统计年鉴中的国民经济分类并不能一一对应，在本书中将电气机械和器材制造业，计算机、通信和其他电子设备制造业，铁路、船舶、航空航天和其他运输设备制造业，通用设备制造业，医药制造业等行业规模以上企业工业总产值作为高技术产业产值进行统计。

从图 4-8 可看出，成渝地区高技术产业产值占工业总产值的比重呈逐年增加趋势，由 2005 年的 22.8%增长至 2019 年的 28.9%。从分区域看，四川省高技术产业产值占比呈逐年增加趋势，而重庆市高技术产业产值占比在 2011 年出现了大幅度下降，可能与 2011 年国家统计局对规模以上企业标准进行调整有关，2011 年后重庆高技术产业产值占比逐年上升。

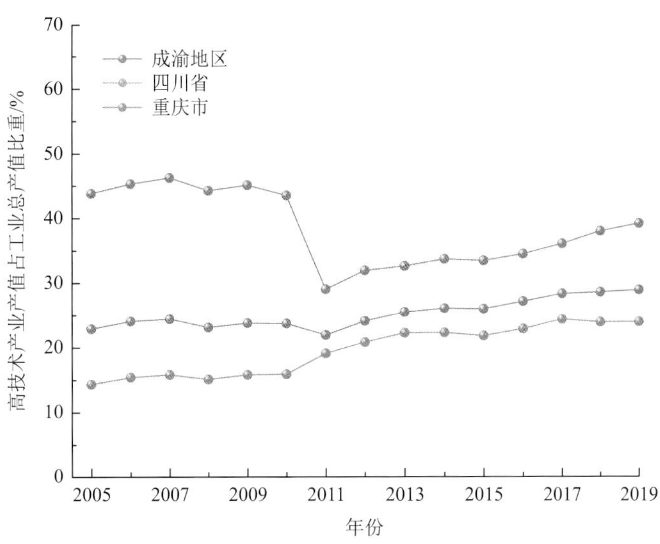

图 4-8　成渝地区规模以上高技术产业产值占比

4.2.1.2　污染密集型产业比重依然较大

根据 2019 年成渝地区各城市不同行业工业产值，梳理出成渝地区工业产值排名前十的行业（图 4-9），包括计算机、通信和其他电子设备制造业，汽车制造业，非金属矿物制品业，农副产品加工业，酒、饮料和精制茶制造业，化学原料和化学制品制造业等。

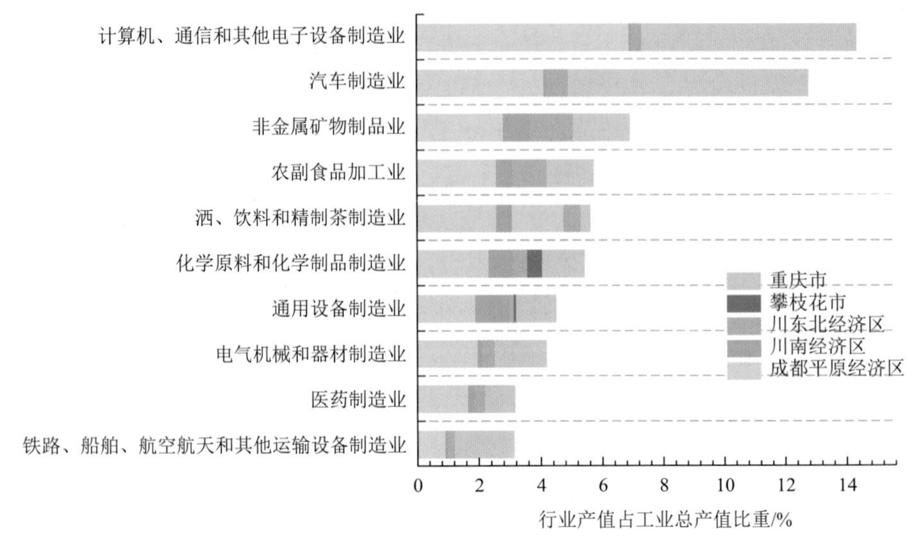

图 4-9　成渝地区工业产值前十行业

成都平原经济区（图 4-10）：计算机、通信和其他电子设备制造业，汽车制造业，非金属矿物制品业，农副食品加工业，化学原料和化学制品制造业，电气机械和器材制造业以及通用装备制造业产值较高。其中，计算机、通信和其他电子设备制造业及汽车制造业主要集中在成都市和绵阳市；其余行业主要分布在成都市及德阳市。除此之外，非金属矿物制品业乐山市的产值相对较高，农副食品加工业资阳市的产值相对较高，化学原料和化学制品制造业眉山市和乐山市的产值相对较高。

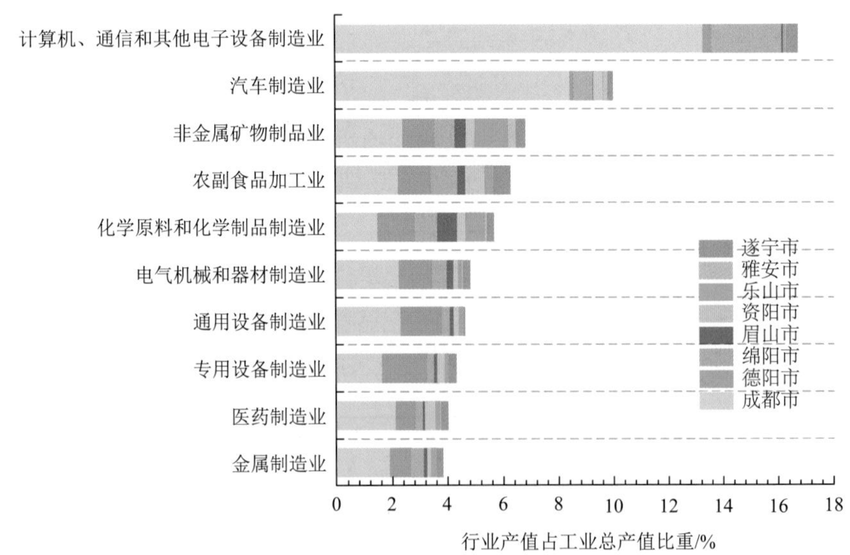

图 4-10　成都平原经济区工业产值前十行业

川南经济区（图 4-11）：酒、饮料和精制茶制造业，煤炭开采和洗选业，通用设备制造业，非金属矿物制品业，黑色金属冶炼和压延加工业，化学原料和化学制品制造业等行业的产值较高。其中酒、饮料和精制茶制造业主要集中在泸州市和宜宾市；通用设备制造业主要集中在自贡市；非金属矿物制品业除自贡市产值较低外，其他三市产值相当；黑色金属冶炼和压延加工业主要集中在内江市；其他各行业均主要集中在宜宾市。

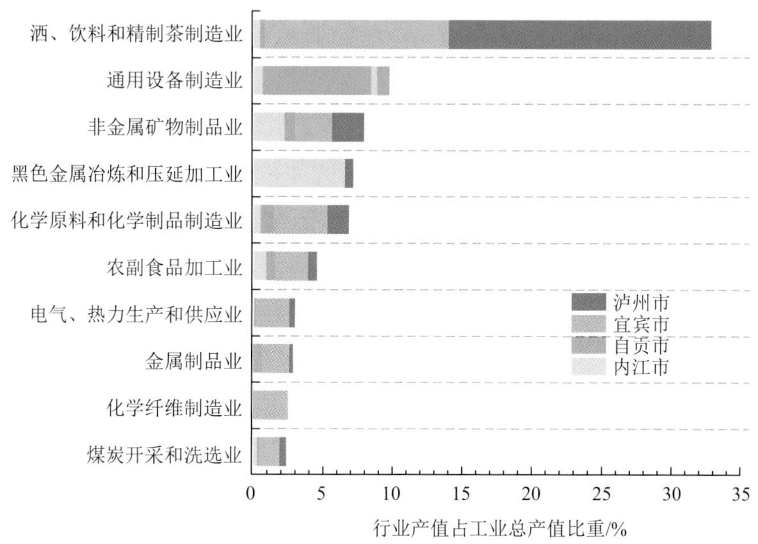

图 4-11　川南经济区工业产值前十行业

川东北经济区（图 4-12）：非金属矿物制品业，农副食品加工业，汽车制造业，食品制造业，煤炭开采和洗选业，酒、饮料和精制茶制造业等行业的产值较高。其中非金属

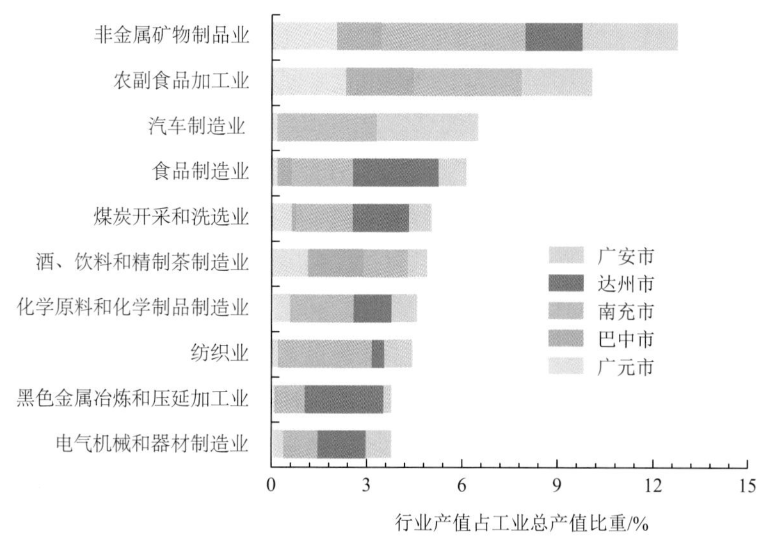

图 4-12　川东北经济区工业产值前十行业

矿物制品业以南充市产值最高，其次是广安市、广元市；农副食品加工业也以南充市产值最高，其次是广元市、广安市、巴中市；汽车制造业南充市和广安市产值最高；食品制造业以达州市产值较高，其次是南充市；煤炭开采和洗选业主要集中在达州市。

重庆市的工业产业以装备制造类为主（图 4-13），仅汽车制造业和计算机、通信和其他电子设备制造业的产值就达到重庆市工业总产值的 40%以上，另外，铁路、船舶、航空航天和其他运输设备制造业，非金属矿物制品业，电气机械和器材制造业的产值也相对较高。

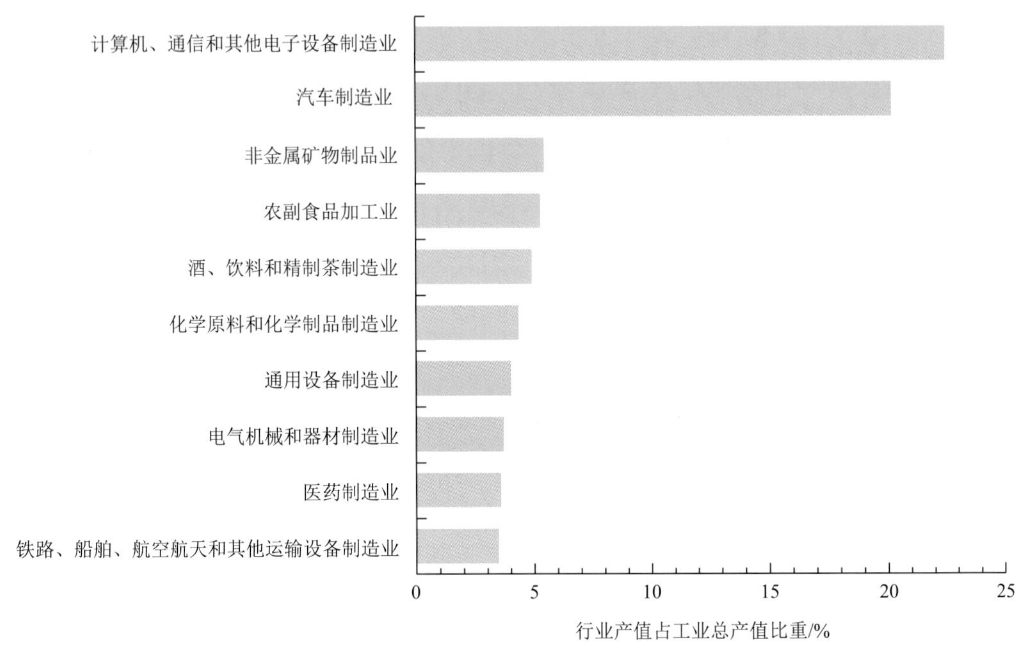

图 4-13　重庆市工业产值前十行业

综上可以看出，除成都市、重庆市等相对发达城市的装备制造业相对发达外，成渝地区其他城市仍然以传统能源、资源密集型行业以及农产品加工行业为主导，如非金属矿物制品业，黑色金属冶炼和压延加工业，化学原料和化学制品制造业，农副食品加工业，酒、饮料和精制茶制造业在区域内仍占有较大比重。

根据成渝地区各城市不同行业工业产值，梳理出了成渝地区各城市工业产值排名前十的产业（表 4-2），各城市传统重污染行业占有较大比重，排名也较靠前；轻工业占比较低，排名也较靠后。经济发展较好的成都市与重庆市，非金属矿物制品业排名还很靠前，分别排第 3 和第 4 位。乐山市、眉山市、雅安市、自贡市、宜宾市、泸州市、达州市等城市，仍以传统能源资源消耗型、污染物排放量较大的产业为主。

表 4-2 成渝地区各城市主导产业

工业产值排名	成都市	德阳市	绵阳市	眉山市	资阳市	乐山市	雅安市	遂宁市	内江市	自贡市	宜宾市	泸州市	南充市	达州市	广安市	重庆市
1	计算机、通信和其他电子设备制造业	专用设备制造业	计算机、通信和其他电子设备制造业	化学原料和化学制品制造业	农副食品加工业	非金属矿物制品业	电力、热力生产和供应业	农副食品加工业	黑色金属冶炼和压延加工业	通用设备制造业	酒、饮料和精制茶制造业	酒、饮料和精制茶制造业	非金属矿物制品业	煤炭开采和洗选业	汽车制造业	汽车制造业
2	汽车制造业	通用设备制造业	农副食品加工业	非金属矿物制品业	医药制造业	化学原料和化学制品制造业	非金属矿物制品业	纺织业	非金属矿物制品业	化学原料和化学制品制造业	化学原料和化学制品制造业	非金属矿物制品业	农副食品加工业	食品及饮料工业	非金属矿物制品业	计算机、通信和其他电子设备制造业
3	非金属矿物制品业	化学原料和化学制品制造业	化学原料和化学制品制造业	电力、热力生产和供应业	汽车制造业	黑色金属冶炼和压延加工业	有色金属冶炼和压延加工业	石油加工、炼焦和核燃料加工业	农副食品加工业	非金属矿物制品业	非金属矿物制品业	化学原料和化学制品制造业	汽车制造业	冶金工业	农副食品加工业	铁路、船舶、航空航天和其他运输设备制造业
4	通用设备制造业	农副食品加工业	非金属矿物制品业	农副食品加工业	非金属矿物制品业	纺织业	黑色金属冶炼和压延加工业	食品制造业	医药制造业	金属制品业	电力、热力生产和供应业	造纸和纸制品业	纺织业	建材工业	计算机、通信和其他电子设备制造业	非金属矿物制品业
5	电气机械和器材制造业	电气机械和器材制造业	汽车制造业	电气机械和器材制造业	化学原料和化学制品制造业	电力、热力生产和供应业	酒、饮料和精制茶制造业	计算机、通信和其他电子设备制造业	通用设备制造业	农副食品加工业	农副食品加工业	通用设备制造业	化学原料和化学制品制造业	机电工业	铁路、船舶、航空航天和其他运输设备制造业	电气机械及器材制造业
6	农副食品加工业	非金属矿物制品业	电气机械和器材制造业	有色金属冶炼和压延加工业	专用设备制造业	农副食品加工业	汽车制造业	非金属矿物制品业	化学原料和化学制品制造业	电气机械和器材制造业	化学纤维制造业	专用设备制造业	食品制造业	石油和天然气开采业	造纸和纸制品业	农副食品加工业

续表

工业产值排名	成都市	德阳市	绵阳市	眉山市	资阳市	乐山市	雅安市	遂宁市	内江市	自贡市	宜宾市	泸州市	南充市	达州市	广安市	重庆市
7	医药制造业	酒、饮料和精制茶制造业	金属制品业	通用设备制造业	食品制造业	非金属矿采选业	纺织业	电气机械和器材制造业	专用设备制造业	水的生产和供应业	金属制品业	石油加工、炼焦及核燃料加工业	专用设备制造业	化工工业	医药制造业	化学原料及化学制品制造业
8	金属制品业	金属制品业	黑色金属冶炼和压延加工业	金属制品业	通用设备制造业	煤炭开采和洗选业	非金属矿采选业	专用设备制造业	酒、饮料和精制茶制造业	非金属矿采选业	煤炭开采和洗选业	农副食品加工业	橡胶和塑料制品业	其他工业	橡胶和塑料制品业	通用设备制造业
9	石油、煤炭及其他燃料加工业	医药制造业	废弃资源综合利用业	造纸和纸制品业	纺织业	酒、饮料和精制茶制造业	化学原料和化学制品制造业	医药制造业	纺织业	有色金属冶炼和压延加工业	纺织业	橡胶和塑料制品业	酒、饮料和精制茶制造业	电力、热力生产和供应业	金属制品业	有色金属冶炼及压延加工业
10	铁路、船舶、航空航天和其他运输设备制造业	橡胶和塑料制品业	医药制造业	铁路、船舶、航空航天和其他运输设备制造业	电气机械和器材制造业	金属制品业	有色金属矿采选业	化学原料和化学制品制造业	汽车制造业	酒、饮料和精制茶制造业	橡胶和塑料制品业	黑色金属冶炼和压延加工业	通用设备制造业	纺织及化纤工业	纺织业	电力、热力的生产和供应业

4.2.1.3　工业企业规模分布

2019 年成渝地区规模以上工业企业中小型微型企业数量占比为 86%（图 4-14），其中重庆市为 83.7%，四川省略高于重庆市，为 87.5%。工业企业规模呈现“大而不强、小而不专”的特点，大多数企业规模偏小，产业组织结构仍然处于小而散的状态，产业集中度低，很难形成规模经济效益和集聚效益。一方面，成渝地区大企业数量少，无论是在效益、管理、装备、技术还是规模方面都与我国其他发达城市群（京津冀、长三角和珠三角地区）大企业存在着很大差距，在各行业领域内缺乏竞争力强、影响力大、对该行业发展起带动作用的龙头企业；另一方面，小企业数量多、规模小、组织分散，缺乏细致的专业化分工和协作，难以形成规模经济和产业集聚，从而影响产业做大做强，致使市场竞争力较低，参与国际与国内市场竞争的能力有限。

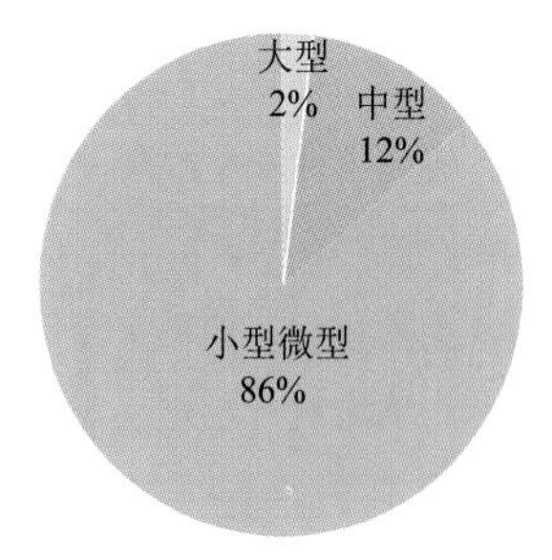

图 4-14　2019 年成渝地区规模以上工业企业构成

2011 年开始，我国将规模以上工业企业的统计范围由年主营业务收入 500 万元及以上的工业法人企业调整为年主营业务收入 2000 万元及以上的工业法人单位，因此本书仅对 2011 年至今小型微型企业占比进行分析。由图 4-15 可见，近年来成渝地区小型微型企业数量占比呈逐年升高趋势，由 2011 年的 76.8%升高到 2019 年的 86.3%。其中，四川省的小型微型企业数量占比升高趋势更加明显，由 2011 年的 76.9%升高到 2019 年的 87.5%，重庆市的小型微型企业数量占比由 2011 年的 76.4%升高到 2019 年的 83.7%

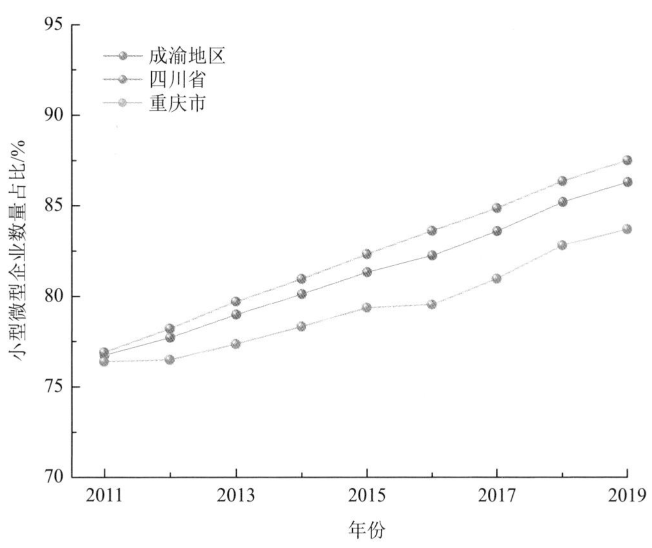

图 4-15　成渝地区小型微型企业数量占比

4.2.2　工业污染排放强度

当前，成渝地区呈现较稳定的“三二一”产业分布格局，合理的产业类型选择与产业布局形态，对于区域经济高质量发展和生态环境高水平保护具有重要影响，因此对工业生产活动排放污染物强度较高的第二产业（工业占比 85%左右），即成渝地区十大重点行业的分布格局做进一步分析，以便对成渝地区内部各产业结构的调整优化提出针对性建议。

成渝地区重点行业的污染物排放强度分布如图 4-16 所示。成渝地区五大区域主导产业分布格局有明显的空间差异，成都平原经济区的水泥、钢铁、陶瓷、化工、电子、机械，川东北经济区的火电，川南经济区的玻璃、陶瓷、制药，重庆主城都市区的火电、钢铁、水泥、玻璃、汽车、电子、化工、机械，重庆市其他区县的水泥、玻璃、电子，各自均出现区别于其他区域的优势产业类型，产业分布结构与污染物行业、区域分布特征呈明显正相关。从污染物排放强度看，单位产值 SO_2 排放量（≥0.5×10^3t/亿元）位于前十位的行业（火电、水泥、玻璃、陶瓷为代表）主要集中在成都平原经济区（成都—眉山）—川南经济区（宜宾—内江）—重庆主城新区（荣昌、大足、江津、南川、綦江、长寿等），排放强度在中等偏高水平（0.5×10^3～1×10^3t/亿元）的企业数量占总企业数量的 15%。单位产值 NO_x 排放量居于中高水平（0.5×10^3～1×10^4t/亿元）的行业（陶瓷、玻璃、水泥行业占 87%）主要从眉山—乐山—宜宾—重庆主城新区过渡，企业贡献率为 14%左右；单位产值 $PM_{2.5}$ 排放量处于中高水平（≥0.5×10^3t/亿元）的企业（60%分布在水泥行业）数量占总企业数量的 5%，与上述两种污染物分布区域相似。由于 SO_2、

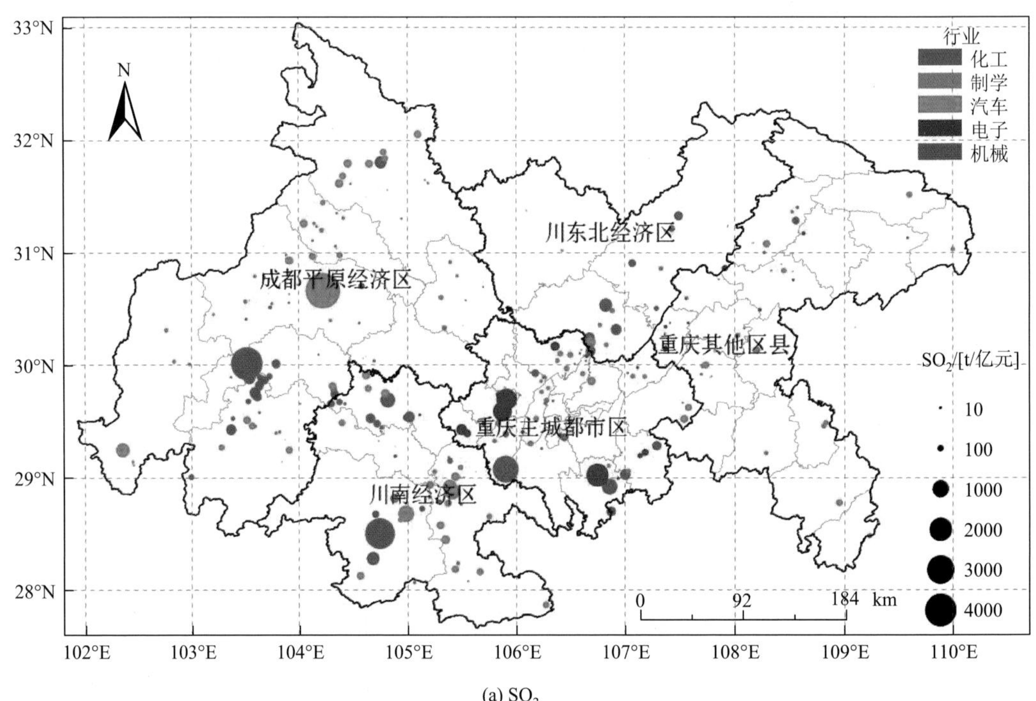

(a) SO_2

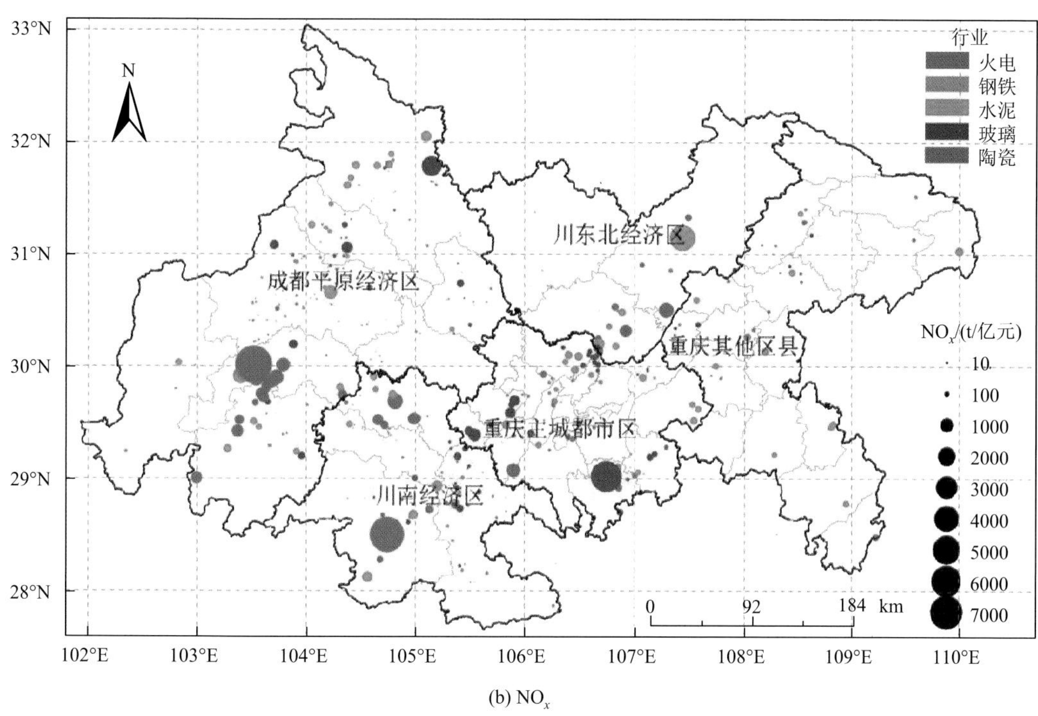
33°N
32°N
31°N
30°N
29°N
28°N
102°E
103°E
104°E
105°E
106°E
107°E
108°E
109°E
110°E
N
行业
火电
钢铁
水泥
玻璃
陶瓷
川东北经济区
成都平原经济区
重庆其他区县
重庆主城都市区
川南经济区
NOx/(t/亿元)
10
100
1000
2000
3000
4000
5000
6000
7000
0
92
184 km

(b) NO_x

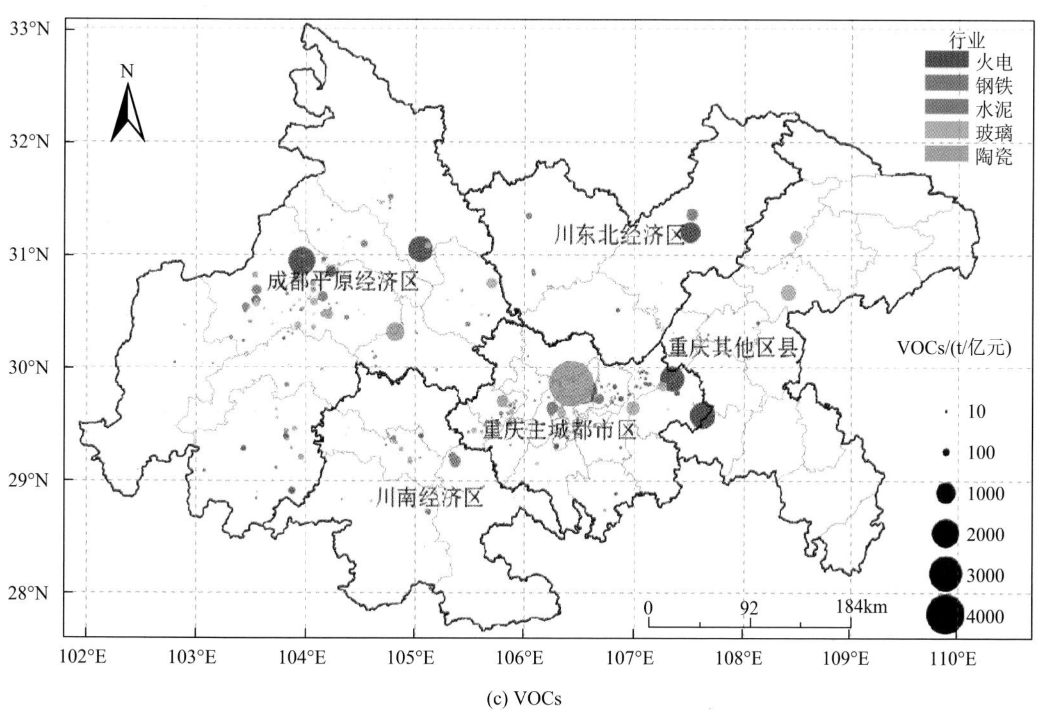
33°N
32°N
31°N
30°N
29°N
28°N
102°E
103°E
104°E
105°E
106°E
107°E
108°E
109°E
110°E
N
行业
火电
钢铁
水泥
玻璃
陶瓷
川东北经济区
成都平原经济区
重庆其他区县
重庆主城都市区
川南经济区
VOCs/(t/亿元)
10
100
1000
2000
3000
4000
0
92
184km

(c) VOCs

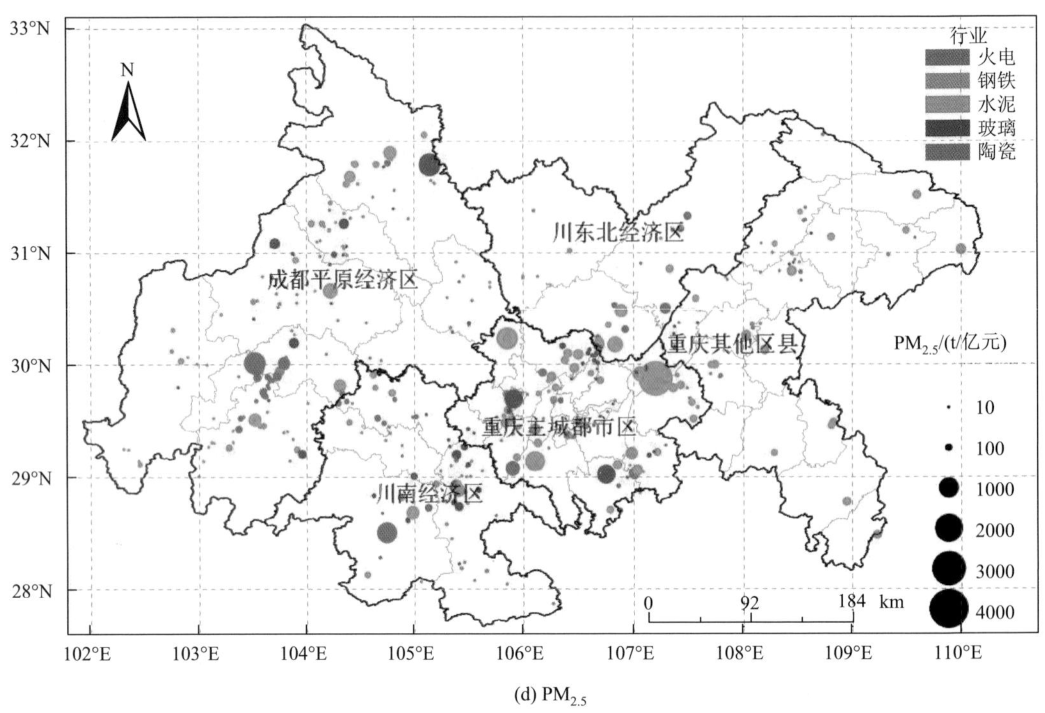

(d) $PM_{2.5}$

图 4-16　成渝地区重点行业的污染物排放强度分布

NO_x、$PM_{2.5}$ 单位产值排放量高的行业，是以劳动密集型产业、传统产业为主，能源及原材料消耗占据较大比重，且行业聚集度高，导致产能过剩、资源消耗过度、污染排放强度大，成为需要重点治理的“两高”行业。因此，在促进高污染区域［成都平原经济区（眉山—乐山）—川南经济区（宜宾—内江）—重庆市主城新区］传统产业绿色升级的同时，通过调整优化区域产业结构，使其保持适度发展，深度治理 NO_x、$PM_{2.5}$ 排放量高的行业（水泥、玻璃），培育壮大绿色环保产业，逐步打造重庆市中心城区、成都、自贡、德阳等节能环保产业集群，大力推进传统产业清洁生产改造，到 2025 年，钢铁、水泥等行业企业的清洁生产水平达到国内先进水平。此外，单位产值 VOCs 排放强度处于中高水平（≥0.5×10^3t/亿元）的企业（63%分布于化工、机械、电子行业），集中分布于成都平原经济区的成都、绵阳和重庆主城区的长寿、涪陵、江津、沙坪坝，企业贡献率不足 1%，此类行业大部分属于高技术产业，具有高附加值、低污染、竞争力强的优势，应该集中优势资源积极推动其高质量发展，加快新一代信息技术产业、高端装备制造产业、新材料产业等技术型新兴产业发展。

4.2.3　工业污染驱动因素

2019 年川渝两地工业 SO_2 排放量占全国排放总量的 63.5%，工业 NO_x 排放量占全国排放总量的 50.2%，工业烟（粉）尘排放量占全国烟（粉）尘排放总量的 83.3%（《中国环境统计年鉴》，2013～2020 年）。因此，本节以成渝地区为研究对象，基于 2013～

2019 年工业分行业污染物排放量、能源消费量、工业生产总值、常住人口等数据，构建工业大气污染物排放和社会经济数据库，选取 SO_2、NO_x 和烟（粉）尘 3 项大气污染物代表工业源排放指标，研究成渝地区工业大气污染物的减排过程，并运用对数平均迪氏指数（logarithmic mean Divisia index，LMDI）模型对工业大气污染物排放的影响因素进行解析，量化各因素对工业污染物排放的影响程度，以期为成渝地区协调推进产业转型升级和空气质量改善提供依据。

4.2.3.1　污染物排放时间演变特征

从成渝地区工业大气污染物排放和人均 GDP 变化趋势（图 4-17）来看，2013～2019 年，人均 GDP 一直平稳增长，工业 SO_2、NO_x 和烟（粉）尘分别减排 77.66%、54.45%和 48.91%，与全国同期 78.45%、64.5%和 49.31%的减排成效相当（韩楠，2016），其中，SO_2 和 NO_x 排放量整体上呈逐年下降趋势，由 2013～2017 年的“加速减排期”过渡到 2017～2019 年的“稳定减排期”，工业烟（粉）尘排放量则先上升后下降，经历“短时增长期—加速减排期—稳定减排期”3 个阶段。

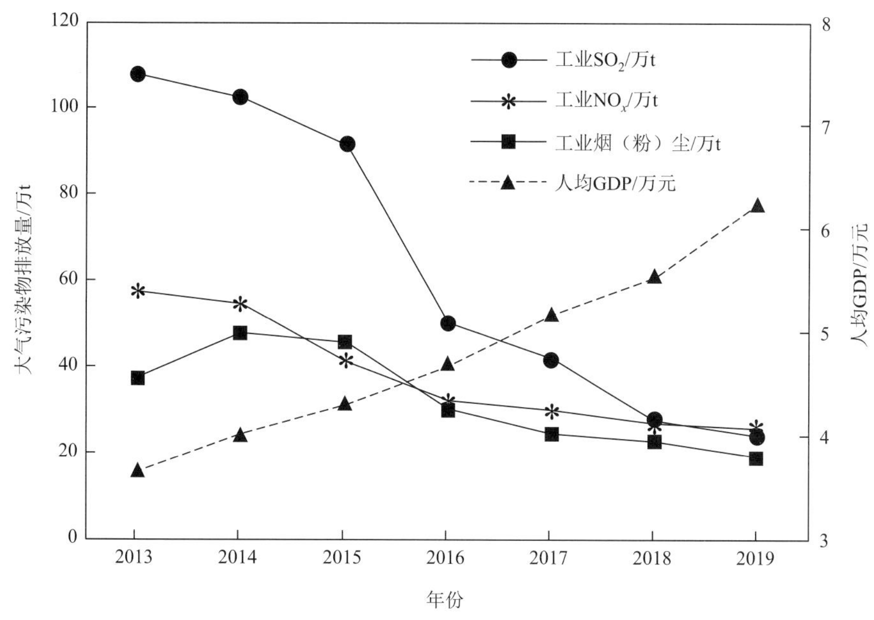

图 4-17　2013～2019 年成渝地区大气污染排放总量与人均 GDP 变化

成渝地区 6 大区域大气污染物减排贡献统计显示（表 4-3），重庆市主城都市区工业 SO_2、NO_x 和烟（粉）尘减排量分别为 30.98 万 t、13.44 万 t、5.84 万 t，对成渝地区工业大气污染物减排的贡献率分别为 36.99%、42.94%、31.88%，均高于其他片区。成渝地区的减排主要来自重庆市主城都市区。

表 4-3　2013～2019 年成渝地区 6 大区域大气污染物减排贡献

区域	工业 SO_2			工业 NO_x			工业烟（粉）尘		
	2013 年	减排量/万 t	减排贡献率/%	2013 年	减排量/万 t	减排贡献率/%	2013 年	减排量/万 t	减排贡献率/%
成都平原经济区	18.82	14.15	16.90	12.87	5.85	18.69	9.80	4.10	22.38
川东北经济区	11.78	9.87	11.79	8.58	3.90	12.46	5.80	3.41	18.61
川南经济区	27.80	21.80	26.03	11.26	5.36	17.12	3.88	0.57	3.11
重庆主城都市区	40.15	30.98	36.99	19.76	13.44	42.94	11.42	5.84	31.88
渝东北城市群	7.93	6.02	7.19	4.21	2.47	7.89	5.14	3.59	19.60
渝东南城市群	1.36	0.93	1.11	0.82	0.28	0.89	1.42	0.81	4.42
合计	107.84	83.75	—	57.50	31.30	—	37.46	18.32	—

4.2.3.2　污染物排放影响因素分析

利用 LMDI 模型对成渝地区工业 SO_2、NO_x 和烟（粉）尘排放量按不同时期进行影响因素分解，结果如图 4-18 所示。整体来看，影响污染物排放的因素有以下几种。①在污染物减排各阶段，人口和经济增长对污染物排放量始终起正向拉动作用，“十二五”和“十三五”期间成渝地区经济发展快速，其对工业 SO_2、NO_x 和烟（粉）尘在各阶段减排量的负贡献均占 40%以上，经济发展是污染物增排的首要驱动因素。相较于经济发展效应，不同阶段人口增速均较低且稳定，人口规模效应对成渝地区工业大气污染物排放贡献量为正值且均维持在较低水平，在整体影响结构中仅占极小份额，对工业大气污染物排放的影响总体较小。②排放强度效应对各污染物的减排贡献均占主导地位，贡献占比均在 80%以上，表明从 2013 年《大气污染防治行动计划》（以下简称“大气十条”）发布并实施以来，成渝地区环保监管力度逐步加强、工艺技术和污染物治理技术大幅提升，对大气污染物排放具有明显的抑制作用。尤其是抑制 SO_2 排放的效果最为突出，主要源于各类污染物管控进程的不同步，“大气十条”实施期间减排的重心在于重点行业的 SO_2 排放深度治理、火电燃煤机组超低排放改造等，对于工业 NO_x 和烟（粉）尘的控制相对滞后。随着 2018 年臭氧污染逐渐成为影响空气质量的关键因子，工业 NO_x 减排力度加大，逐步推动水泥、玻璃等工业炉窑和锅炉烟气脱硝、低氮燃烧改造等控制措施的实施。③产业结构调整对工业大气污染物排放具有重要的抑制作用，在产业结构效应方面，成渝地区工业增加值占 GDP 比重逐年下降，从 2013 年的 38.1%下降至 2019 年的 28.5%（《四川省统计年鉴》，2013～

2020 年；《重庆市统计年鉴》，2013～2020 年），2013～2017 年产业结构调整对污染物减排的抑制作用较为突出，在此期间抑制了 21.7%～28.3%的污染物排放，2017 年以后产业结构效应减排作用相对有所削弱，减排贡献相对不显著，这表明产业结构调整在未来工业大气污染物减排中仍有较大潜力可挖掘。④能耗效应对污染物的减排贡献，除 2013～2014 年能耗效应对工业烟（粉）尘的排放有一定促进作用之外，随着降低“两高”行业能耗、提升能源使用效率等措施的持续推进，2014～2019 年，能耗效应对污染物的减排作用逐步显现，特别是在 2017～2019 年“稳定减排期”，能耗效应抑制了 10.0%～18.5%的污染物排放，对污染物的减排发挥着越来越重要的作用。⑤在各阶段中，工业内部结构效应对大气污染物的排放具有促进作用，与近年来钢铁、水泥、玻璃、陶瓷等传统重工业产值在工业总产值中的比重逐年提升有关。

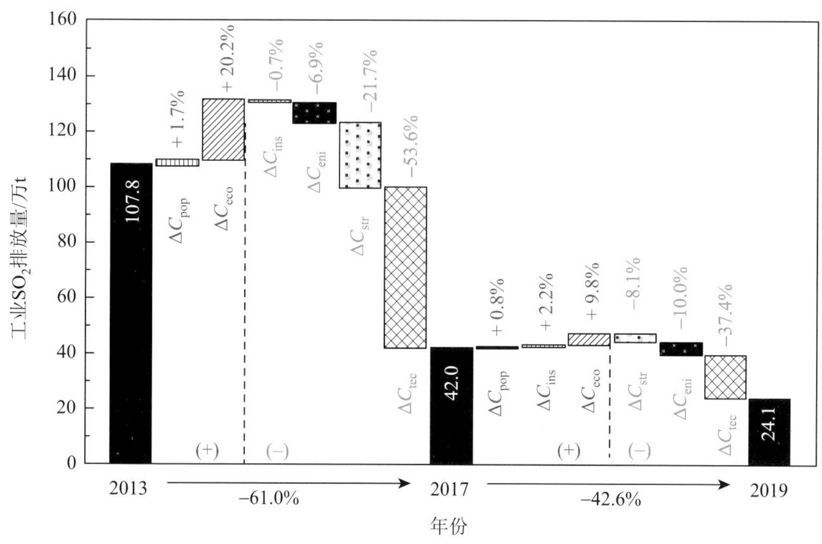

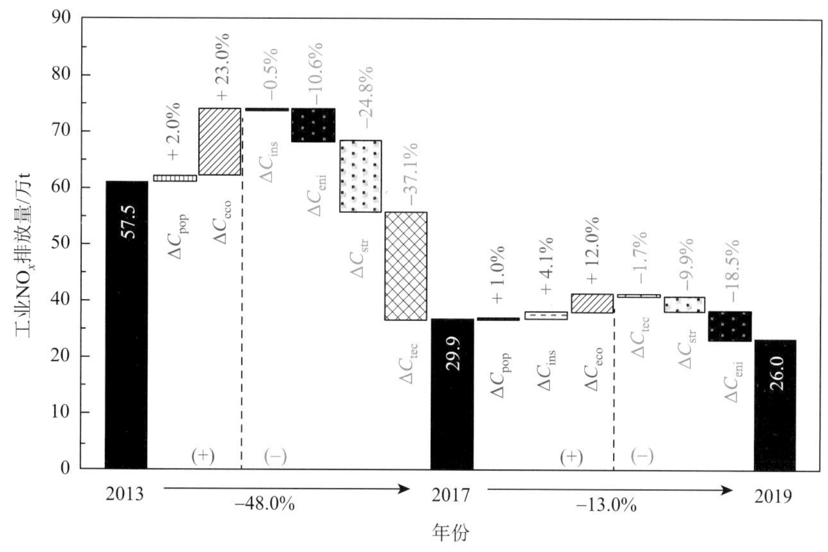

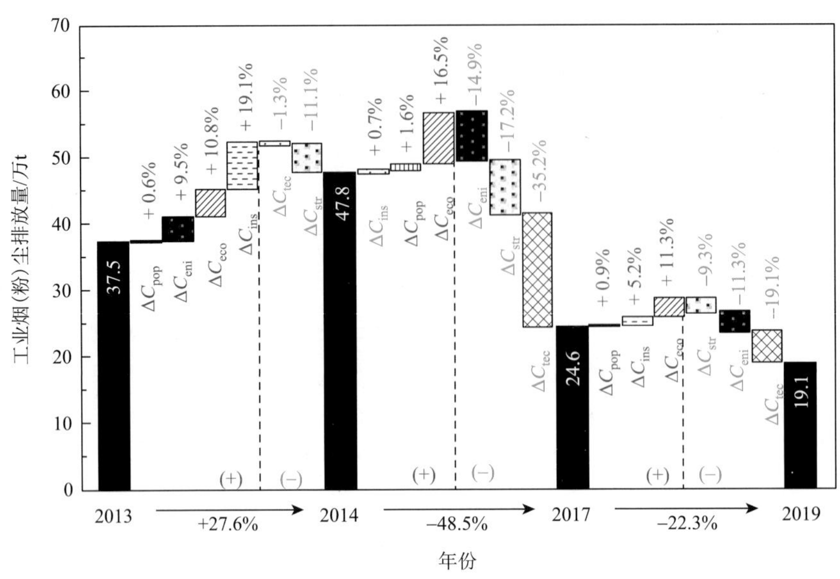

4-18　成渝地区不同时期大气污染物排放影响因素贡献

注：ΔC_{pop}表示人口规模效应贡献量；ΔC_{eni}表示能耗效应贡献量；ΔC_{eco}表示经济发展效应贡献量；ΔC_{ins}表示工业内部结构效应贡献量；ΔC_{tec}表示排放强度效应贡献量；ΔC_{str}表示产业结构效应贡献量。

为更详细探究各城市污染物排放的主要驱动力，选取成渝地区 6 大片区及高排放-高减排、高排放-低减排城市，运用 LMDI 模型计算 2013～2019 年各效应指标对工业大气污染物排放的贡献程度。由于地市单元分行业数据获取的局限性，主要识别除工业内部结构效应以外的其他 5 项指标的影响，结果如图 4-19 所示。排放强度效应方面，成渝地区各大片区及绝大部分高排放城市工业大气污染物排放随工业技术和污染治理技术的提升而受到有效抑制，且因技术改善而获得的负贡献量均超过了经济发展效应对工业大气污染的贡献量。其中，减排效果最突出的重庆市主城区，2013～2019 年工业大气污染物综合排放量下降 70.4%，其中排放强度效应贡献了 76.7%的减排量。高排放-高减排城市中，减排量较大的是江津、广安和宜宾，排放强度效应分别贡献了 80.2%、89.3%和 74.7%，而在高排放-低减排的城市中，其贡献度仅占 30%～55%，因此，高排放-低减排城市需注重工业生产技术和末端治理技术的提升。产业结构效应对重点城市工业大气污染物的减排效果并不明显。而作为产业转移承接地区，受产业政策的影响，大量高耗能高污染的产业迁移落户，重庆沿江的示范区及周边区县如涪陵、江津、南川、綦江、长寿和永川等工业大气污染物排放量随工业增加值的增加而增加，产业结构效应呈现正贡献量。因此，未来工业技术升级和重点发展高新技术产业、第三产业是此类城市工业大气污染物减排的重要途径。经济发展效应在各城市均是大气污染物排放的主要驱动因素，成渝地区各城市工业大气污染物排放量均随经济规模的扩大而增加，其中对经济发展相对较快的宜宾、内江、江津等地的工业大气污染物排放贡献较大。人口规模效应对绝大多数城市的工业大气污染物排放表现为正贡献量，但数值都很小，促进排放的作用不明显。

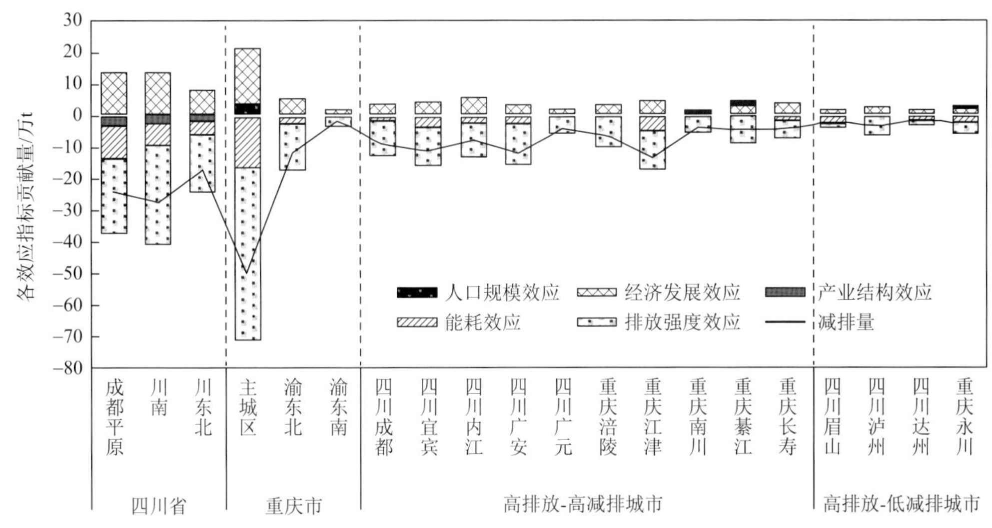

图 4-19　2013～2019 年成渝地区各效应指标贡献量分布

4.3　产业结构升级情景设计

4.3.1　产业结构升级情景描述

产业结构与大气环境污染物排放之间存在着密切关系，作为大气污染物产生的质和量的"控制体"，产业结构决定了经济体的资源消耗强度，对大气污染物在种类、规模以及形成原因上存在着直接或间接的影响。区域产业结构升级调整是诸多经济因素和非经济因素共同作用的结果，经济发展速度和规模以及人口数量等经济社会发展因素都会直接或间接地影响产业结构调整。基于成渝地区产业结构历史发展的基本规律，结合产业政策、经济发展阶段和高污染产业治理措施等，以 2017 年为基准年、2035 年为目标年设计成渝地区中长期产业结构升级情景，即产业基准情景（industry base scenario，IBS）、产业攻坚情景（industry optimized scenario，IOS）和产业激进情景（industry radical scenario，IRS）。产业结构调整情景描述见表 4-4。

表 4-4　产业结构调整情景描述

产业结构调整情景	情景描述
产业基准情景（IBS）	①2035 年服务业为区域经济发展主动力，第三产业占比超过 58%； ②四川省电子信息、装备制造、先进材料、食品饮料和能源化工等优势产业工业增加值占工业总产值比重持续增加，2035 年超过 34%； ③重庆市智能产业、汽车摩托车产业两大支柱产业集群巩固提升，装备产业、材料产业、生物医药产业培育壮大，到 2035 年高新技术行业工业增加值占工业总产值比重超过 38%； ④成渝地区高耗能、高污染行业产能逐步减少，钢铁、水泥、冶金行业产能逐步化解，到 2035 年占成渝地区工业增加值比重不超过 8%

续表

产业结构调整情景	情景描述
产业攻坚情景（IOS）	①2035 年服务业为区域经济发展主动力，第三产业占比超过 60%； ②逐步培育绿色产业体系，发展节能环保、清洁生产、清洁能源产业，打造国家绿色产业示范基地； ③成渝地区主导工业实力进一步增强。四川省电子信息、装备制造、先进材料、食品饮料和能源化工等优势产业工业增加值占工业总产值比重持续增加，2035 年超过 35%。重庆市智能产业、汽车摩托车产业两大支柱产业集群巩固提升，装备产业、材料产业、生物医药产业培育壮大，到 2035 年高新技术行业工业增加值占工业总产值比重超过 40%； ④成渝地区高耗能、高污染行业产能逐步减少，钢铁、水泥、冶金行业产能逐步化解，到 2035 年占成渝地区工业增加值比重不超过 7%
产业激进情景（IRS）	①2035 年服务业为区域经济发展主动力，第三产业占比超过 65%； ②逐步构建绿色产业体系，培育壮大节能环保、清洁生产、清洁能源产业，打造国家绿色产业示范基地。成渝两地将加快构建高效分工、错位发展、有序竞争、相互融合的现代产业体系； ③成渝地区主导工业实力进一步增强。四川省电子信息、装备制造、先进材料、食品饮料和能源化工等优势产业工业增加值占工业总产值比重持续增加，2035 年超过 38%。重庆市智能产业、汽车摩托车产业两大支柱产业集群巩固提升，装备产业、材料产业、生物医药产业培育壮大，到 2035 年高新技术行业工业增加值占工业总产值比重超过 42%； ④成渝地区高耗能、高污染行业产能逐步减少，钢铁、水泥、冶金行业产能逐步化解，到 2035 年占成渝地区工业增加值比重不超过 5%

4.3.2　关键情景参数量化表征

4.3.2.1　经济发展现状

自 2005 年以来川渝两地经济总量不断增长，经济增速较快，但有逐渐放缓趋势（图 4-20）。2005～2019 年川渝两地 GDP 平均增长率为 9%，高于全国平均增速约 1.5 个百分点，说明成渝地区对国家经济增长具有正向拉动作用。“十二五”期间，川渝两地 GDP 平均增速分别达 10.8%和 12.8%，高于同期全国平均水平。进入“十三五”以来，川渝两地 GDP 增速略有

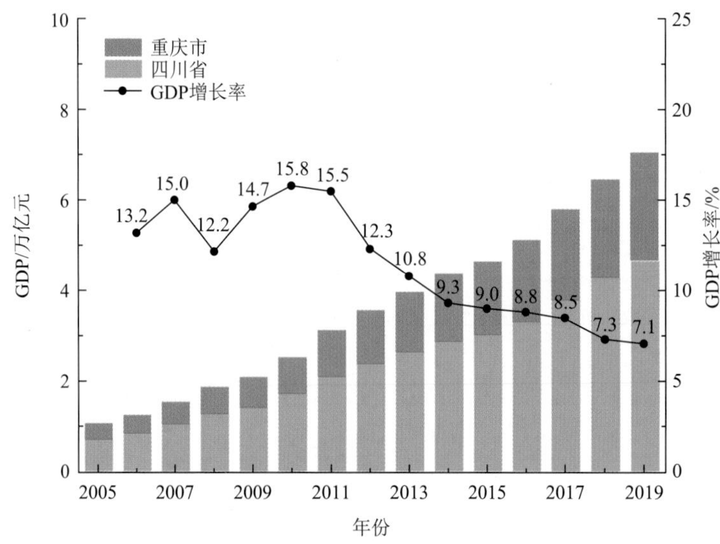

图 4-20　川渝两地 GDP 总量及其增长率

下降，截至 2019 年，GDP 总量分别达 4.7 万亿元和 2.4 万亿元，合计占全国 GDP 总量的 7.1%。在人均 GDP 方面，2019 年成渝地区为 6.1 万元，低于全国平均水平的 7.0 万元，同时低于长三角的 10.7 万元、珠三角的 8.6 万元和京津冀的 7.6 万元（图 4-21）。

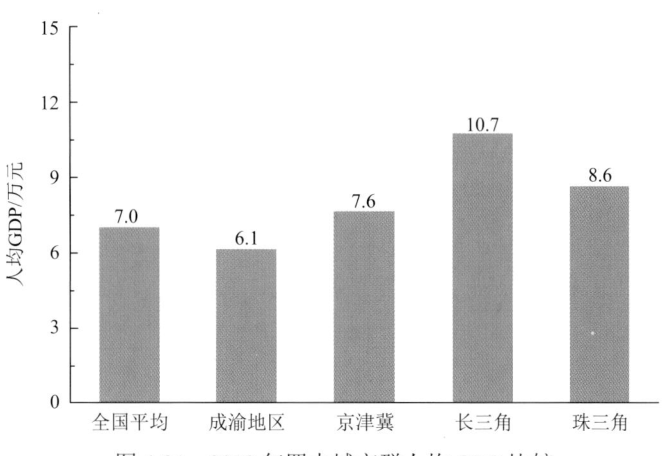

图 4-21　2019 年四大城市群人均 GDP 比较

4.3.2.2　人口发展现状

人口是国民经济发展的基础要素之一，其规模变化是社会能源消费和污染物排放的重要驱动因子，由于地区能源消费通常与长居于此的人口关系更密切，因此本书采用地区常住人口作为人口总量参数。2005～2019 年四川省常住人口规模总体呈平稳态势，进入“十二五”以来人口均衡发展水平提升，地区常住人口数量保持惯性增长，截至 2019 年四川省常住人口达 8375 万人。重庆市常住人口近年保持稳步增长趋势，年均增速 0.94%，截至 2019 年，重庆市常住人口量达 3188 万人（图 4-22）。2005～2019 年川渝

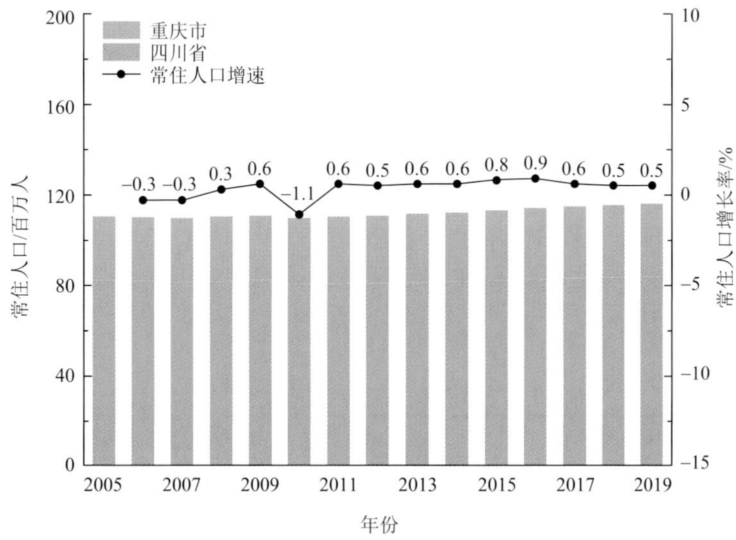

图 4-22　2005～2019 年川渝两地常住人口变化趋势

两地常住人口空间布局合理度稳步提升，四川省、重庆市两地城市化率呈线性增长，川渝两地城市化率由 2005 年的 36.1%提高至 2019 年的 57.7%（图 4-23）。

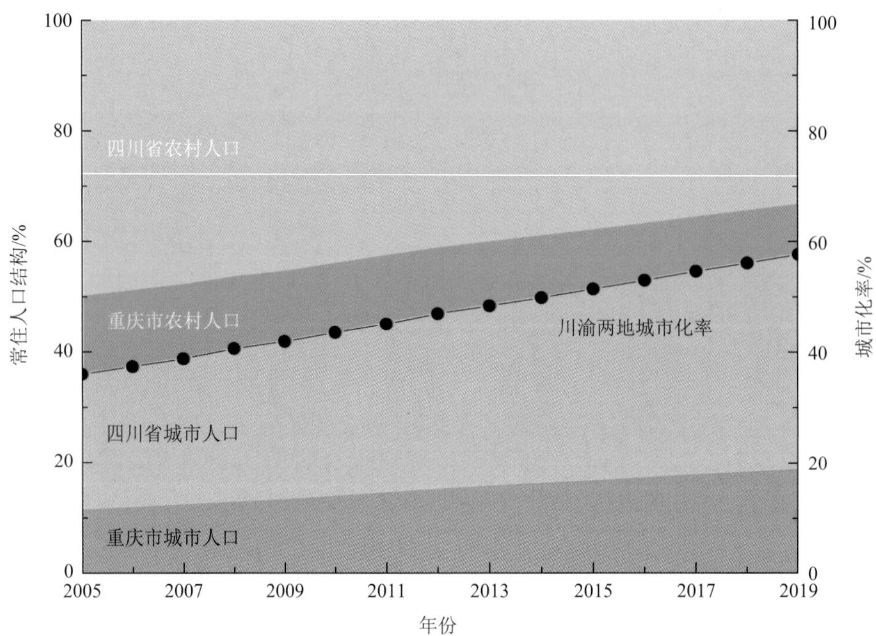

图 4-23 2005～2019 年川渝两地常住人口结构及川渝两地城市化率变化趋势

4.3.2.3 未来经济社会发展研判

准确把握成渝地区未来 GDP 增长趋势是中长期清洁能源产业发展规划设计的基础。许多学者从不同的角度、用不同的方法针对 GDP 增长率预测开展了研究，在对宏观经济进行预测的理论探索中，绝大多数是以计量经济学和数理经济学为主要工具，研究的方法集中于时间序列分析、回归分析、投入产出分析、优化方法等。一般而言，城市经济增速将高于国家平均增速。根据对川渝两地社会经济规模的分析，充分考虑未来经济增长的可持续性和成渝地区在国家、区域发展定位中的新要求，以及为经济发展转型、提质增效留下应有空间等因素，参考国家信息中心发布的《中国经济社会发展的中长期目标、战略与路径》中关于中国中长期经济发展的判断（表 4-5）判断，对川渝两地 2017～2035 年的经济发展做出预测（图 4-24）。未来川渝两地 GDP 呈现逐步上升趋势，但增速逐渐放缓。2035 年 GDP 达到 14.6 万亿元，较 2017 年增长 2.5 倍。

表 4-5 中国中长期 GDP 增速（%）预测

情景	2016~2020 年	2021~2025 年	2026~2035 年	2036~2050 年
中国经济社会发展的中长期目标、战略与路径—低方案	6.5	5.0	4.5	3.0
中国经济社会发展的中长期目标、战略与路径—基准方案	6.6	5.5	5.0	3.5
中国经济社会发展的中长期目标、战略与路径—高方案	6.7	6.0	5.5	4.0

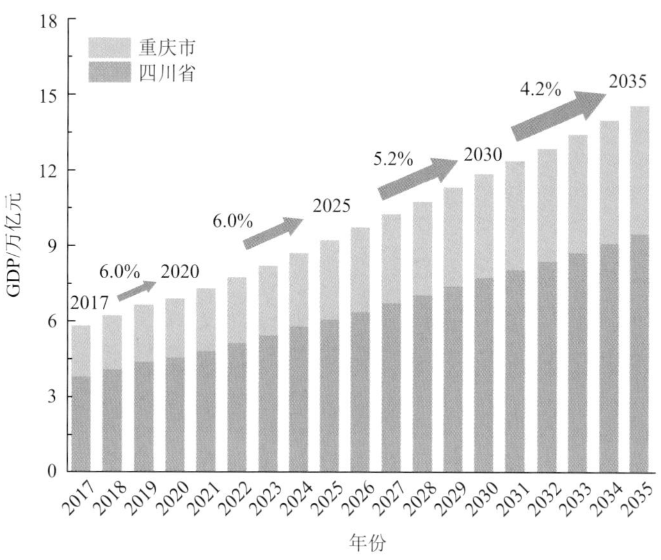

图 4-24　2017～2035 年川渝两地经济发展预测

注：图中数字比例为该时期 GDP 平均增速。

未来在西部大开发、长江经济带发展、共建“一带一路”和成渝地区双城经济圈建设等利好政策驱动下，随着户籍制度改革的进一步深化，成渝地区集聚人口的能力预计将逐渐增强，未来回流和外来人口规模的稳步壮大以及三孩政策效应充分显现，将推进成渝地区常住人口总量在未来一段时间内稳定增长。预计到 2035 年，川渝两地常住人口将分别达 8500 万人和 3500 万人。此外，川渝两地城市化进程仍将继续，城市化率将稳步提升，到 2035 年分别达 70%和 80%，届时川渝两地的城镇人口将达到 8750 万人（图 4-25）。由于家庭规模的逐渐增大，从 2017 年的户均 2.77 人，增加到

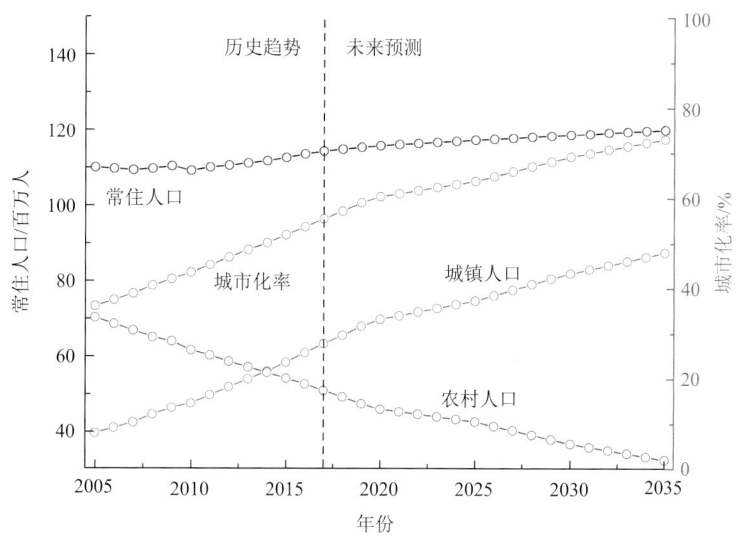

图 4-25　2017～2035 年川渝两地人口及城市化率发展预测

2035 年的户均 2.96 人，再加上人口总规模增加的综合效应，川渝两地的家庭户数呈现先增加后减少趋势，预计到 2035 年为 4054 万户。

川渝两地中长期经济社会关键参数预测见表 4-6。

表 4-6　川渝两地中长期经济社会关键参数预测

经济社会参数	2017 年	2020 年	2025 年	2030 年	2035 年
GDP/万亿元	5.8	6.9	9.3	11.9	14.6
GDP 增速/%	2017～2025 年：6.0；2026～2030 年：5.2；2031～2035 年：4.2				
常住人口/百万人	114.3	115.8	117.3	118.7	120.0
城市化率/%	55.4	60.3	63.7	69.0	72.9
家庭规模/（人/户）	2.77	2.78	2.82	2.88	2.96
家庭户数/百万户	41.27	41.65	41.60	41.22	40.54

4.3.2.4　产业结构演变趋势分析

不同产业对各种生产要素的需求不同，对能源的需求和不同能源品种的需求必然存在差异。因此，产业结构变动必然引起能源需求总量及能源结构变化。从静态的角度考虑，现价产业结构有效地揭示了一个国家和地区在某一时期的经济结构状态，宏观上表征了经济体某一时点不同产业的规模和布局。从动态的角度考虑，现价产业结构的发展变化在一定程度上描述了一段时期内经济体内部各产业的发展变化状况，但由于各产业价格指数在一定时期存在差异，因此利用现价产业结构分析各产业间的动态发展变化，无法准确判断经济体内各产业产出比例的变化到底是由各产业生产率变化引起的，还是由价格变化引起的。由于成渝地区未来 GDP 采用实际增长率预测，历史的产业结构变化也应基于不变价 GDP 结构分析。由图 4-26 和图 4-27 可见，目前成渝地区正处于产业结构调整关键期，川渝两地工业规模占比分别从 2005 年的 34.2%和 37.5%快速增长到 2012 年的 47.3%和 49.6%。在经历 2005～2012 年的快速发展壮大阶段后，近五年基

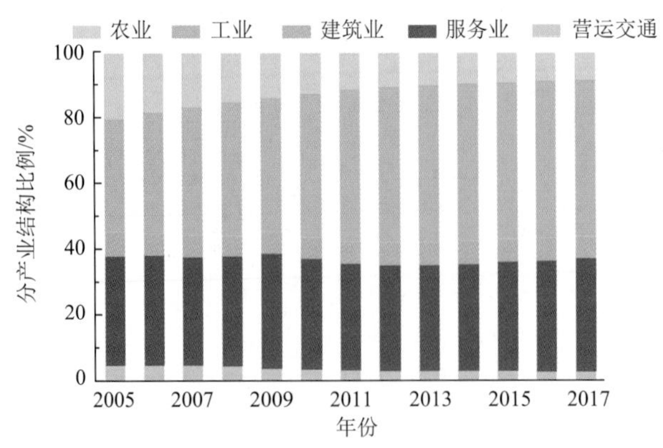

图 4-26　2005～2017 四川省不变价产业结构变化趋势

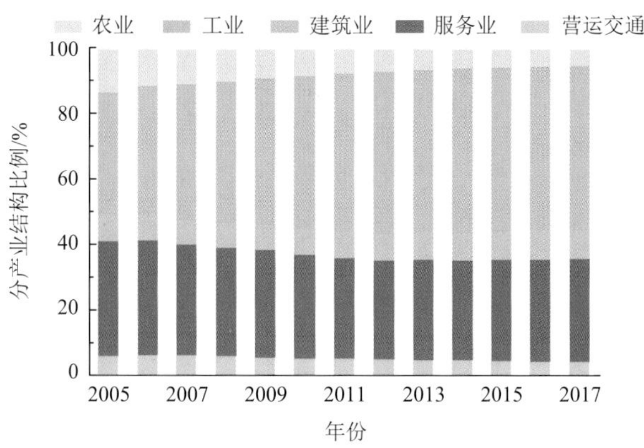

图 4-27　2005～2017 重庆市不变价产业结构变化趋势

本保持稳定，甚至 2017 年相较上年出现下降趋势。相反，服务业近年在三产结构中占比逐年上升。农业保持逐年下降，建筑业对城市发展具有一定刚性需求，2005～2017 年基本保持稳定，营运交通占比呈缓慢下降趋势。

分析国内发达地区、城市的三产结构变化趋势，可为成渝地区的产业结构调整提供经验借鉴。《中国 2050 低碳发展之路：能源需求暨碳排放情景分析》中，对我国的产业结构变化持乐观估计：2050 年中国第三产业比重将比 2005 年提高 21.4%，达到 61.2%（国家发展和改革委员会能源研究所课题组，2009）。此外，北京 2005～2017 年第三产业比重增加了 7.8%，2017 年北京第三产业比重达 74.8%，北京已基本完成了产业结构的快速升级，并仍在持续调整中。这在一定程度上说明了中国城市实现产业结构快速升级的可能性。综上所述，本书依据成渝地区产业升级和布局优化情景中有关第一、第二和第三产业的参数设置，综合川渝两地产业结构历史变化、未来成渝两地发展定位以及中国主要省份和地区的产业内部演替规律，对 2017～2035 年川渝两地各产业内部结构变化做出预测（图 4-28 和图 4-29）。结果表明，未来川渝两地随着新兴产业及服务业的引入，第二产业所占比重将

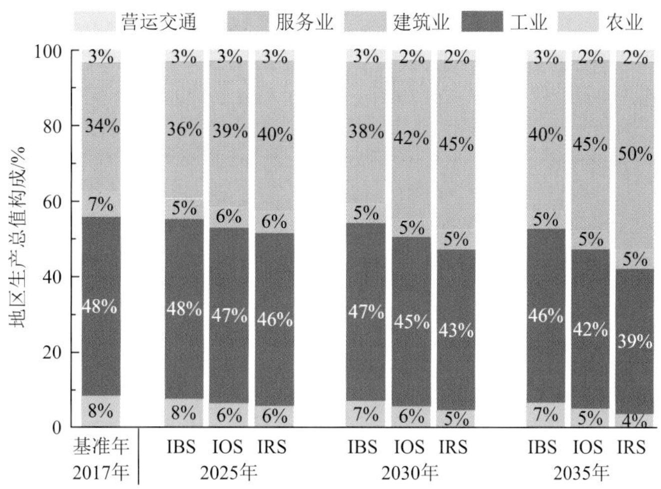

图 4-28　2017～2035 年四川省不同情景下产业结构变化趋势

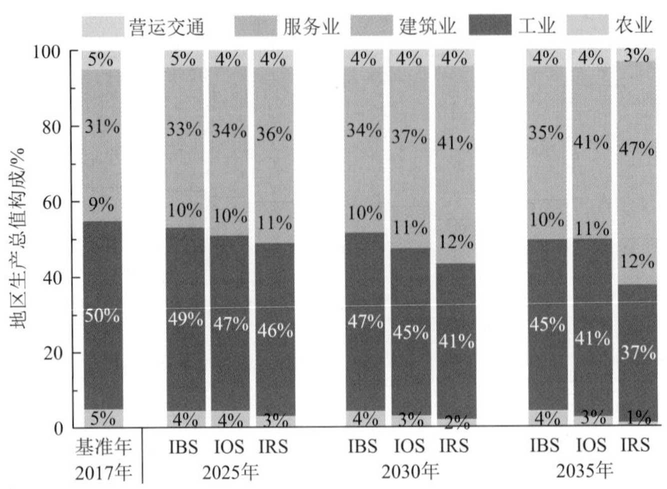

图 4-29　2017～2035 年重庆市不同情景下产业结构变化趋势

逐步降低，而建筑业对于城市建设具有一定的刚性需求，故建筑业下降速率要低于工业。从第三产业内部来看，服务业增加值比重随着第三产业比重上升而上升，而营运交通的增加值比重则有所下降，北京和上海第三产业内部结构也遵循这一产业变化规律。

4.4　本 章 小 结

2010～2020 年，成渝地区产业结构特征方面表现出重庆市、成都平原经济区、川南经济区、川东北经济区的第三产业结构占比逐年增加，工业结构以重工业为主，重工业产值占比基本呈逐年降低趋势，工业企业规模呈现“大而不强、小而不专”的特点。通过分析成渝地区大气污染与产业结构的因果关系，评估了产业结构高级化和合理化在不同时间尺度上对大气污染的影响效应及其在不同污染因子上的差异性。从产业结构合理化指数来看，从低到高排序为：成都平原经济区、重庆市、川东北经济区、川南经济区。分城市来看，与成渝地区其他城市相比，成都市的产业结构更为合理。

除成都、重庆等相对发达的城市装备制造业较发达外，成渝地区其他城市仍然以传统能源、资源密集型行业以及农产品加工业为主导，非金属矿物制品、黑色金属冶炼和压延加工业、化学原料和化学制品制造业、造纸和纸质制品业、农副食品加工业在区域内仍占有较大比重，这些行业应作为未来优化升级的重点行业；经济发展始终是不同阶段工业大气污染物排放的首要驱动因素，生产技术进步与能源利用效率提升是减排的主要控制因素，高排放-低减排城市需注重工业生产技术和末端治理技术的提升，产业结构调整对减排的贡献受区域产业发展政策的影响，工业内部结构效应对大气污染物的排放具有促进作用，与近年来钢铁、水泥、玻璃、陶瓷等传统重工业产值在工业总产值中的比重逐年提升有关。

以中长期经济社会发展为约束，在对成渝地区中长期经济增速、常住人口规模、城市化率、家庭规模和家庭户数等重要参数进行预测的基础上，设计了未来产业结构升级的三种情景，即产业基准情景、产业攻坚情景和产业激进情景，并结合政策规划和发达地区的发展经验对相关情景参数进行了定量表征。

第 5 章　清洁能源利用现状与结构调整情景分析

5.1　能源资源禀赋与消费现状

5.1.1　能源资源禀赋与生产现状

5.1.1.1　能源资源储量

“贫煤、少油、富气、丰水”是成渝地区的能源资源格局，尤其是以天然气为代表的低碳能源和以水能为代表的清洁能源具有非常突出的资源优势。成渝地区是世界级水能“富集区”，2021 年成渝地区水电技术可开发量达 2.23 亿 kW，占全国的 32.5%，是中国最大的水电开发和“西电东送”基地。成渝地区天然气储量占全国的 32.6%，是我国天然气发现、开发和利用最早的地区。其中，四川已探明的天然气基础储量为 19399 亿 m^3，重庆为 4260 亿 m^3。成渝地区煤炭、石油等其他一次能源在全国的占比较低，煤炭可采储量 29 亿 t，仅占全国的 1.4%，已探明石油地质储量 808 万 t，仅占全国的 0.2%（图 5-1）。

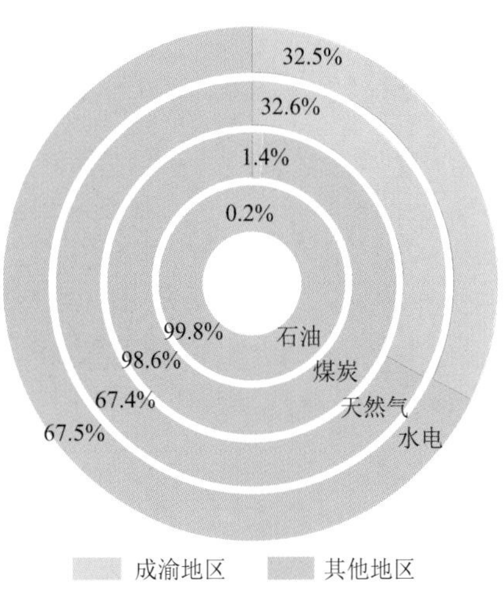

图 5-1　成渝地区能源资源储量现状

5.1.1.2　能源生产现状

成渝地区一次能源生产量变化趋势如图 5-2 所示，可见 2005～2019 年，成渝地区石油生产量一直在 20 万 tce/年左右，且后备资源有限，未来大幅增长的可能性不大。2005～2019 年天然气和一次电力生产量分别以年均 7.7%和 12.4%的速率增加，在当地能源产出量中所占比重也逐步提高。截至 2019 年，成渝地区天然气和一次电力生产量分别达 67.0Mtce 和 45.1Mtce，分别占全国天然气和一次电力生产量的 31.3%和 16.1%。可见，成渝地区清洁能源生产在全国占有较大比重，是我国天然气和一次电力的主要产地之一。自 20 世纪 90 年代以来，成渝地区原煤生产经历了近 20 年的快速增长，于 2007 年达到 98.9Mtce 的峰值，占当年一次能源生产量的 71.4%。其后，原煤产量从 2011 年开始回落，至 2019 年的 8 年时间内以年均 14.8%的比例下降。截至 2019 年，成渝地区原煤生产量占一次能源产量的 21.9%，与天然气、一次电力生产形成“三分天下”局面。

在电力产出方面（图 5-3），2005～2019 年成渝地区电力产出中水电的优势地位不断增强，发电量年均增长 12.1%。截至 2019 年，水力发电量占总电力产出的 75%。火电在总电力生产量中的占比从 2005 年的 43%下降至 2019 年的 22%。核电、风电和太阳能发电量略有上涨，但增幅较小。相比现阶段全国仍以火力发电为主的电能产出结构，成渝地区电力生产更具清洁化、绿色化。综合而言，成渝地区能源产出结构近年不断得到优化，为该地区发展和利用清洁能源提供了较强的产出能力保障。

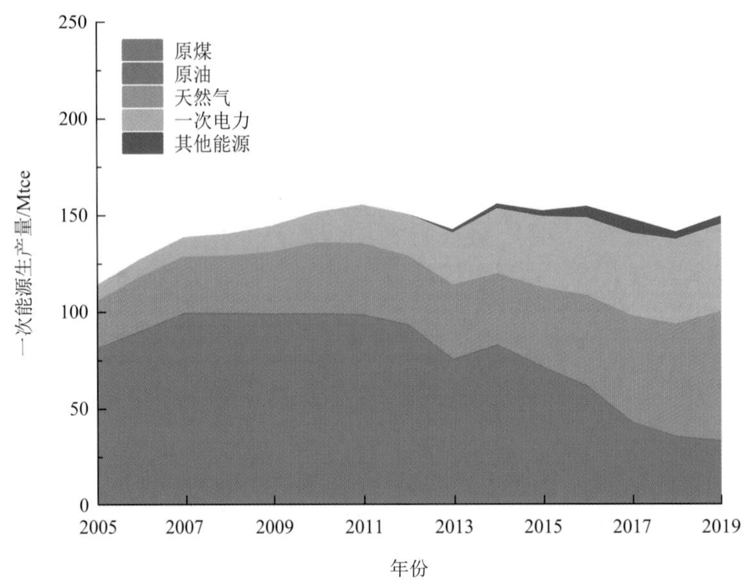

图 5-2　成渝地区一次能源生产量变化趋势

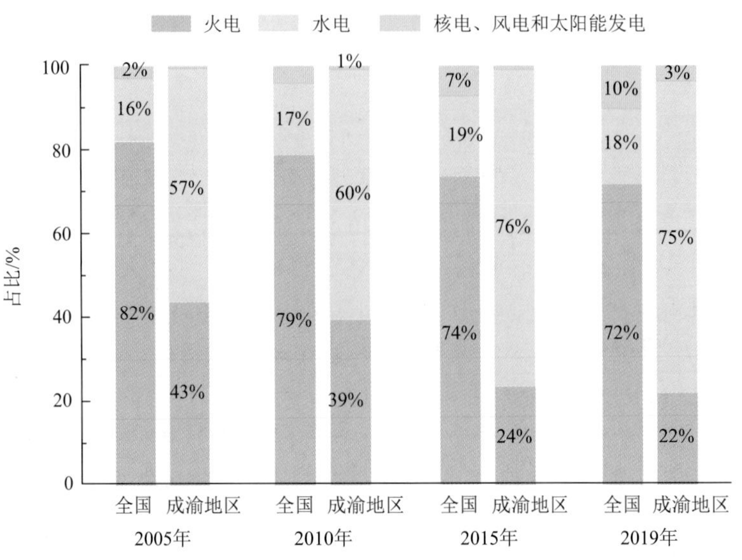

图 5-3　成渝地区电力生产结构变化趋势

5.1.2　能源消费趋势与行业分布

5.1.2.1　能源消费总量与结构的演化趋势

四大城市群一次能源消费总量及结构比较如图 5-4 所示。2000～2019 年，成渝地区能源消费量变化大致经历了两个阶段：2000～2012 年的“快速增长期”和 2012～2019 年的“平台波动期”。可见，近年来由能耗进一步增加驱动的大气污染物增量压力逐渐减弱。截至 2019 年，成渝地区一次能源消费总量为 236.2Mtce，少于珠三角地区的 285.0Mtce，远少于京津冀地区的 446.2Mtce 和长三角地区的 754.9Mtce。从能耗结构来看，成渝地区煤炭消费占比由 2000 年的 69.1%波动下降至 2019 年的 41.7%，非化石能源消费占比由 2000 年的 8.4%波动上升至 2019 年的 19.0%。相比京津冀、长三角和珠三角地区的能源消费结构，无论是煤炭消费的绝对量或占比，还是非化石能源消费占比，成渝地区能耗结构均处于较高水平。但是，当前成渝地区以煤炭为主、清洁能源为辅的消费格局仍未充分体现区域清洁能源资源禀赋与产出优势，实施清洁能源替代仍有较大空间。

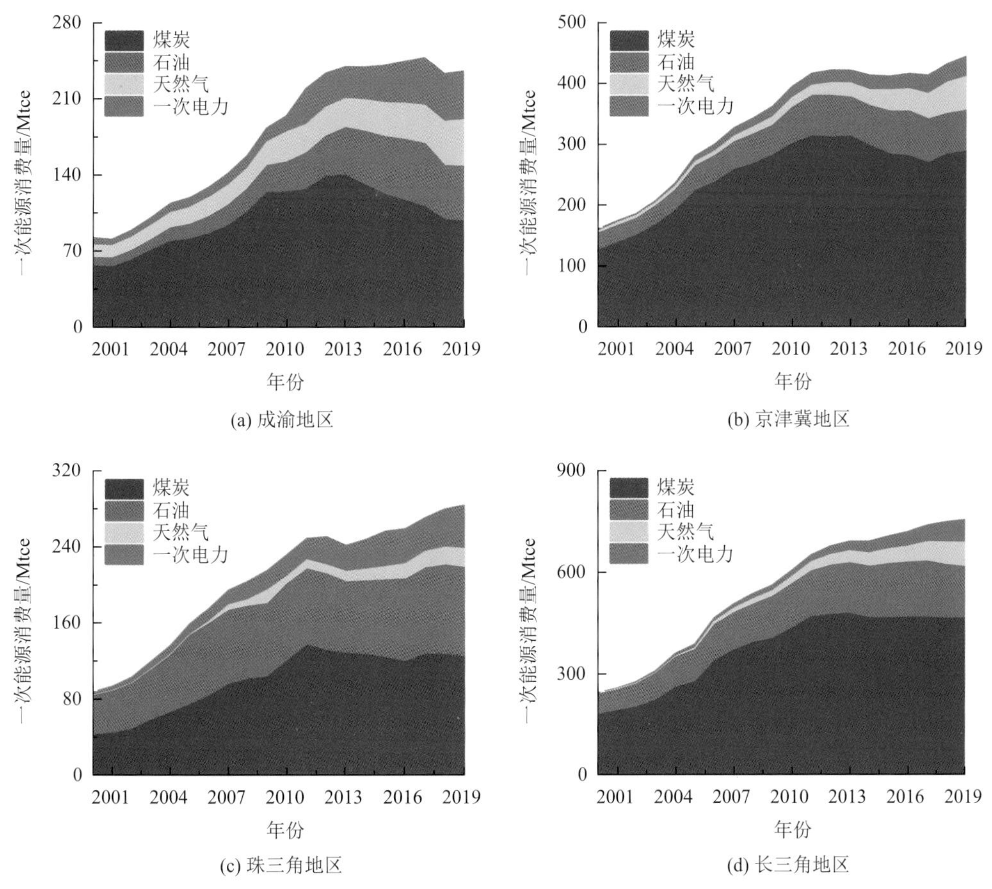

图 5-4　四大城市群一次能源消费总量及结构比较

5.1.2.2 分品种能源消费的行业分布比较

1）煤品燃料消费的行业分布

2005～2019 年，成渝地区煤品燃料（原煤、洗煤和焦炭等）消耗主要分布于工业和电力生产部门（图 5-5）。2019 年，成渝地区工业与电力生产部门煤品燃料消耗量合计达 87.9Mtce，占煤品燃料消费总量的 84.3%。工业煤品燃料消费量从 2005 年的 37.3Mtce 以年均 13.7%的速度迅速增长至 2012 年的 91.8Mtce 后达到峰值，占当年煤品燃料消费总量的 64.4%，相比 2005 增加了 2.5 倍。自 2013 年实施《大气污染防治行动计划》以来，各地区加快能源结构调整，控制煤炭消费总量。2012～2019 年，成渝地区工业煤品燃料消费量逐年减少，截至 2019 年下降到 57.9Mtce，但仍占工业总能耗的 50.8%，是工业部门使用的主要能源。综合四大城市群数据，工业和电力生产均是主要的煤品燃料消耗部门，2019 年京津冀、长三角和珠三角地区两大行业合计煤品燃料消费量分别占该地区总消费量的 83.2%、86.9%和 92.3%。其中，长三角和珠三角地区用于电力生产的煤品燃料消费量分别占该地区总消费量的 54.7%和 63.0%，是煤品燃料消费量最多的部门。与此不同的是，工业部门是京津冀和成渝地区煤品燃料消费量占比最大的部门，分别占该地区总消费量的 53.2%和 55.5%。

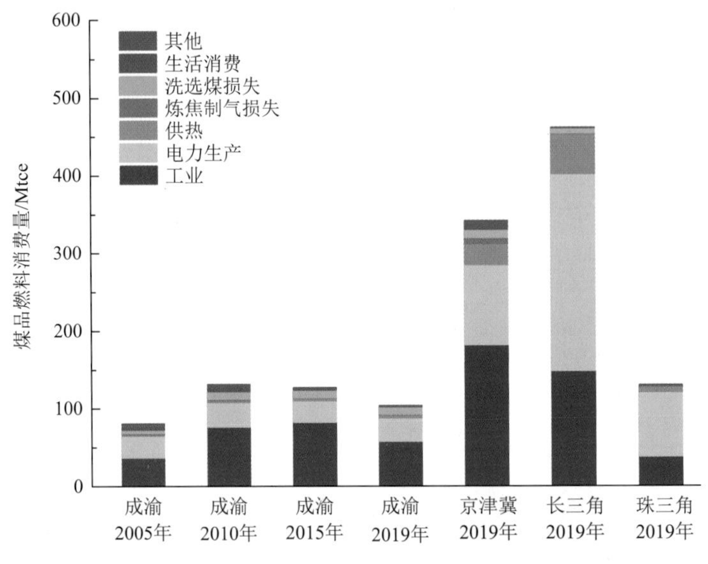

图 5-5 四大城市群煤品燃料消费的行业分布比较

2）油品燃料消费的行业分布

成渝地区油品燃料消耗主要集中于营运交通、生活消费和工业（图 5-6）。其中，营运交通和生活消费油品燃料消费量分别从 2005 年的 8.0Mtce 和 0.2Mtce 迅速增长至 2019 年的 21.9Mtce 和 9.4Mtce，年均增速分别为 7.4%和 31.7%。尤其生活消费油品燃料消费量相比 2005 年增加了近 50 倍，这主要是由于近年来成渝地区民用汽车保有量的迅速增长，从 2005 年的 232.9 万辆增加到 2019 年的 1779.5 万辆，年均增长率达 15.6%。截至 2019 年，成都市和重庆市汽车保有量在全国主要城市中均排名前五。

与成渝地区相似，京津冀、长三角和珠三角地区的油品燃料消费也集中于营运交通、生活消费和工业部门，2019 年合计占三个地区总油品燃料消费量的 85.5%、80.4%和 82.3%。分析认为，成渝地区油品燃料消耗以汽车使用的汽油和柴油，以及飞机使用的航空煤油为主，其次为工业、商业中使用的工业锅炉等工业设施使用的液化石油气和燃料油等。因此，要实现油品能源的节约，使用更为清洁的天然气、电力进行替代，需要从动力消耗、汽车以及飞机的节能改造，以及工业设施的清洁用能改造入手。

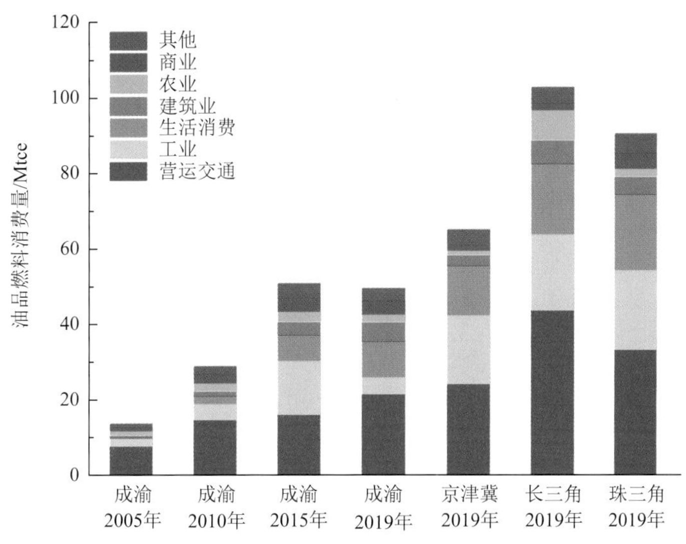

图 5-6　四大城市群油品燃料消费的行业分布比较

3）天然气消费的行业分布

成渝地区天然气消费主要分布于工业和生活消费（图 5-7），且近年呈不断上升趋势，分别从 2005 年的 10.0Mtce 和 3.6Mtce 迅速增长至 2019 年的 26.3Mtce 和 8.4Mtce，分别占 2019 年天然气消费总量的 61.4%和 19.7%。成渝地区用于电力生产的天然气仅占 2.5%，但京津冀、长三角和珠三角地区电力生产的天然气消费量分别占该地区总消费量的 22.1%、28.9%和 52.8%，远高于成渝地区。分析认为，自国家倡导节能减排以来，对清洁燃料的使用提出了更高的要求，而天然气与煤炭相比有更大的环保优势。因此，天然气发电在一些区域发展迅速。北京 2004 年开始实施天然气发电，早在 2013 年天然气消费量就达到电力部门一次化石能源消费总量的 35%（庄贵阳等，2018）。《北京市 2013—2017 年加快压减燃煤和清洁能源建设工作方案》指出，北京市将建设四大燃气热电中心，全面关停燃煤电厂。相对于北京等地区推进“煤改气”面临的气源、管网和成本压力，成渝地区天然气资源丰富、产量大、管网发达，尤其是近年来页岩气的规模化开发，更为进一步实施天然气替代煤、油，改善区域空气质量提供了有力保障。

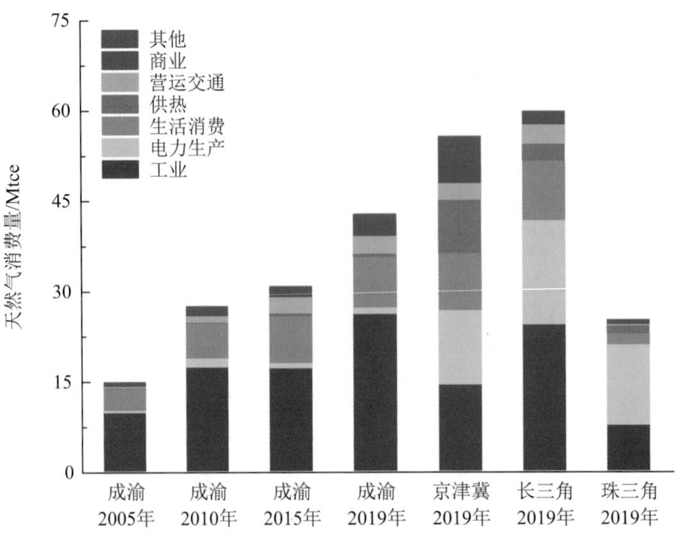

图 5-7　四大城市群天然气消费的行业分布比较

4）电力消费的行业分布

成渝地区电力消费主要分布于工业、生活消费与商业部门，2019 年三者电力消费量合计 36.5Mtce，占成渝地区电力消费总量的 83.7%（图 5-8）。成渝地区工业部门电力消费量从 2005 年的 9.7Mtce 增加到 2019 年 25.4Mtce，占电力消费总量的 58.3%，年均增速为 7.1%；生活消费和商业部门电力消费量呈快速增长趋势，分别从 2005 年的 2.5Mtce 和 0.5Mtce 增长到 2019 年的 8.5Mtce 和 2.7Mtce，相较于 2005 年分别增加了 3.4 倍和 5.4 倍，年均增速分别为 9.1%和 12.2%，其中家用电器和商场照明等是主要的电力消费方式。与成渝地区电力消费的行业分布类似，京津冀、长三角和珠三角地区的工业、生活消费和商业部门均为主要的电力消费部门。截至 2019 年，三者分别占京津冀、长三角和珠三角

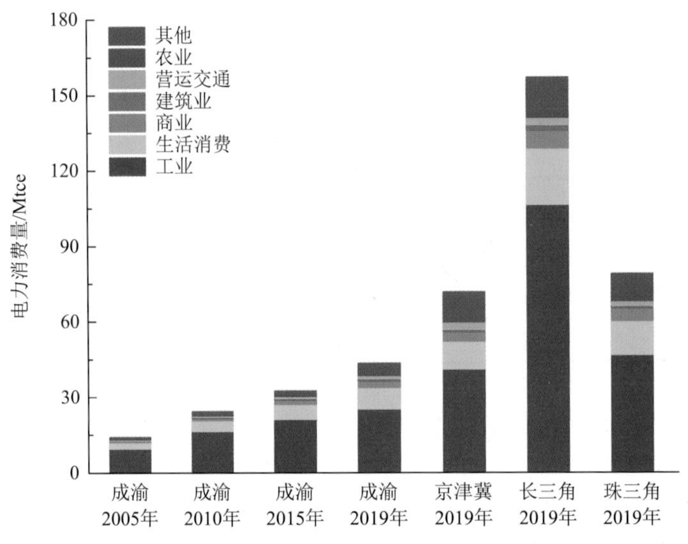

图 5-8　四大城市群电力消费的行业分布比较

地区总电力消费量的 77.8%、86.5%和 82.4%。分析认为，成渝地区拥有丰富的水电资源，进一步加大水电装机比例并着重解决弃水问题，努力提高水电比例，提升终端用能电气化比例，是未来进行清洁能源替代的重要方向。

5.1.3　基准年能源生产-转化-消费现状

能源桑基图（energy Sankey chart）是一种集能源的流动方向、种类及数量于一体的静态图，可以清晰反映能源流在系统内各元素间的流动路径。为了厘清成渝地区的能源供应、转化以及终端利用情况，结合数据可得性，分别绘制了 2017 年的成渝地区整体能源桑基图、成渝地区煤炭桑基图，以及四川省和重庆市能源桑基图，并根据绘图结果对成渝地区能源生产-转化-消费现状进行了分析。

5.1.3.1　数据来源与处理过程

成渝地区能源桑基图的数据来自国家、地方政府或权威机构所发布的能源平衡表。能源平衡表详细记载了一系列关于某区域各个能源品种的供应数据、转化数据及消费数据。《中国能源统计年鉴 2018》中的平衡表是成渝地区能源桑基图的主要数据来源。以 2017 年的重庆市能源平衡表为例，其中共涉及 30 种能源品种、6 个供应环节、9 个中间转化环节、7 个主要终端消费环节及 40 多个工业分行业终端消费环节。该能源平衡表在纵轴方向可以分为六大部分。

（1）可供本地区消费的能源量：①一次能源生产；②进口量；③境内轮船和飞机在境外的加油量；④出口量；⑤境外轮船和飞机在境内的加油量；⑥库存增减量；⑦外省（区、市）调入量；⑧本省（区、市）调出量。

（2）加工转化投入（－）产出（+）量：①火力发电；②供热；③洗选煤；④炼焦；⑤炼油及煤制油；⑥制气；⑦天然气液化；⑧煤制品加工；⑨回收能。

（3）损失量。

（4）终端消费量：①农、林、牧、渔、水利业；②工业（含用作原料及材料的能源品种消费）；③建筑业；④交通运输、仓储和邮政业；⑤批发、零售业和住宿、餐饮业；⑥其他；⑦生活消费（含城镇生活消费及乡村生活消费）。

（5）平衡差额。

（6）消费量合计。

在横轴方向则显示所涉及的 30 种能源品种，其中包括原煤、多类煤制品、原油、多类油产品、天然气、热力、电力和其他能源等。但是，《中国能源统计年鉴 2018》仅给出了全国各个工业分行业终端中各个能源品种的消费量，而没有分省、区、市的工业分行业能源数据。因此，使用《四川统计年鉴 2018》和《重庆统计年鉴 2018》中的 40 多个工业子行业的能源数据补缺。特别地，为了简化能源分配图，将能源平衡表中所涉及的 30 种能源品种根据能源特性整理成表 5-1 中的 12 种能源品种。

表 5-1 成渝地区能源桑基图所涉及的能源品种

序号	能源分类
1	煤炭（包含原煤、洗精煤、其他洗煤、型煤和煤矸石）
2	焦炭（包含焦炭和其他焦化产品）
3	煤气（包含焦炉煤气、高炉煤气、转炉煤气和其他煤气）
4	原油
5	汽油
6	柴油
7	煤油
8	其他油产品（燃料油、石脑油、润滑油、石蜡、溶剂油、石油沥青、石油焦、液化石油气、炼厂干气、其他石油制品）
9	天然气（包含天然气和液化天然气）
10	电力
11	热力
12	其他能源

此外，我国能源消费统计采用第一、二、三产业和生活用能的分类统计体系，各部门能耗数据多以“工厂法”进行统计。产业部门除生产和辅助用能外，也包括企（事）业所属的非生产部门用能。生活能耗不仅包括居民住宅能耗，也包括私人交通用能，特别是我国公布的交通运输、仓储和邮政业能耗仅包括营运交通能耗，非营运交通能耗则分散在工业、建筑业、生活消费等其他部门。而国外交通能耗则是“大交通”概念，包括了所有营运和非营运交通能耗。因此，为了更加准确分析成渝地区不同能源的使用途径及利用特征，同时提高国内外分部门间能源消费的可比性。本书参照国际通行准则、相关国内研究成果，结合成渝地区实际情况，将基准年的部门能耗按能源统计平衡表进行相应的调整。即从各部门中扣除非营运交通的能耗，之后将扣除的能耗与交通仓储邮政业中与营运交通相关的能耗叠加组合成交通运输部门的能耗。其中，非营运交通能耗包括：①农业消费的全部汽油；②工业建筑业消耗的 95%汽油、35%柴油；③生活能耗的全部汽油、柴油和其他油品［不含煤油和液化石油气（liquefied petroleum gas，LPG）］；④服务业（除交通运输、仓储和邮政业以外的第三产业）消费的全部汽油、33.3%的柴油和 33.33%的其他油品（不含煤油、LPG 和燃料油）。营运交通能耗包括交通运输、仓储和邮政业能耗扣除其中用于建筑物能耗的部分。由于成渝地区蒸汽机已基本淘汰，煤炭已经不再作为交通运输工具的动力燃料，铁路牵引已不再使用煤，故交通运输、仓储和邮政业的煤耗主要用于车站、邮局建筑供暖，应全部计入建筑物能源消费。成渝地区交通运输行业中的交通工具用电主要包括两大领域：一是铁路。现在中国铁路主要使用内燃机车和电力机车，内燃机车主要烧柴油，通过柴油机产生动力；电力机车主要用电，通过线路上的电网来获得动力。二是城市公共交通，主要是城市轨道交通、电力公交车用电。除此两部分用电外，其余用电应算作建筑物用电。成渝地区交通运输行业中交通工具使用的天然气主要包括燃气公交车和燃气出租车，故除此两者使用的部分归为建筑物用气。最后，将交通运输、仓储和邮政业中扣除营运交通能耗的能源消费并入服务业能耗。

5.1.3.2 能源桑基图绘制结果与分析

根据能源桑基图结果（图 5-9～图 5-12），可以将成渝地区能源流向的重要特征归纳为以下三点。

（1）2017 年成渝地区近一半能源依赖外部调入，能源对外依存度为 49.7%。其中，煤炭和油品燃料是主要的能源调入品种，对外依存度分别高达 62.8%和 99.9%。四川省煤炭和油品燃料对外依存度分别为 54.4%和 99.9%，重庆市煤炭和油品燃料对外依存度分别为 84.1%和 99.6%。

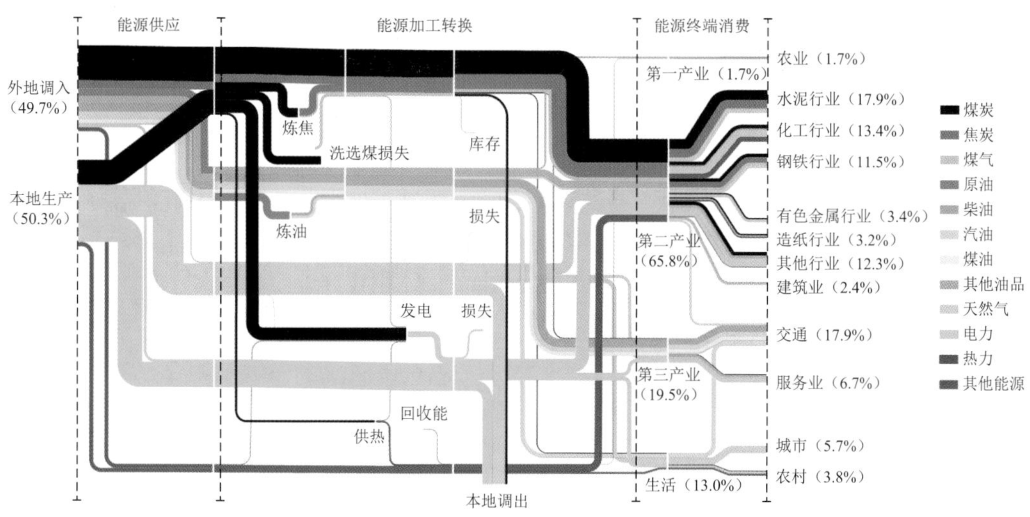

图 5-9　2017 年成渝地区能源桑基图

注：部分数据因四舍五入，存在总计与分项合计不等的情况。下同。

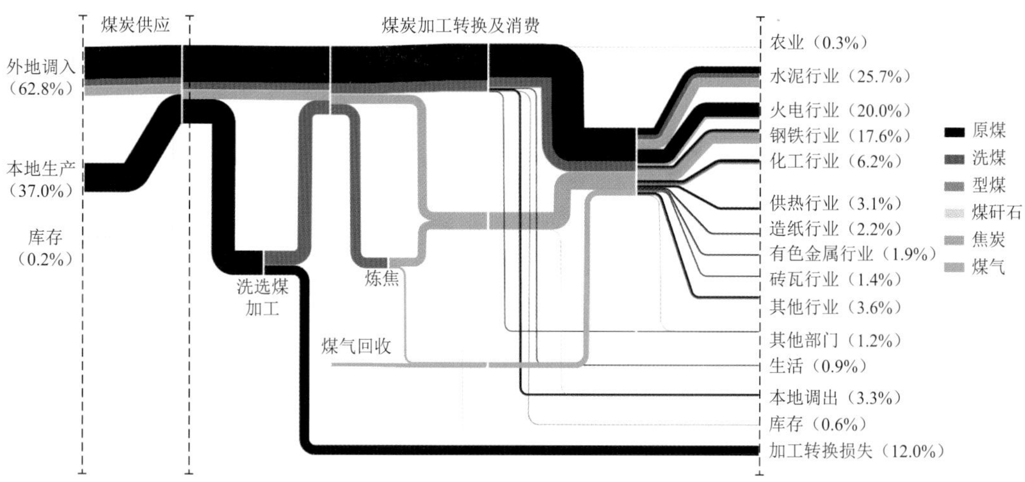

图 5-10　2017 年成渝地区煤炭桑基图

（2）成渝地区大量天然气和一次电力（主要为水电，占 98.2%）由本地区调出，分别占自产量的 39.6%和 41.9%。四川省天然气和一次电力调出量分别占自产量的 47.3%和 44.4%，重庆市天然气和一次电力调出量分别占自产量的 16.4%和 10.7%。

（3）工业是成渝地区煤品燃料的主要消费行业，占终端总煤品燃料消费量的 96.1%。其中，水泥、火电、钢铁和化工行业具有重要贡献，分别占成渝地区煤品消费总量的 25.7%、20.0%、17.6%和 6.2%。交通是成渝地区油品燃料的主要消费行业，占终端部门油品燃料消费总量的 64.7%。

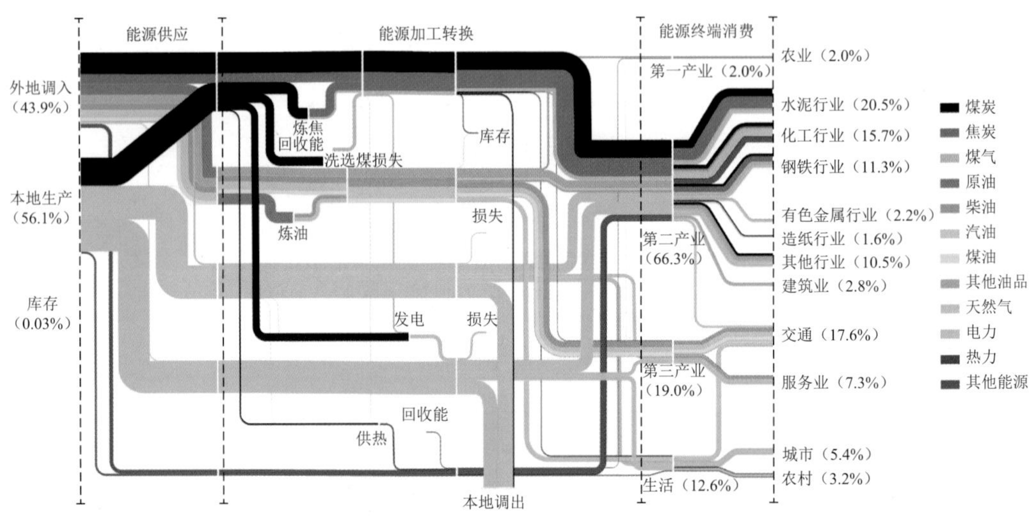

图 5-11　2017 年四川省能源桑基图

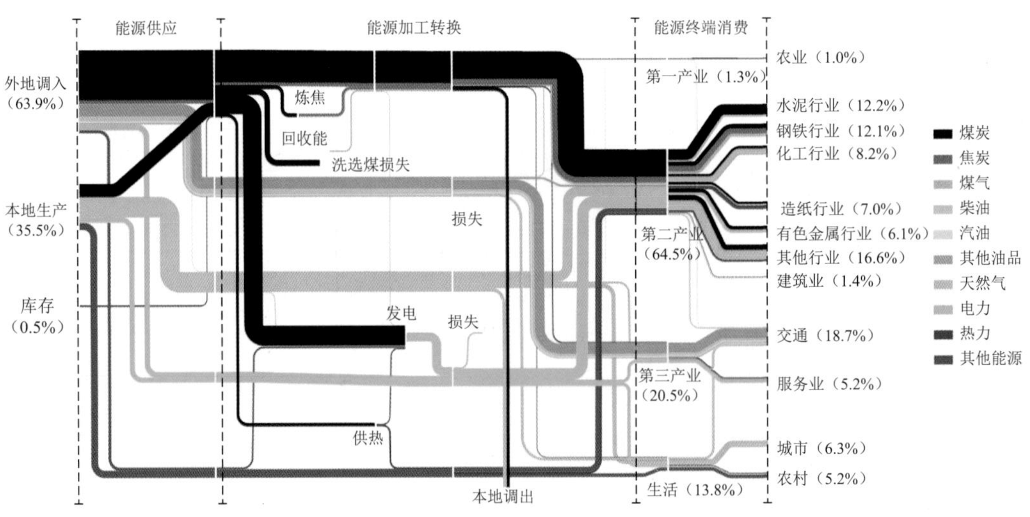

图 5-12　2017 年重庆市能源桑基图

5.1.4 用能水平变化趋势

5.1.4.1 能耗强度变化

经济总量和能源消费量的变化决定了能耗强度的趋势。成渝地区 2005～2019 年的总能耗强度总体呈逐年下降趋势（图 5-13），2005 年总能耗强度为 1.13tce/万元 GDP（按 2005 年价格计算，下同），截至 2019 年已下降到 0.51tce/万元 GDP，较 2005 年下降 54.9%，低于全国同时期 0.73tce/万元 GDP、京津冀地区 0.75tce/万元 GDP 的水平，但高于长三角和珠三角地区的总能耗强度，其中 2019 年珠三角地区总能耗强度为 0.27tce/万元 GDP，约为全国平均总能耗强度的 2/5。

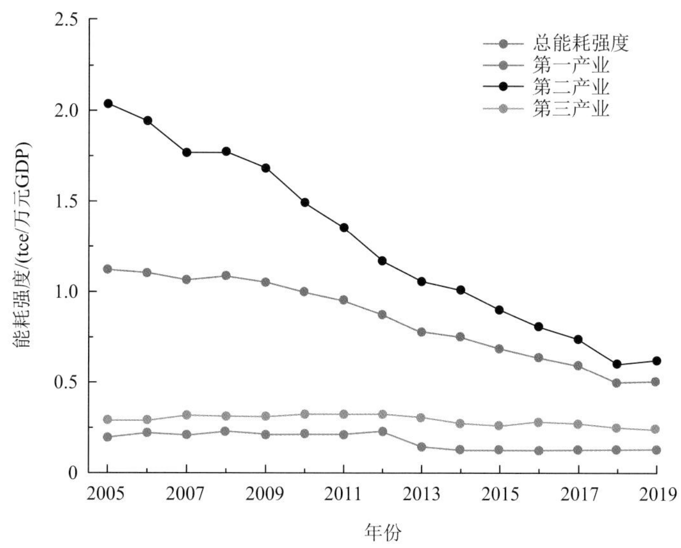

图 5-13 成渝地区能耗强度变化趋势

在产业能耗强度方面，成渝地区第二产业能耗强度近年下降最为迅速，由 2005 年的 2.04tce/万元 GDP 下降至 2019 年的 0.62tce/万元 GDP（图 5-13），年均下降 8.2%，对综合能耗水平的下降具有重要贡献。相较于其他地区，成渝地区第二产业能耗强度低于京津冀和长三角地区，仅为全国平均水平的 54.4%，但高于珠三角地区，为珠三角地区能耗强度的 2.2 倍（图 5-14），未来仍有较大的节能空间。成渝地区第三产业能耗强度在经历 2005～2012 年的平稳期后，呈缓慢下降趋势，从 2012 年的 0.33tce/万元 GDP 下降至 2019 年的 0.25tce/万元 GDP，年均下降 2.1%，但下降幅度相比第二产业小。相较于其他地区，成渝地区第三产业能耗强度略高于全国平均水平 0.23tce/万元 GDP 的能耗强度，同时也高于京津冀的 0.18tce/万元 GDP、长三角的 0.15tce/万元 GDP 和珠三角的 0.16tce/万元 GDP。因此，在第三产业迅速发展的背景下，应注意产业内部结构的优化，重点发展低能耗、低污染和高产出的行业，推进第三产业的节能降耗。此外，尽管成渝地区第一产业自 2012 年以来能耗强度持续下降，但由于其在能源消费量中占比较小，故对整体能源强度下降的贡献不明显。

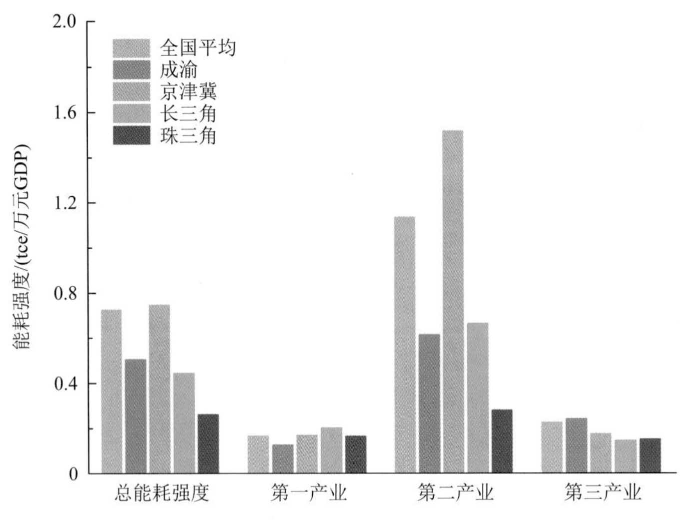

图 5-14　2017 年四大城市群能耗强度比较

5.1.4.2　能源消费弹性系数变化

2006～2019 年，川渝能源消费弹性系数一直处于波动之中（图 5-15）。在这 14 年中，四川省和重庆市的平均能源消费弹性系数分别为 0.48 和 0.56。具体地，四川有 7 年（2006～2011 年和 2019 年）大于 0.5，重庆有 9 年（2006 年、2007 年、2009～2011 年、2013 年、2014 年、2018 年、2019 年）大于 0.5。此外，四川有 7 年（2012～2018 年）为

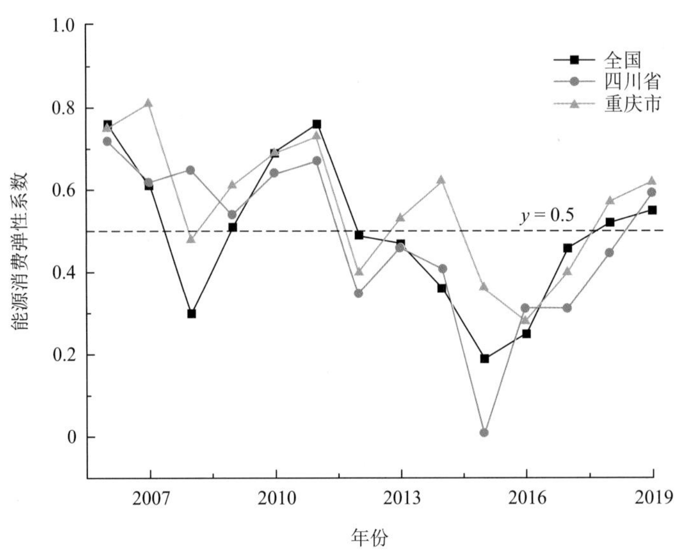

图 5-15　川渝能源消费弹性系数变化趋势

0～0.5，重庆有 5 年（2008 年、2012 年、2015～2017 年）为 0～0.5。在相同历史时期内，全国平均能源消费弹性系数中有 7 年（2006 年、2007 年、2009～2011 年、2018 年和 2019 年）大于 0.5，其余 7 年（2008 年、2012～2017 年）均小于 0.5，平均值为 0.49。

能源消费弹性系数越低，表明该地区经济增长过程中能源利用效率越高。通常在工业化过程中，由低收入向中等收入发展的时期，经济增长主要靠能源的投入，并且能源消费增长速度快前于经济增长，能源消费弹性系数通常大于 1；当能耗达到一定水平之后，保持稳定，能源消费弹性系数接近于 1；随着社会进步，能源利用水平提高，能耗不断下降，这时能源消费弹性系数应小于 1。一般发达国家的能源消费弹性系数小于或接近于 0.5。2011 年之后，成渝地区的能源消费弹性系数基本处于 0.5 左右，能源利用效率相比之前有所提高，表明经济发展对能源的依赖总体呈降低趋势。但是，“十三五”末期成渝地区能源消费弹性系数呈上升趋势，波动较大，未来促进经济增长的同时仍需提高用能水平。

5.2　清洁能源消费与结构调整情景设计

成渝地区重点行业能源消费以煤炭为主，产业分布决定煤炭消耗强度构成，煤炭消费量主要分散在火电（60%）、水泥（32%）、钢铁冶炼（7%）等重点行业，消耗强度大的行业（≥50 万 t）集中在成都平原经济区（成都、绵阳）—川南经济区（宜宾、泸州、内江）—川东北经济区（广安、达州）—重庆主城都市区（江津、长寿、合川、綦江）及其他区县（万州、丰都），其他地区消耗强度相对分散，主要是受到一些工业点源影响，如图 5-16 所示。根据《成渝地区双城经济圈生态环境保护规划》，结合产业发展实际和空气质量状况，未来上述行业和地区的节能减排及清洁能源替代会有极大发展空间，通过优化煤炭消费结构，倒逼产业转型升级，进一步压缩钢铁、水泥、煤炭等行业过剩产能；

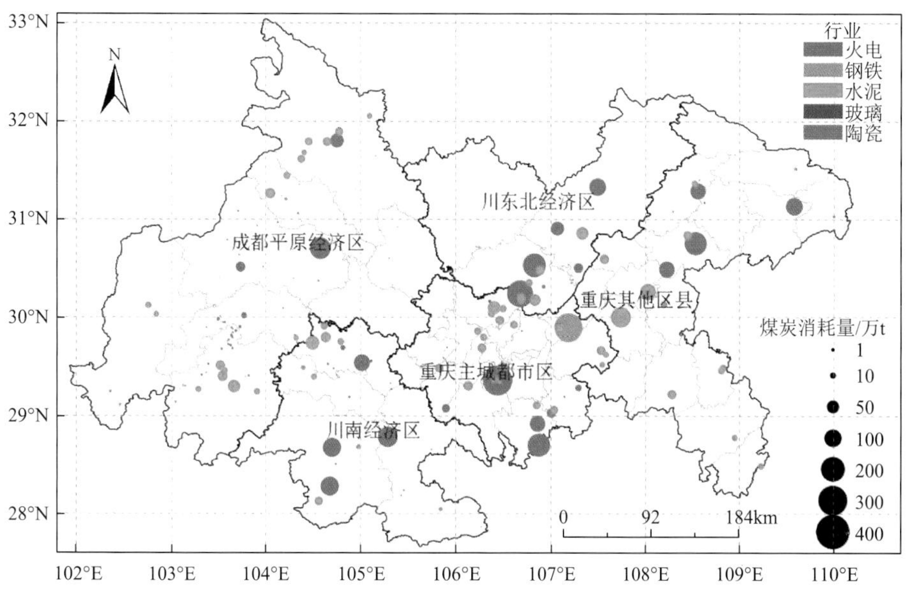

图 5-16　主要行业煤炭消耗量

推动煤电结构优化和绿色低碳转型，最大限度提高煤炭清洁高效利用水平；提高清洁能源消费比例，提高氢能、生物燃料等替代能源在钢铁、水泥等行业的应用率，到 2025 年，基本淘汰 35t/h 以下燃煤锅炉，非化石能源消费占比达到新高度（四川省占比 42%左右，重庆市占比 20%以上），实施低碳化、循环化发展。

5.2.1　能源结构调整情景描述

全社会能源需求和大气污染物排放趋势受宏观到微观的众多因素影响，与经济总量、产业结构、人口规模、技术进步和生活水平等紧密相关。从能源供应角度看，全社会清洁能源利用、推进能源结构调整的目标又受到清洁能源开发速度以及地区能源的资源禀赋等因素制约。此外，节能政策和环境政策的制定和实施对于地区能源系统清洁化转变的速度也具有重要影响，如能源税、环境税等。但归根结底，这些因素主要通过对部门活动水平、部门能源利用效率和能源相关污染物排放水平产生直接或间接影响，最终影响社会能源消耗总量、能耗结构和大气污染物排放趋势。

基于此，能源结构调整情景设计基于成渝地区中长期社会经济预测与产业结构升级情景，综合考虑未来不同部门的结构演变趋势、各部门的能效水平以及各部门用能的清洁能源替代三个方面，以 2017 年为基准年、2035 年为目标年设定能源基准情景（energy baseline scenario，EBS）、能源攻坚情景（energy optimizing scenario，EOS）和能源激进情景（energy radical scenario，ERS）。各情景描述见表 5-2。

表 5-2　清洁能源利用情景描述

清洁能源利用情景	情景描述
能源基准情景（EBS）	① 经济发展、人口规模参考既定政策规划目标； ② 产业结构、各部门能效水平根据历史发展趋势，结合既定政策规划发展目标，能耗结构维持基准年水平，不考虑清洁能源替代； ③ 煤电发展根据成渝地区规划预测
能源攻坚情景（EOS）	① 逐步培育发展第三产业，2035 年服务业为区域经济发展主动力，第三产业占比超过 60%； ② 各部门能效水平提升幅度逐步收窄，2030 后第三产业能效提升幅度高于第二产业； ③ 各部门促进清洁能源利用，推进能源结构调整，2030 年实现成渝地区民用无煤化，2025 年和 2035 年终端煤品燃料消费占比分别降至 30%和 25%以下； ④ 发展清洁电力，限制煤电新建与燃煤供热，发展燃气产电、供热，提升水电、风电和光电等清洁电力占比
能源激进情景（ERS）	① 较快速度培育发展并壮大第三产业，2035 年第三产业占比超过 65%； ② 各部门能效水平提升幅度维持高位，2035 年燃煤、燃气发电和供热效率达到国内先进水平； ③ 实施快速的能耗结构清洁化转型，2025 年实现成渝地区民用无煤化，2025 年和 2035 年终端煤品燃料消费占比分别降至 26%和 18%以下； ④ 积极发展清洁电力，逐步停止煤电新建，大力提高水电、风电和光电等清洁电力占比

5.2.2　关键情景参数量化表征

5.2.2.1　交通运输部门结构

公路货运是四川省货运结构的主力，2017 年占全省货运周转量的 65.1%，铁路货运周转量和水路货运周转量分别占全省货运周转量的 24.4%和 9.9%（图 5-17）。传统上适于铁路运输的大宗煤炭、钢铁、矿石、粮食，其周转量呈下降趋势且向公路运输转移，重庆近年公路货运周转量占全市货运周转量基本保持稳定，2017 年占全市货运周转量的 31.7%。成渝地区未来货运结构会受到货源结构调整和货运行业转型升级两个方面的影响。一方面，随着第三产业比重上升，成渝地区对重量轻、附加值高的产品的运输需求不断增加，从而增加对“即时配送”方式的需求，但同时对大宗货物（钢铁、矿石和粮食等）运输的需求也会维持在高位；另一方面，在我国大力发展“公转铁”和“公转水”政策的激励下，大宗货物的运输将从公路运输转移到更具优势的铁路运输，而铁路运输可能在未来也会拓展冷链运输和快递运输等专业化运输方式。因此，在货源结构调整与货运行业转型升级两股力量作用下，预计在 EOS 情景下，2035 年四川省、重庆市公路货运周转量的比例有望分别降至 46.6%和 21.1%。

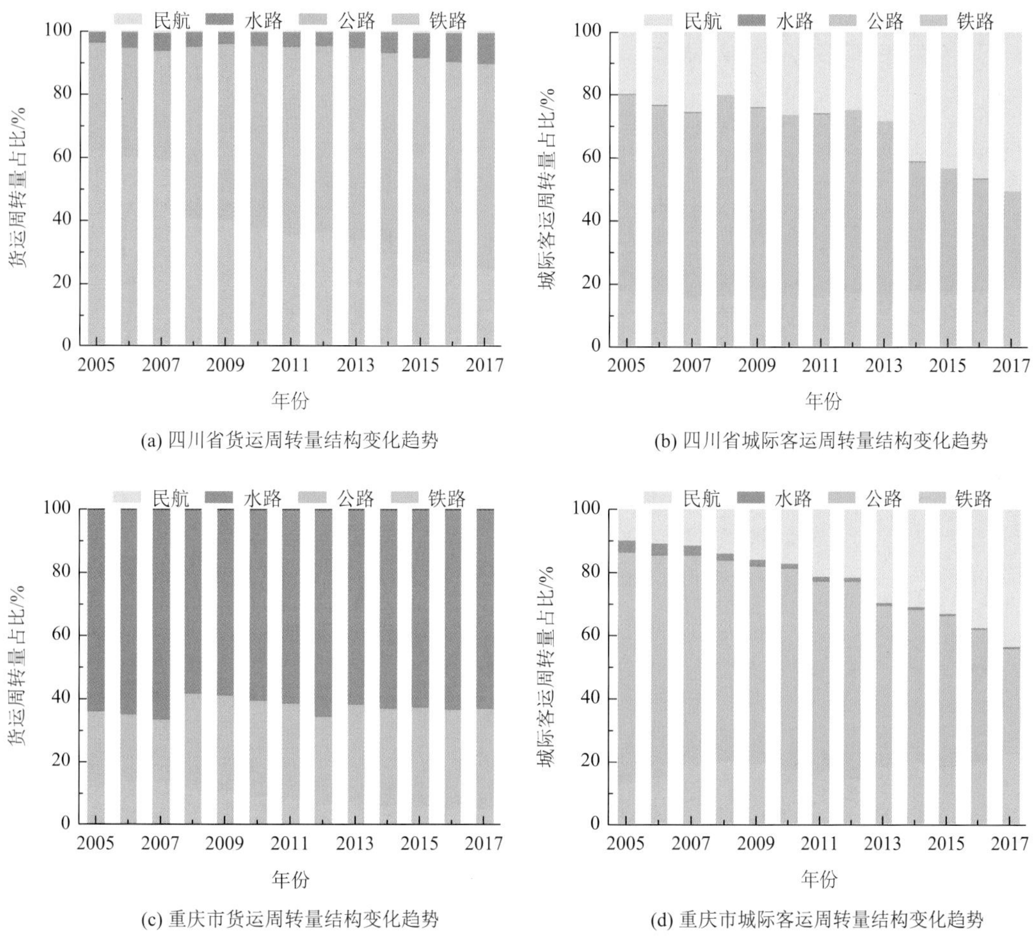

(a) 四川省货运周转量结构变化趋势

(b) 四川省城际客运周转量结构变化趋势

(c) 重庆市货运周转量结构变化趋势

(d) 重庆市城际客运周转量结构变化趋势

图 5-17　2005～2017 年四川省、重庆市货运周转量和城际客运周转量结构变化趋势

在城际客运方面，随着生活水平、人均收入提高，以及城际快速铁路、航空线路的快速发展，近年城际客运的公路分担率持续下降。四川省、重庆市两地公路城际客运占

比分别由 2005 年的 62.6%和 73.0%降至 2017 年的 30.7%和 33.3%。未来随着高铁、城际铁路网络的完善，城际公路客运车辆保有量与年行驶里程增量空间有限，预计城际公路客运周转量仍将继续下降。

在城市客运方面，发展公共交通对城市客运节能减排具有重要推动作用。根据本书计算，2017 年四川省、重庆市居民公共交通出行分担率分别为 19.8%和 32.9%，与伦敦（58.2%）、东京（61%）（Li et al.，2019）等发达地区的居民公共交通出行分担率相比存在较大差距。我国大多数城市公共交通出行分担率低于 40%，其中一些大城市甚至不足 10%。《“十四五”现代综合交通运输体系发展规划》已明确要求不同规模大小的城市均要深入实施公交优先发展战略，持续深化国家公交都市建设。未来随着公交线网的优化和轨道交通总里程规模的扩大，以及节能减排政策要求，城市居民公共交通出行分担率上升将成为必然趋势。综上所述，对 2017～2035 年川渝交通结构变化做出的预测如图 5-18 和图 5-19 所示。

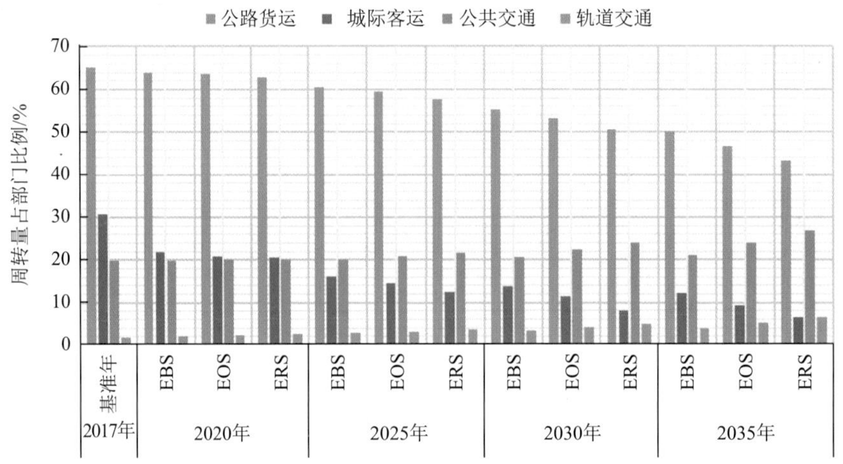

图 5-18　2017～2035 年四川省不同情景下交通结构变化趋势

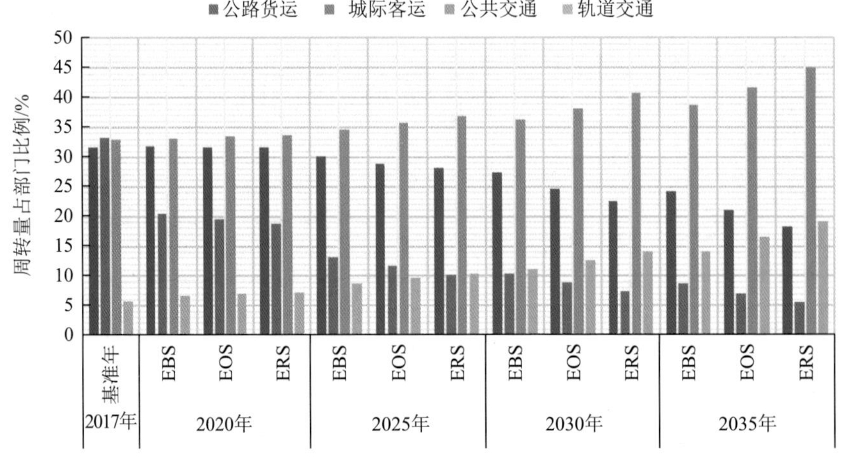

图 5-19　2017～2035 年重庆市不同情景下交通结构变化趋势

5.2.2.2　能源加工转换部门结构

电力生产考虑本地火力发电和非化石能源发电。其中，火力发电包括燃煤发电和燃气发电，非化石能源发电包括水力发电、风力发电和太阳能发电。《能源生产和消费革命战略（2016—2030）》中提出，到 2030 年非化石能源发电量占比力争达到 50%；《重塑能源：中国——面向 2050 年能源消费和生产革命路线图研究》预计中国 2050 年非化石能源占发电行业能源消费量的 83%；国家发展和改革委员会能源研究所在《中国 2050 年高比例可再生能源发展情景暨途径研究》中预测，2050 年非化石能源占发电行业能源消费量的 91%，可再生能源发电占比 86%。结合电力部门近期政策规划和以上国家中长期电力行业发展展望，预计未来成渝地区水力发电规模仍将进一步上升，而火电装机规模将逐步缩减，并引入燃气发电。由于成渝地区不具备大规模发展风力发电、光伏发电的可能性，未来上升空间有限。此外，供热部门中未来新增热力需求将逐步转向天然气供热。2017～2035 年能源加工转换部门结构具体参数设置如图 5-20～图 5-23 所示。

5.2.2.3　产业部门（除道路交通）能耗强度

一般来说，在国民经济各行业中，工业单位增加值能耗相比其他行业大得多。我国“十三五”规划纲要要求到 2020 年全国单位生产总值能耗比 2015 年降低 15%，即年均下降 3.30%。根据《中国 2050 年低碳发展之路：能源需求暨碳排放情景分析》设定的单位生产总值能耗情景，2010 年后我国将加大单位生产总值能耗下降幅度，2030 年后下降幅度随着节能潜力的下降而减少。从分部门看，2030 年前，我国能效提高的重点是第二产业，第二产业单位增加值能耗下降率将高达 2.18%～6.62%。而随着工业节能潜力的下降

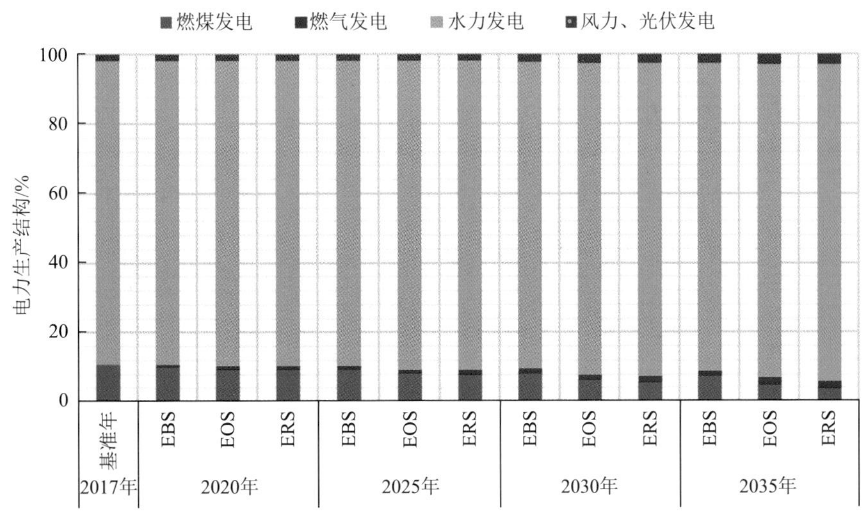

图 5-20　2017～2035 年四川省不同情景下电力生产结构

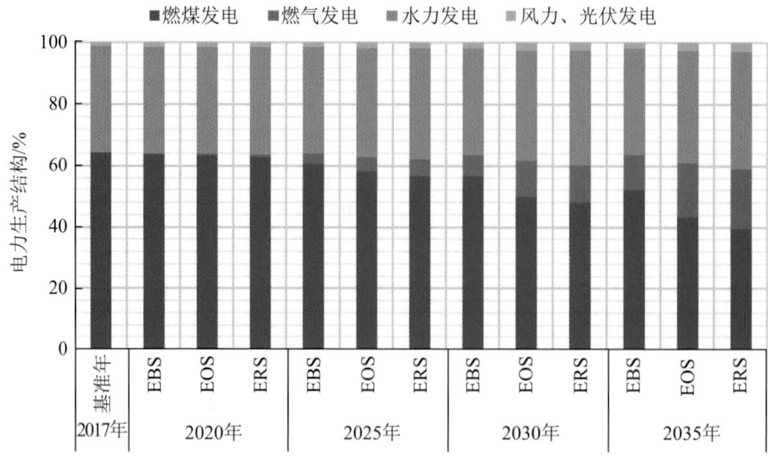

图 5-21　2017～2035 年重庆市不同情景下电力生产结构

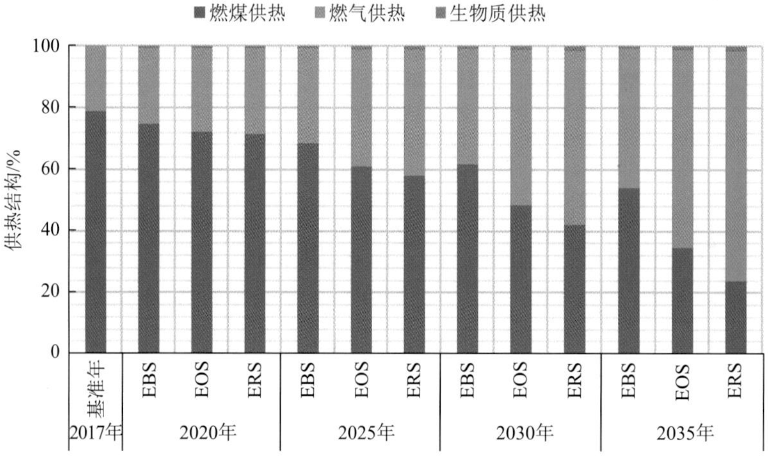

图 5-22　2017～2035 年四川省不同情景下供热结构

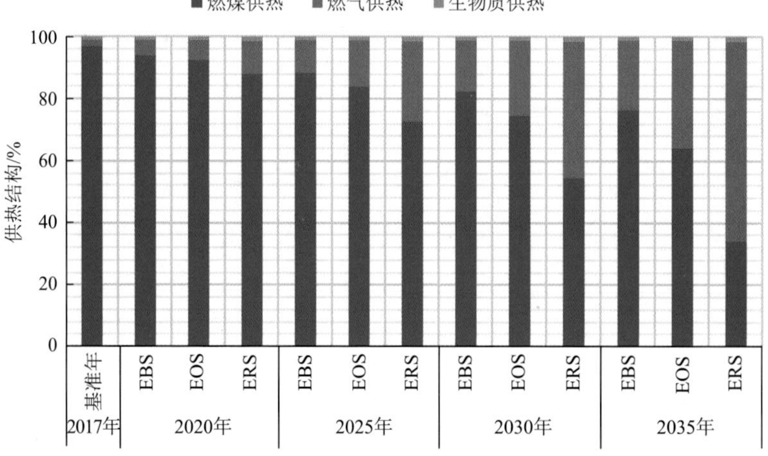

图 5-23　2017～2035 年重庆市不同情景下供热结构

以及第三产业能耗比重的增加，2030 年后第三产业将成为我国能效提高的重点对象，第三产业单位增加值能耗下降率将超过第二产业。对于成渝地区而言，即使 2017 年能源利用效率高于全国水平，但相比我国其他发达地区，仍有巨大的节能潜力。因此，本书结合“十二五”和“十三五”期间成渝地区各产业部门单位增加值能耗下降趋势、各部门能效规划要求，参考中国低碳情景中对各产业部门单位增加值能耗下降率的预期，对川渝地区不同情景下各产业部门能耗强度进行设置，如图 5-24 和图 5-25 所示。

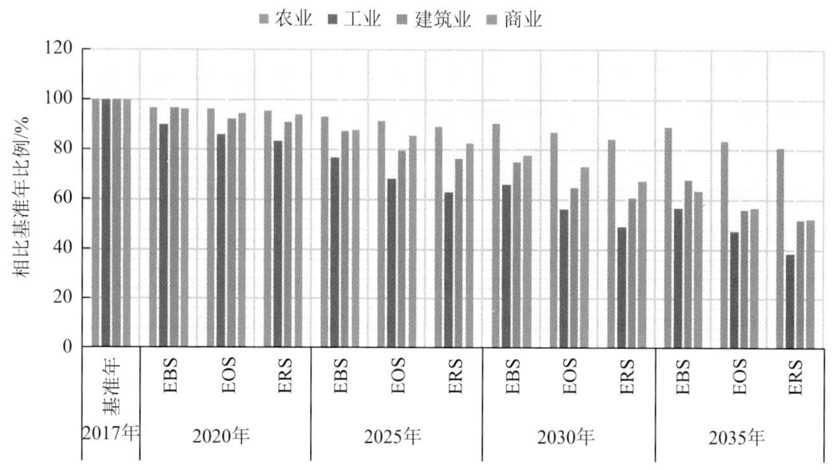

图 5-24　2017～2035 年四川省不同情景下各产业部门能耗强度设置

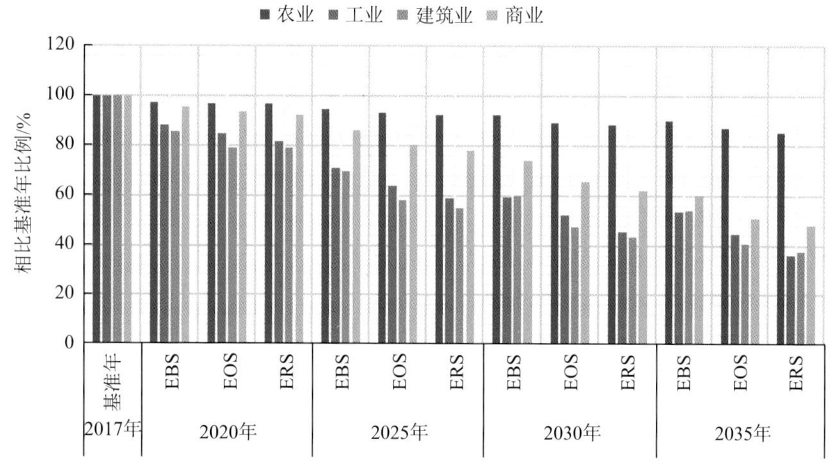

图 5-25　2017～2035 年重庆市不同情景下各产业部门能耗强度设置

5.2.2.4　生活能耗强度

单位家庭能耗与家庭户数是生活能耗的重要驱动因子，各城市（国家）间人均生活能耗水平相差较大。发达地区的人均生活能耗一般高于较不发达地区。这主要是因为发达地区居民的生活水平较高，如拥有更多的电器和用能设备、电器利用时间更长、住房面积更大等。但是，发达地区也会因为居民节能意识和用能习惯的差异而导致人均住宅能耗不同。相比北京、上海等国内发达地区，目前成渝地区生活能耗（含城市和农村）仍有差距，预计未来一段时间仍将处于上升阶段，但增速逐步趋缓。具体参数设置如图 5-26 和图 5-27 所示。

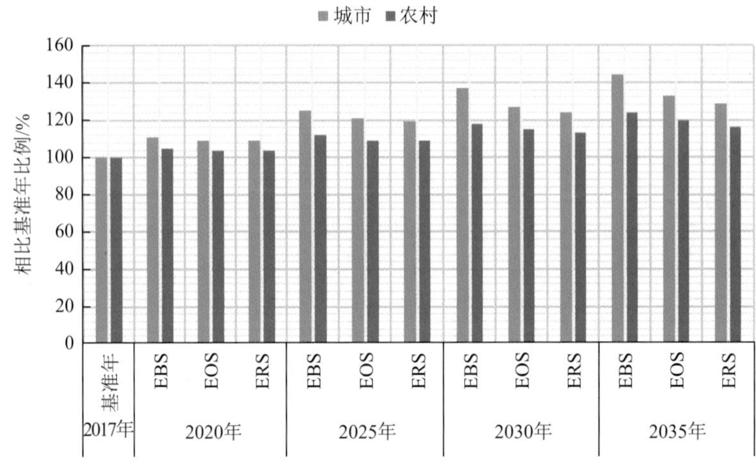

图 5-26　2017～2035 年四川省不同情景下生活部门能耗强度设置

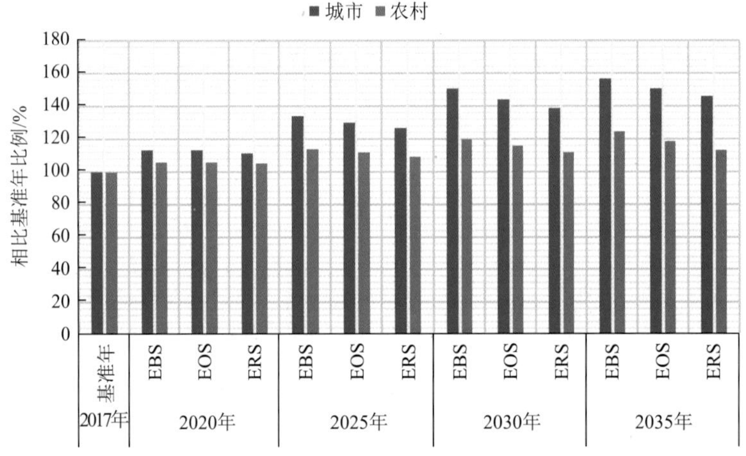

图 5-27　2017～2035 年重庆市不同情景下生活部门能耗强度设置

5.2.2.5　道路交通能耗强度

《重型商用车辆燃料消耗量限值》（GB 30510—2018）、《乘用车燃料消耗量限值》（GB 19578—2021）和《乘用车燃料消耗量评价方法及指标》（GB 27999—2019）是目前我国管理道路车辆燃料经济性的重要标准。其中，《乘用车燃料消耗量限值》从 2005 年开始实施第一阶段到 2020 年已发布到第五阶段［《乘用车燃料消耗量限值》（GB 19578—

2021)]。根据第四、第五阶段的乘用车燃料消耗量限值计算，乘用车（新车）的燃油经济性在五年内（2020～2025 年）提高 20%，即年均提高 4.4%。《中国 2050 年低碳发展之路：能源需求暨碳排放情景分析》中指出，2050 年我国交通燃油经济性较 2005 年提高 30%～60%，即年均提高 0.8%～2.0%。重型商用车（涉及货车、客车）与乘用车类似，截至 2018 年已发布了第三阶段重型商用车标准，提出 2020 年在 2015 年基础上燃料消耗量限值加严约 15%。尽管如此，我国目前车辆平均油耗水平仍高于美国、欧洲和日本。中国汽车工程协会牵头组织编写的《节能与新能源汽车技术路线图 2.0》中指出，我国汽车技术最大可将车辆经济性提高 40%。但由于车辆使用年限较长，若没有相关强制淘汰或责令整改的政策出台，那么老旧低效车辆的淘汰需要较长时间。因此，在用汽车（包括新旧车辆）的平均燃油经济性提高率要小于新车的燃油经济性提高率。随着未来车辆燃油经济性的逐步提高，单位货运或客运周转量将相应降低。综合考虑上述因素，对川渝地区不同情景下道路交通能耗强度下降率进行设置，具体如图 5-28 和图 5-29 所示。

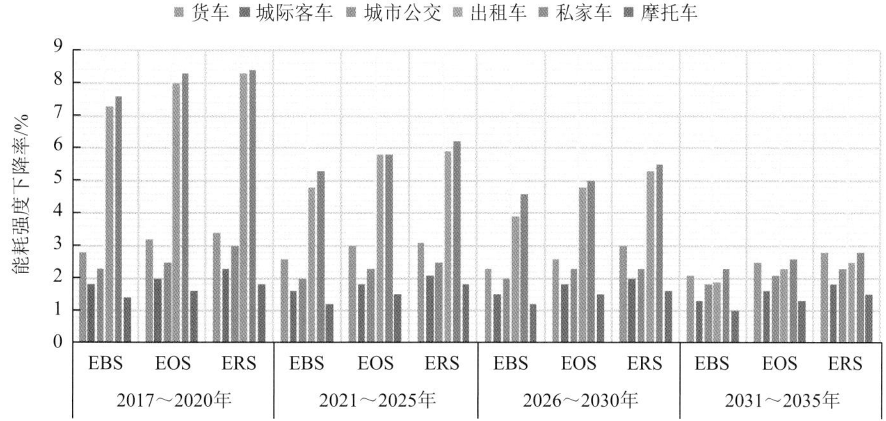

图 5-28　2017～2035 年四川省不同情景下道路交通能耗强度下降率设置

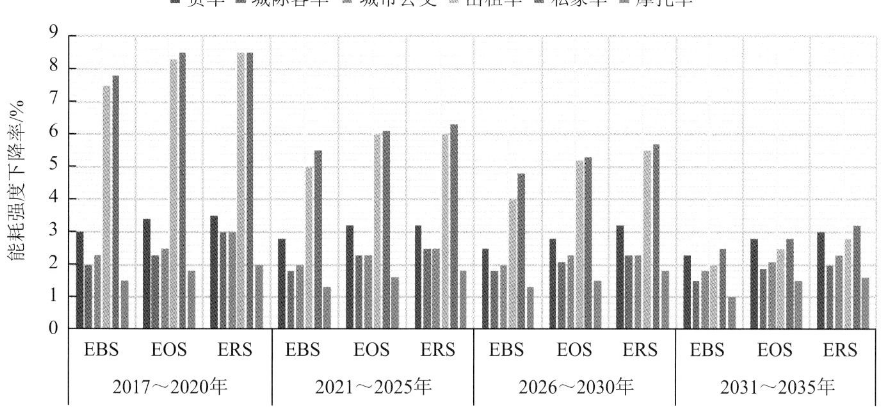

图 5-29　2017～2035 年重庆市不同情景下道路交通能耗强度下降率设置

5.2.2.6　能源加工转换部门效率

成渝地区未来电力生产效率考虑本地燃煤发电和燃气发电，供热效率考虑本地燃煤和燃气供热。本书假设成渝地区的燃气发电和燃气锅炉供热都属于新建设备。因此，燃气发电和燃气锅炉效率相对较高。而对于燃煤锅炉供热，由于四川省目前仍然存在大量的落后供热设备，其升级改造仍需一段时间，因此四川省燃煤锅炉平均供热效率要低于重庆市。有关发电机组的用能效率所影响的度电标煤耗水平，随着发电机组技术的进步，运行效率不断提升，度电标煤耗会不断下降。根据中国电力企业联合会发布的《电力行业“十四五”发展规划研究》，预计火电平均供电煤耗将由 2020 年的 306gce/(kW·h)下降至 2025 年的 302gce/(kW·h)；《2015—2030 年电力工业发展展望》也提出，到 2030 年供电煤耗降到 300g/(kW·h)以下。事实上，国内目前已具备百万千瓦超超临界机组供电煤耗达到 256.2g/(kW·h)的世界领先水平。综合以上信息并结合政策规划要求，预计未来成渝地区的电力生产和供热效率将不断提高，具体参数设置如图 5-30～图 5-33 所示。

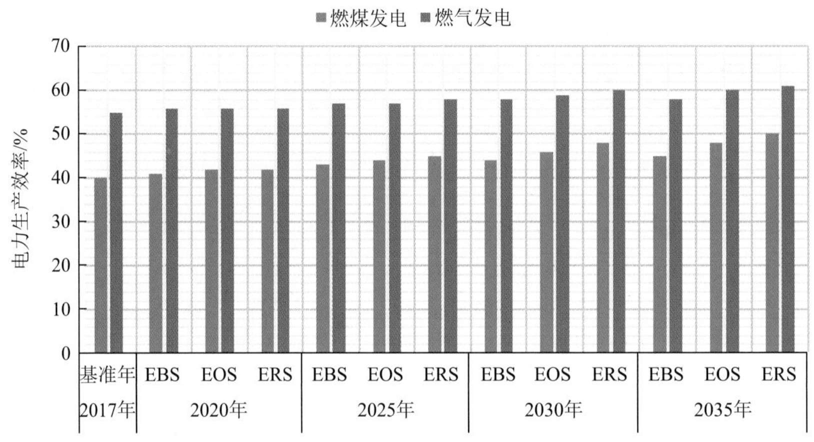

图 5-30　2017～2035 年四川省不同情景下电力生产效率参数设置

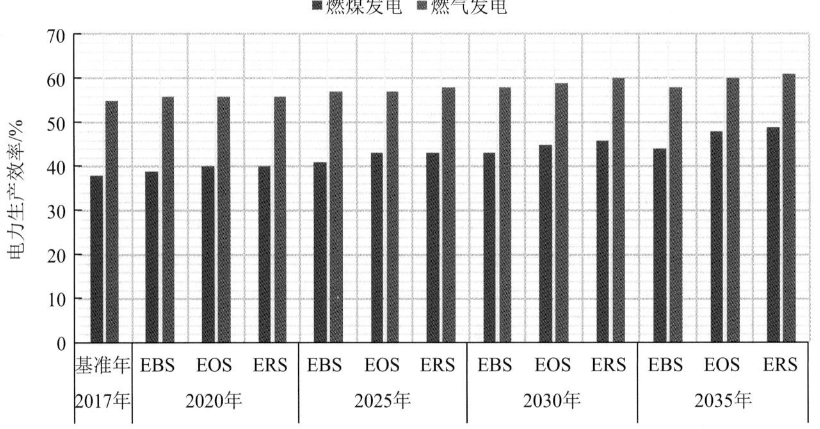

图 5-31　2017～2035 年重庆市不同情景下电力生产效率参数设置

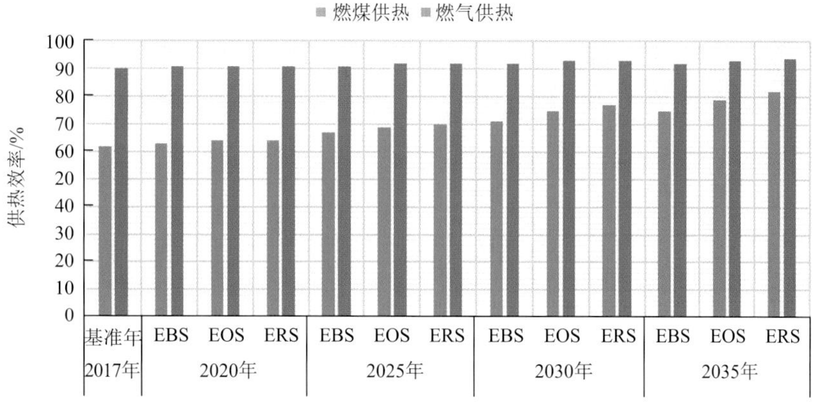

图 5-32　2017～2035 年四川省不同情景下供热效率参数设置

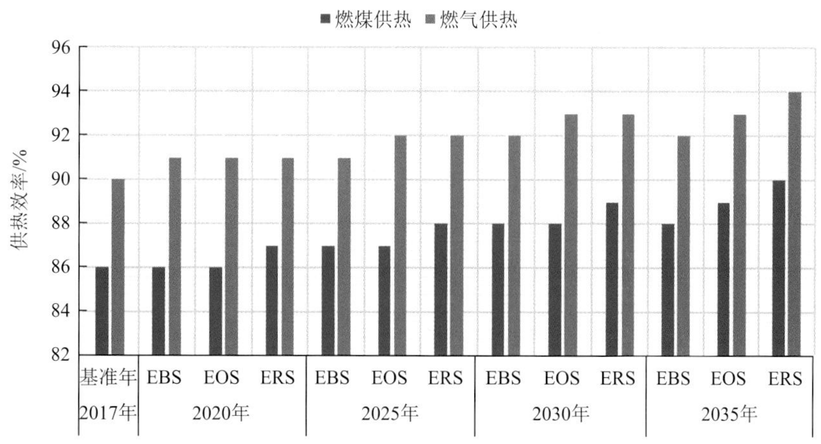

图 5-33　2017～2035 年重庆市不同情景下供热效率参数设置

5.2.2.7　清洁能源利用参数

在终端用能部门的清洁能源直接利用方面，本书主要考虑天然气和电力对各部门中煤炭和油品燃料（主要为交通用油）的替代。各部门煤炭、油品用能设备差异较大，耗煤设备主要包括工业锅炉、工业窑炉和电站锅炉。钢铁、有色金属、化工、建材等行业存在名目繁多的工业窑炉，如钢铁行业的高炉、煤气发生炉，有色金属行业的氧化铝煅烧回转窑，化工行业的合成氨造气炉，建材行业的水泥回转窑、石灰机立窑和砖瓦窑等。综合考虑技术可行性，结合国内发达地区（北京、上海、广州和深圳）经验，情景设计过程中的工业用煤替代主要遵循以下原则：①工业锅炉用煤，加大“上大压小”结构调整力度，淘汰中小燃煤锅炉；提升管网设施服务能力，推动工业企业开展锅炉“煤改气”“煤改电”。②建材行业用煤，主要依靠产业结构调整和提升能效减少煤炭消耗，重点是去产能，特别是水泥行业。在陶瓷、玻璃生产中推进天然气、电力等清洁能源替代耗煤型窑炉生产。③冶金行业用煤，主要依靠产业结构调整和提升能效减少煤炭消耗，重点是去产能，特别是钢铁行业。生活部门考虑未来电气化和燃气率逐渐提高，淘汰生活部门所有散煤燃烧，同时减少农村地区生物质燃料使用。农业部门主要考虑温室大棚种植以及畜禽养殖过程中使用的燃煤锅炉的清洁能源替代。建筑部门主要考虑对建筑施工过程中使用的燃煤供热锅炉进行清洁能源改造。服务业煤炭消费主要来自以燃煤作为燃料的餐饮店，主要考虑餐饮业逐步改用电或天然气替代燃煤作业。

燃油设备主要为车辆，其次为燃油锅炉、建筑机械和农用机械。道路交通运输部门主要考虑进一步加大清洁能源汽车的市场投入，逐步增加清洁能源和新能源汽车在公路货运、城际客运和城市客运部门的渗透率。此外，加大力度发展货运“公转铁”“公转水”，降低公路货运活动水平。农业部门油品燃料消耗主要来自农业机械（抽水机、耕作机和喷雾机等），尚不具备替代可行性。建筑业的油品燃料消耗更多来自建筑安装工程以及对原有建筑物进行维修活动中的非道路机械设备消耗，目前同样不具备清洁能源替代的可行性。

5.3 未来能源情景预测

5.3.1 中长期能源生产-转化-消费系统特征

2035 年成渝地区不同情景下能源生产-转化-消费能流图如图 5-34～图 5-36 所示。2019 年，国家能源局启动了四川盆地千亿立方米天然气产能建设专项规划编制工作，力争到 2025 年川渝天然气（页岩气）产量达 630 亿 m^3，到 2035 年，建成中国第一个千亿立方米级天然气生产基地。2020 年，《成渝地区双城经济圈建设规划纲要》及其实施意见明确，川渝地区统筹推进油气资源开发，建设国家天然气综合开发利用示范区、天然气千亿立方米产能基地，打造中国“气大庆”。按照规划要求，EBS 情景下，成渝地区 2035 年

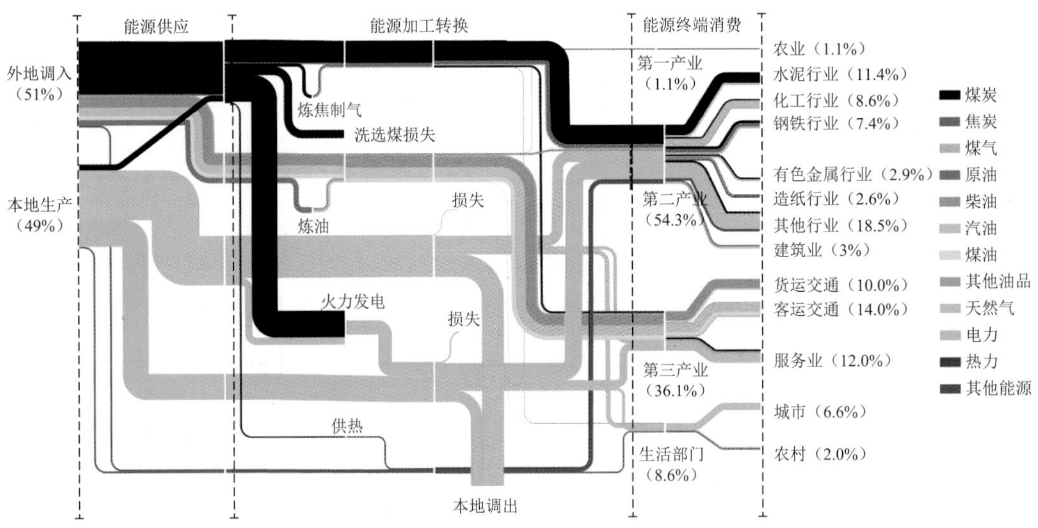

图 5-34　2035 年成渝地区 EBS 情景下能流图

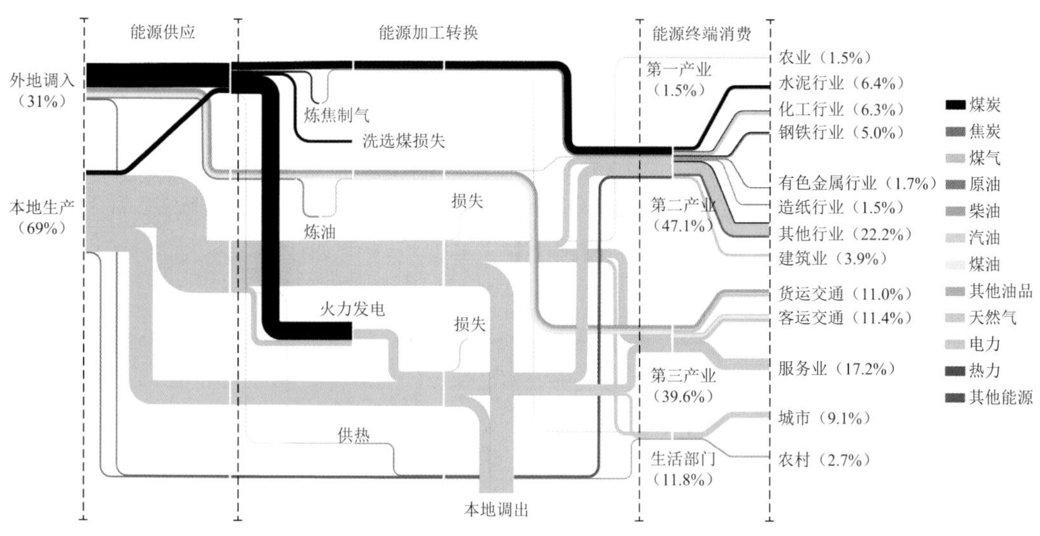

图 5-35　2035 年成渝地区 EOS 情景下能流图

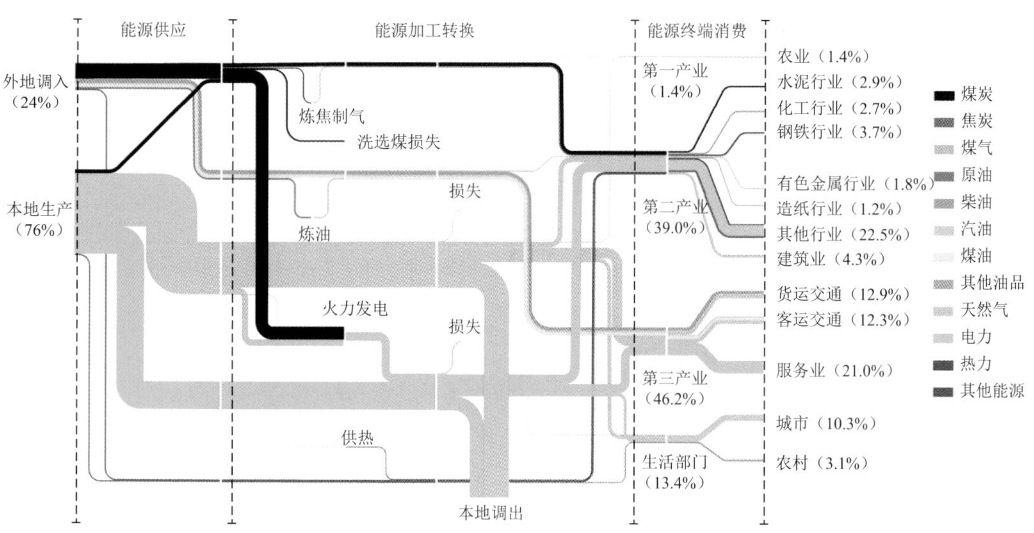

图 5-36　2035 年成渝地区 ERS 情景下能流图

天然气产出预计达到 1000 亿 m^3，是发电用气和终端用气之和的 1.9 倍，届时外调天然气量达 460 亿 m^3。EOS 和 ERS 情景下，成渝地区 2035 年天然气产出预计均能达到 1200 亿 m^3，分别是发电用气和终端用气之和的 1.9 倍和 2.0 倍，届时外调天然气量分别达 550 亿 m^3 和 580 亿 m^3。在电力产出方面，依据成渝地区现阶段水电资源产出力度和风电光伏开发力度，结合成渝地区电力外调比例任务需求，EBS 情景下，预计 2035 年电力产量将达 7900 亿 kW·h，是终端用电量的 1.5 倍，届时外调电力达 2500 亿 kW·h。EOS 和 ERS 情景下电力产量将分别达 7700 亿 kW·h 和 8100 亿 kW·h，分别是终端用电量的 1.5 倍和 1.7 倍，届时外调电力分别达 2500 亿 kW·h 和 3200 亿 kW·h。

5.3.2 中长期终端能耗及结构

2017～2035 年 EBS 情景下成渝地区终端用能结构如图 5-37 所示，由于能源结构调整、清洁能源利用措施干预延续历史阶段水平，各部门的能源消费结构呈缓慢改善态势。由图 5-37 可见，成渝地区终端部门的煤炭使用量由 2017 年的 78.9Mtce 逐渐下降至 2035 年的 65.7Mtce，年均下降速率为 1.0%，占总能耗的 24.8%，仍是主要能源。由于道路交通在 EBS 情景期间的快速发展，汽、柴油消费量由 2017 年的 36.6Mtce 逐步上升至 2035 年的 55.5Mtce，年均增速为 4.7%。在 EBS 情景下天然气和电力消费逐步上升，分别由 2017 年的 37.6Mtce 和 36.1Mtce 逐步上升至 2035 年的 47.2Mtce 和 66.8Mtce，年均增速分别为 1.3%和 3.5%。截至 2035 年，天然气和电力在终端能耗结构中的占比分别为 17.8%和 25.2%。

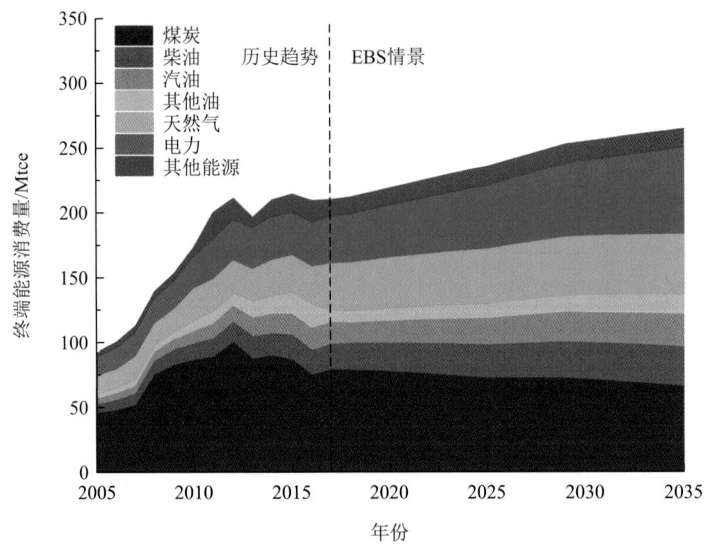

图 5-37　2017～2035 年 EBS 情景下成渝地区终端用能结构

EOS 和 ERS 情景下（图 5-38 和图 5-39），随着不同程度推进“煤改气”“煤改电”政策以及道路交通运输部门清洁能源和新能源汽车渗透率的不断提高，成渝地区终端部门煤炭和汽油、柴油消费量将逐步降低。具体地，煤炭消费量在 EOS 和 ERS 情景下分别以年均 5.6%和 9.0%的速度持续下降，截至 2035 年煤炭消费量分别为 28.1Mtce 和 14.4Mtce，分别占终端能源总消费量的 14.6%和 8.7%。而由于主要以汽油、柴油作为燃料的道路交通运输结构的不断转变，加之新能源汽车保有量不断提高，EOS 和 ERS 情景下的汽油、柴油消费量分别以年均 8.3%和 10.6%的速度减少到 2035 年的 18.3Mtce 和 15.4Mtce，分别占成渝地区终端能源总消费量的 9.6%和 9.2%。

与煤炭消费量下降趋势相反，EOS 和 ERS 情景下随着清洁能源利用措施的逐步实施，天然气[含压缩天然气（compressed natural gas，CNG）和液化天然气（liquefied natural gas，

LNG)]、电力消费量明显增长，分别从 2017 年的 37.6Mtce 和 36.1Mtce 增长到 2035 年的 60.5Mtce 和 64.5Mtce（EOS）和 57.0Mtce 和 60.3Mtce（ERS）。同时，天然气与电力在终端用能结构中的比重也从 2017 年的 17.9%和 17.2%分别增长至 2035 年的 31.6%和 33.7%（EOS）、34.4%和 36.4%（ERS）。截至 2035 年，EOS、ERS 情景下天然气和电力均代替煤炭成为成渝地区主要的能源消费品种。EOS 情景下，2035 年天然气需求量相比 2017 年多 22.9Mtce，电力需求量相比 2017 年多 28.4Mtce。ERS 情景下，2035 年天然气需求量相比 2017 年多 19.4Mtce，电力需求量相比 2017 年多 24.2Mtce。

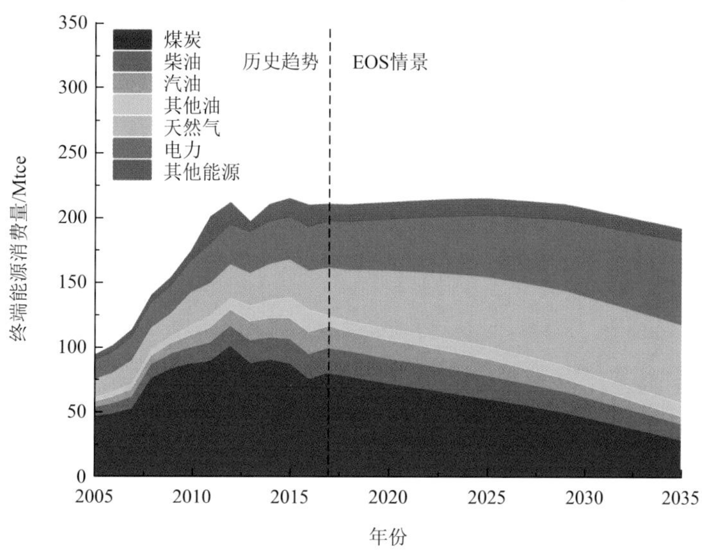

图 5-38　2017～2035 年 EOS 情景下成渝地区终端用能结构

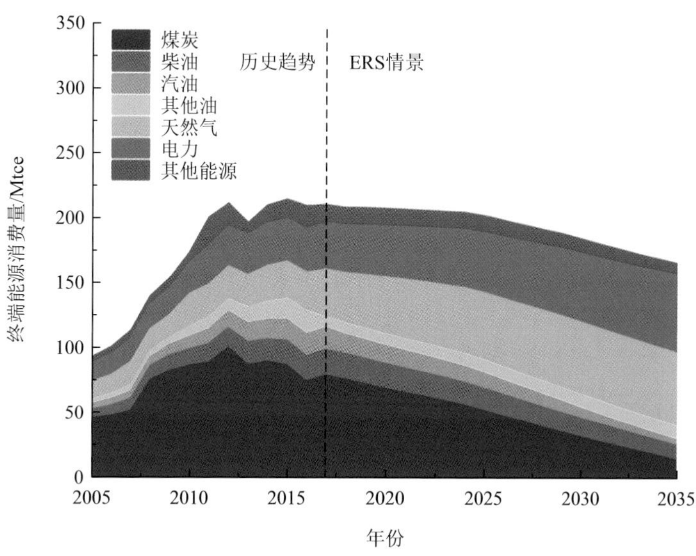

图 5-39　2017～2035 年 ERS 情景下成渝地区终端用能结构

5.4 本章小结

本章基于全国和成渝地区的能源、环境等信息，定量评估区域清洁能源替代的资源禀赋条件；厘清成渝地区能源消费量和结构的时间演化和行业分布，识别清洁能源替代的潜力和方向；建立了以 2017 为基准年、2035 年为目标年的成渝地区分阶段、差异化推进清洁能源替代、能源结构调整情景，主要结论如下。

成渝地区能源资源禀赋呈现“贫煤、少油、富气、丰水”格局，能源产出结构逐年优化，但以煤炭为主、清洁能源为辅的能源消费格局仍未充分体现区域清洁能源资源禀赋与产出优势，加大清洁能源替代仍有较大空间。工业是成渝地区煤品燃料的主要消费部门，特别是水泥、火电、钢铁和化工行业具有重要贡献，是未来能源优化的重点，交通行业发展过程中的能源清洁化也是需要关注的增长点。整体而言，成渝地区经济发展对能源的依赖程度在波动中逐渐降低，但与长三角、珠三角等发达地区的能源利用水平相比仍有差距，仍具有改善空间，尤其是高速增长的第三产业。

以 2017 年为基准年、2035 年为目标年设计了能源基准情景（EBS）、能源攻坚情景（EOS）和能源激进情景（ERS）三个分阶段、差异化的清洁能源利用情景，并对各情景特点进行了定性描述；同时基于对国内外和区域经济、社会和技术发展水平的分析，对各部门未来的活动水平变化、能效变化和清洁能源利用率等控制参数进行了量化表征。揭示了成渝地区中长期不同情景下能源生产-转化-消费特征，EOS 和 ERS 情景下成渝地区能源结构将大幅改善，截至 2035 年清洁能源占终端用能的 65%～71%，届时天然气和水电产量预计分别将达到 1000 亿～1200 亿 m^3 和 7700 亿～8100 亿 kW·h，约是终端清洁用能的 2.0 倍和 1.5 倍，外调天然气和电力分别可达 550 亿～580 亿 m^3 和 2500 亿～3200 亿 kW·h。

第 6 章　重点行业污染治理现状与减排潜力分析

6.1　重点行业治理技术水平现状

6.1.1　成渝地区重点行业治理技术调研结果

按规模、工艺筛选出代表性企业，针对其排放特征选择性开展了 SO_2、NO_x、$PM_{2.5}$ 和 VOCs 的现场及资料调研。针对前三种大气污染物，主要调查了火电行业、钢铁行业、建材等；针对 VOCs，主要调查了制药行业汽车制造行业、机械制造行业、电子制造行业、化工行业等。最后根据调研结果，整理出成渝地区重点行业治理技术调研情况汇总表，见表 6-1。

表 6-1　成渝地区重点行业治理技术调研情况汇总表

行业	污染物	调研情况
火电	SO_2	处理设备安装率 76.00%；大部分使用石灰石-石膏湿法；脱硫效率基本可达 95%以上
	NO_x	处理设备安装率 44.44%；大部分为煤粉炉，均使用低氮燃烧和选择性催化还原（selective catalytic reduction，SCR）烟气脱硝技术；脱硝效率差别较大，为 60%～95%
	颗粒物	处理设备安装率 74.07%；均使用电除尘器、袋式除尘器、电袋复合除尘器；除尘效率均可达 99.9%以上
	无组织管控	煤炭装卸、储存与输送过程均采用封闭作业并加入喷洒装置
钢铁	SO_2	处理设备安装率 11.36%；很少使用脱硫设施，使用了脱硫设施的企业的脱硫效率达到 95%以上
	NO_x	处理设备安装率 2.27%；很少使用脱硝设施，只采用燃用净化后煤气＋低氮燃烧，并未进行脱硝效率统计
	颗粒物	处理设备安装率 58.96%；大部分使用静电除尘和布袋除尘，除尘效率为 85%～100%
	无组织管控	物料存储、物料输送、厂区道路无组织管控良好
玻璃	SO_2	处理设备安装率 15.87%；使用湿法、半干法、干法脱硫和石灰/石膏法，脱硫效率均较高，在 80%以上
	NO_x	处理设备安装率 22.16%；部分使用 SCR 技术，脱硝效率为 80%～99%，还有部分使用其他脱硝技术，脱硝效率低于 SCR 技术
	颗粒物	处理设备安装率 29.88%；基本使用袋式除尘器和滤筒除尘器，除尘效率基本都在 90%以上
	无组织管控	主要在减少废弃物产生量、提高原材料利用率、降低能源消耗和提高产品质量等方面实现过程管控
水泥	SO_2	处理设备安装率 21.67%；较少使用脱硫设施，少部分使用干法脱硫、氨法脱硫，脱硫效率为 50%～60%，效果不佳
	NO_x	处理设备安装率 31.80%；未使用 SCR 技术，主要使用其他脱硝技术，脱硝效率为 60%～70%
	颗粒物	处理设备安装率 29.24%；基本都使用袋式除尘技术，除尘效率基本都可达到 99%以上
	无组织管控	生料准备、熟料锻造和水泥粉磨三个技术阶段均配备无组织管控

续表

行业	污染物	调研情况
陶瓷	SO_2	处理设备安装率 31.16%；基本使用石灰石-石膏法、钠碱法进行脱硫，脱硫效率达 90%
	NO_x	处理设备安装率 3.24%；均使用选择性非催化还原（selective non-catalytic reduction，SNCR）技术进行脱硝，脱硝效率达 67%
	颗粒物	处理设备安装率 38.42%；均使用旋风＋布袋除尘器，除尘效率均高于 95%
	无组织管控	严格实行清洁生产，推广应用无辐射、无毒的新工艺、新设备
制药	VOCs	处理设备安装率 19.78%；使用二级碳纤维吸附，去除效率可达 96%；其他使用低温等离子体、冷凝法、吸收＋分流、吸附＋蒸气解析等方法，去除效率不足 50%
	无组织管控	无组织排放收集后除尘，水喷淋洗涤，去除酸碱无机气体
化工	VOCs	处理设备安装率 10.00%；吸附法和光解法去除效率较低，小于 30%；单一燃烧法以及组合技术能达到 80%以上的去除效率
	无组织管控	基本推行了泄漏检测与修复工作
汽车制造	VOCs	处理设备安装率 31.85%；大部分吸附法去除效率偏低，不足 20%，而燃烧法或者组合法的去除效率可达 80%以上
	无组织管控	部分企业没有设置清洗溶剂回收装置或喷涂室密闭性较差，造成大量喷漆废气在喷涂时直接外逸，形成无组织排放
机械制造	VOCs	处理设备安装率 6.51%；使用吸附法、低温等离子体、光催化、光解等处理方法的去除效率偏低，不足 20%；燃烧法可达 85%
	无组织管控	基本采用有机废气净化器收集在特涂过程中产生的有机废气，在特涂间内安装排风和活性炭吸附装置
电子制造	VOCs	处理设备安装率 23.43%；使用吸附法、光催化法、催化燃烧法、低温等离子体法，去除效率为 50%～80%
	无组织管控	溶剂使用、清洗和印刷生产环节无组织管控情况良好
家具	VOCs	处理设备安装率 54.75%；少使用 VOCs 末端处理技术，部分采用光解法的去除效率也较低，不足 10%
	无组织管控	部分企业存在含 VOCs 原辅材料贮存使用操作不当、集气（尘）罩和管道的布局或风速设计不合理等问题，致使废气收集率低
印刷	VOCs	处理设备安装率 36.97%；使用活性炭吸附、光催化＋活性炭吸附、低温等离子体法，去除效率均偏低，不足 40%
	无组织管控	原料密闭和收集废气系统运行良好
工业锅炉	减污潜力	NO_x 处理设备安装率 23.41%、SO_2 处理设备安装率 10.87%、颗粒物处理设备安装率 4.65%；燃气锅炉占比最大，其次是燃煤锅炉，燃生物质锅炉、燃油以及余热利用锅炉占比较小。在燃煤锅炉中，近一半企业采用无烟煤作为燃料，近一半企业使用一般烟煤，但仍有少量的企业使用原煤；总体减污潜力较大

根据表 6-1，结合调研分析对成渝地区重点行业污染治理水平做初步评价：①成渝地区火电行业 SO_2 与 $PM_{2.5}$ 控制水平较高，减污效率均可达 95%以上，而 NO_x 控制水平一般；②成渝地区钢铁行业 $PM_{2.5}$ 处理水平较高，SO_2 治理水平尚有提升空间；③成渝地区水泥行业 NO_x 控制水平较高，$PM_{2.5}$ 控制水平一般，SO_2 控制水平较低；④成渝地区玻璃行业 SO_2 控制水平较低，$PM_{2.5}$ 控制水平一般，NO_x 控制水平较高；⑤成渝地区 VOCs 排放重点行业（制药、化工、汽车制造、机械制造、电子制造、家具、印刷行业）中，目前部分企业没有把 VOCs 治理设施作为生产系统的一部分进行建设和管理，VOCs 处理设施安装率不高，且处理效率较低。

此外需要特别注意的是，各行业 NO_x 治理设施安装率均偏低，最高不足 50%，特别是建材行业，平均安装率低于 30%。涉 VOCs 行业的治理设施安装率整体也偏低，大部分集中在 10%～30%。NO_x 和 VOCs 作为 $PM_{2.5}$ 和 O_3 共同的前体物，在“十四五”大气复合污染协同防控的新发展需求下，提升工业企业 NO_x 和 VOCs 治理设施安装率是首要任务。

6.1.1.1　火电行业

火电行业锅炉大部分为煤粉锅炉和燃煤矸石循环流化床锅炉，其余少量为燃气锅炉和其他锅炉。能源消耗大部分为煤和煤矸石，少数为天然气和生物质燃料。装机容量 100MW 以下至 1000MW 以上。火电行业调研企业分布如图 6-1 所示。

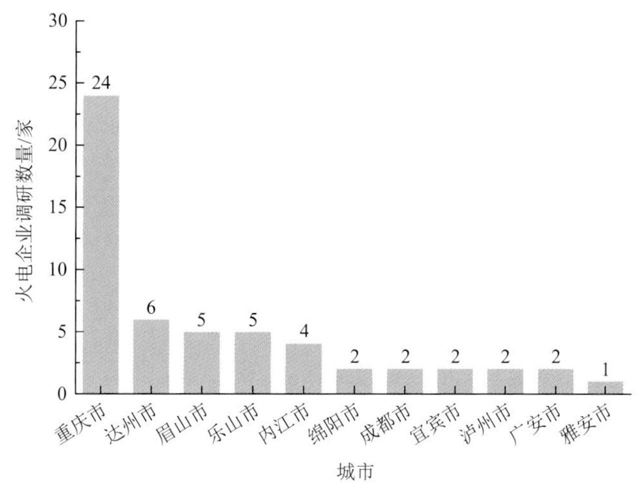

图 6-1　火电行业调研企业分布

成渝地区火电行业 SO_2 控制水平极高，整体去除率为 95.54%。其中，煤粉锅炉、循环流化床锅炉、燃生物质锅炉的控制水平分别为 97.09%、94.18%和 55.16%；燃气锅炉/燃气轮机均无 SO_2 控制措施，去除率为 0。煤粉锅炉控制水平最高且差异相对较小，去除率为 90.33%～98.92%；循环流化床锅炉控制水平较高，去除率为 78.46%～94.17%，仍有锅炉无治理设施，去除率为 0；燃生物质锅炉控制水平较低且差异大，去除率为 50.00%～95.47%，仍有锅炉无治理设施，去除率为 0；燃气锅炉/燃气轮机因 SO_2 排放量小，均无治理设施，去除率为 0。

成渝地区火电行业 NO_x 控制水平一般，整体去除率为 49.29%。其中，煤粉锅炉、循环流化床锅炉、燃生物质锅炉、燃气锅炉/燃气轮机的控制水平分别为 54.77%、29.00%、24.03%和 8.54%；煤粉锅炉控制水平相对最高但存在较大差异，去除率为 42.00%～82.58%；循环流化床锅炉控制水平相对较高，去除率为 18.44%～89.40%，大部分锅炉无治理设施，去除率为 0；燃生物质锅炉控制水平较低且差异大，去除率为 50%～58%，仍有锅炉无治理设施，去除率为 0；燃气锅炉/燃气轮机仅少部分机组有脱硝设施，去除率为 65%，大部分锅炉无治理设施，去除率为 0。

成渝地区火电行业 $PM_{2.5}$ 控制水平高，整体去除率为 95.67%。其中，循环流化床锅炉、煤粉锅炉和燃生物质锅炉的去除率分别为 97.59%、95.00%和 94.50%；燃气锅炉/燃气轮机均无颗粒物控制措施，去除率为 0。PM_{10} 的控制水平与 $PM_{2.5}$ 相当，整体去除率为 98.01%。其中，循环流化床锅炉、煤粉锅炉和燃生物质锅炉的去除率分别为 98.82%、97.70%和 95.00%；燃气锅炉/燃气轮机均无颗粒物控制措施，去除率为 0。

调研结果显示，成渝地区火电行业 SO_2 与 $PM_{2.5}$ 控制水平较高，减污效率均可达 95%以上。其中脱硫设备安装率为 76.00%，工艺以石灰石-石膏湿法为主；除尘设备安装率为 74.07%，均使用电除尘器、袋式除尘器、电袋复合除尘器。但 NO_x 控制水平一般，脱硝设备安装率为 44.44%，大部分为煤粉炉，均使用低氮燃烧和 SCR 烟气脱硝技术，脱硝效率差别较大，为 60%～95%。

6.1.1.2　钢铁行业

钢铁行业大部分为电炉炼钢，其余少量为转炉炼钢。消耗的能源主要包括煤、柴油、天然气和焦炉煤气，主要原料包括废钢铁、块矿，年消耗量为 10 万～50 万 t，生石灰年消耗量也为 10 万～50 万 t。其他辅料种类包括：硅铁、增碳剂、锰硅、合成渣、萤石、白云石、碳化硅等。粗钢年产量为 20 万～500 万 t。钢铁行业调研企业分布如图 6-2 所示。

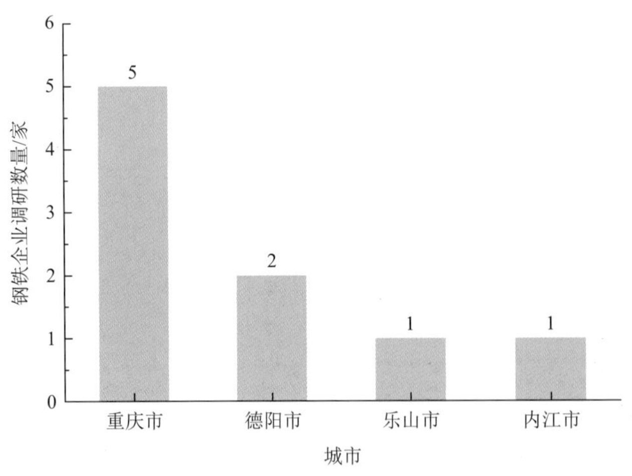

图 6-2　钢铁行业调研企业分布

成渝地区钢铁行业脱硝处理设备安装率为 2.27%，很少使用脱硝设施，并未进行脱硝效率统计。仅长流程炼钢的烧结工序有脱硫设施，SO_2 去除率为 68.21%。长流程炼钢的烧结、炼铁和炼钢工序以及短流程炼钢的炼铁工序除尘效率较高，$PM_{2.5}$ 的去除率分别为 96%、99%、99%和 99%；PM_{10} 的去除率分别为 97.70%、99.19%、99.14%和 99.14%。长流程炼钢的炼焦工序无除尘设施，去除率为 0。

调研结果显示，成渝地区钢铁行业 SO_2 治理水平尚有提升空间，脱硫设备安装率仅为 11.36%，但安装脱硫设备企业的脱硫效率达到 95%以上；$PM_{2.5}$ 处理水平较高，除尘设备安装率为 58.96%，大部分企业使用静电除尘和布袋除尘，除尘效率为 85%～100%。

6.1.1.3　水泥行业

水泥窑窑型多为回转窑。能源消耗主要为烟煤 + 柴油、烟煤。其中煤为主要燃料，柴油为辅助燃料。煤的年消耗量为 30000～530000t；柴油年消耗量为几十吨至几百吨。原辅料消耗主要为石灰石、黏土、粉煤灰等，以及各种其他辅料。水泥年产量为 6.5×10^4～4.81×10^7t。水泥行业调研企业分布如图 6-3 所示。

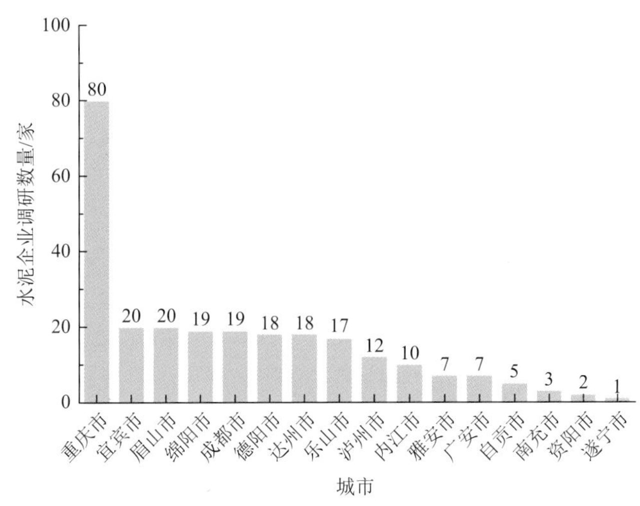

图 6-3　水泥行业调研企业分布

水泥行业 SO_2 控制水平较低，整体去除率为 12.11%。其中，新型干法回转窑脱硫设施的去除率为 15.34%～55.93%，差异较大；水泥行业 NO_x 控制水平较高，整体去除率为 58.79%。其中，新型干法回转窑脱氮设施的去除率为 15.00%～70.32%，差异较大；水泥行业 $PM_{2.5}$ 控制水平较高，整体去除率为 97.51%。其中，新型干法回转窑和磨粉站的去除率分别为 98.13%和 90.73%；水泥行业 PM_{10} 控制水平较高，整体去除率为 97.74%。其中，新型干法回转窑和磨粉站的去除率分别为 98.81%和 90.07%。

调研结果显示，成渝地区水泥行业 NO_x 控制水平较高，脱硝设备安装率为 31.80%，脱硝工艺未使用 SCR 技术，主要使用其他脱硝技术，脱硝效率为 60%～70%；$PM_{2.5}$ 控制水平一般，除尘设备安装率为 29.24%，企业基本都使用袋式除尘技术，除尘效率基本都可达到 99%以上；但 SO_2 控制水平较低，水泥企业较少安装脱硫设施，设备安装率为 21.67%，处理工艺多为干法脱硫、氨法脱硫，脱硫效率为 50%～60%，效果不佳。

6.1.1.4 玻璃行业

成渝地区玻璃行业消耗的能源为天然气，年消耗量为 $3\times10^6\sim3\times10^8m^3$。消耗的原辅料主要为碎玻璃、硅砂、白云石、石灰石等。因企业规模以及产品种类的差别，年产量多者可达 7.85×10^5t，少者为几千吨。玻璃行业调研企业分布如图 6-4 所示。

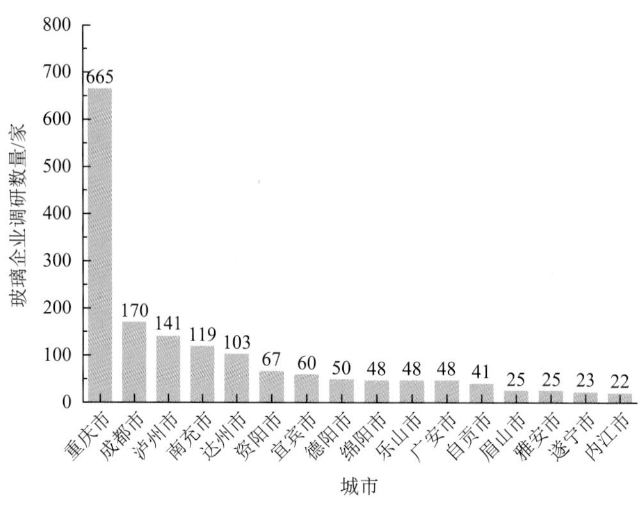

图 6-4 玻璃行业调研企业分布

调查数据显示，玻璃行业 SO_2 控制水平较低，整体去除率为 33.65%。其中，玻璃纤维、平板玻璃和玻璃制品的 SO_2 去除率分别为 65.23%、18.23%和 11.51%，单套玻璃窑脱硫设施去除率为 60%～85%；玻璃行业 NO_x 控制水平较高，整体去除率为 61.34%。其中，玻璃纤维、平板玻璃和玻璃制品的 NO_x 去除率分别为 71.32%、68.67%和 37.13%，单套玻璃窑脱硫设施去除率为 61.52%～90.29%；玻璃行业 $PM_{2.5}$ 控制水平一般，整体去除率为 41.29%。其中，平板玻璃、玻璃制品和玻璃纤维的 $PM_{2.5}$ 去除率分别为 92.20%、30.71%和 0%；玻璃行业 PM_{10} 控制水平一般，整体去除率为 51.89%。其中，平板玻璃和玻璃制品的 PM_{10} 去除率分别为 96.60%和 31.53%。

调研结果显示，成渝地区玻璃行业 SO_2 控制水平较低，脱硫设备安装率为 15.87%，处理工艺包括湿法、半干法、干法脱硫和石灰/石膏法；$PM_{2.5}$ 控制水平一般，除尘设备安装率为 29.88%，基本使用袋式除尘器和滤筒除尘器，除尘效率基本都在 90%以上；NO_x 控制水平较高，脱硝设备安装率为 22.16%，部分采用 SCR 工艺，脱硝效率为 80%～99%。

6.1.1.5 汽车制造行业

汽车制造（包括汽车整车、摩托车整车和配件制造等）中 VOCs 产生量最多的环节是涂装工艺，主要包括喷涂工段、流平工段以及烘干工段。其中，喷涂工段主要包括电泳、喷涂、涂胶、注蜡和粉末粉料固化等；流平工段主要涉及对涂料进行平整处理；烘干工段主要包括直接热风烘干和间接热风烘干。汽车制造调研企业分布如图 6-5 所示，调查内容主要包括涂料种类、稀释剂和清洁剂用量，以及 VOCs 治理设备及工艺等。

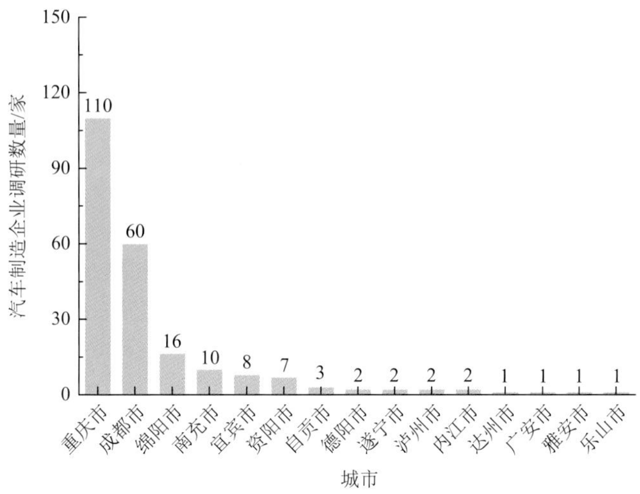

图 6-5　汽车制造行业调研企业分布

汽车生产过程 VOCs 气体主要产生在涂装车间以及保险杠生产车间，主要产污环节如图 6-6 和图 6-7 所示。

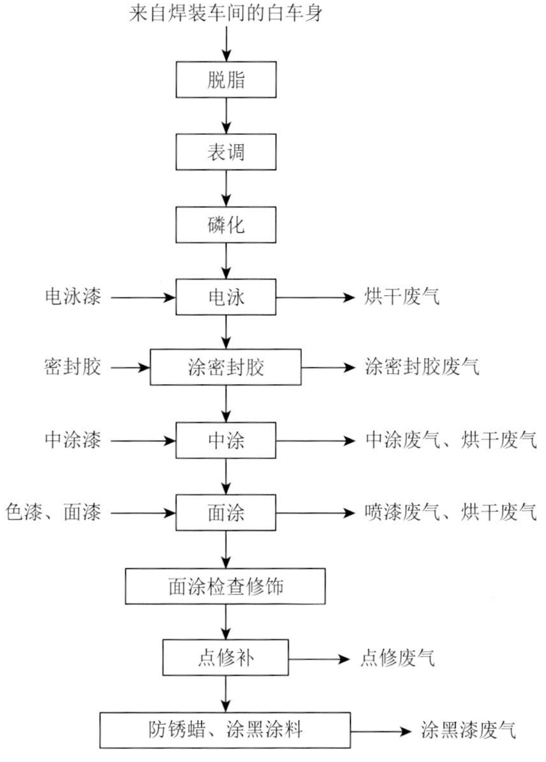

图 6-6　涂装车间总工艺流程及 VOCs 废气产生环节

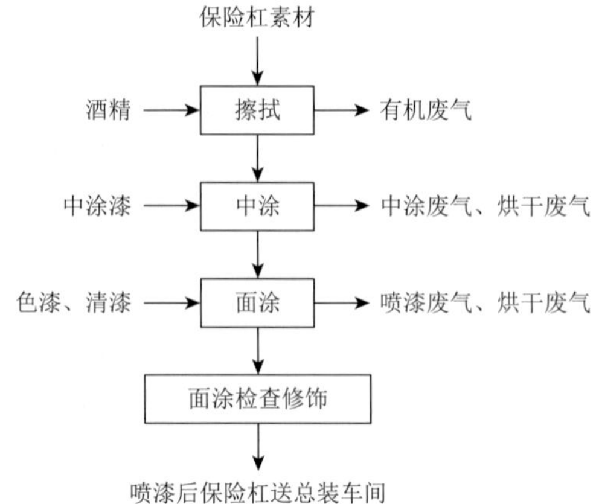

图 6-7　保险杠车间生产工艺流程及 VOCs 废气产生环节

汽车制造行业 VOCs 控制水平较低，整体去除率为 24.62%。若不计无组织排放，其 VOCs 控制水平较高，整体去除率为 59.39%。其中，汽车制造和摩托车制造 VOCs 去除率分别为 61.74%和 21.83%，汽车整车制造 VOCs 去除率高达 74.77%。

在汽车制造行业重点排放工序（涂装工序）中，烘干环节排放的 VOCs 浓度较高，调研结果显示，成渝地区大多企业能够实现收集焚烧处理。喷涂环节排放废气的特点是风量大、VOCs 浓度低、不易处理。目前，对于溶剂型罩光漆喷涂环节的废气，多采取“转轮吸附浓缩 + 焚烧”工艺进行处理。水性漆喷涂环节的废气处理方式不完全一致，高端乘用车采取“干式除漆雾（循环风） + 转轮吸附浓缩 + 焚烧”工艺进行处理，喷涂车间 80%以上排风可实现循环，既可节能，又可提高废气中 VOCs 的浓度，从而实现浓缩废气焚烧处理，去除废气中的 VOCs；普通乘用车水性漆基本不进行处理，收集后直接高空排放。

6.1.1.6　制药行业

以成渝地区某大型制药园区为重点，对成渝地区制药行业大气污染物排放情况进行调查。该园区拥有多家大型制药企业，以生产生物制品、现代中药、生物化学药等为主。生物医药企业的生产过程中，会伴随大量的废气产生，以化学合成药生产过程为例，其排污分析如图 6-8 所示。其中废气包括：生产工艺中使用的有机溶媒的无组织排放产生的

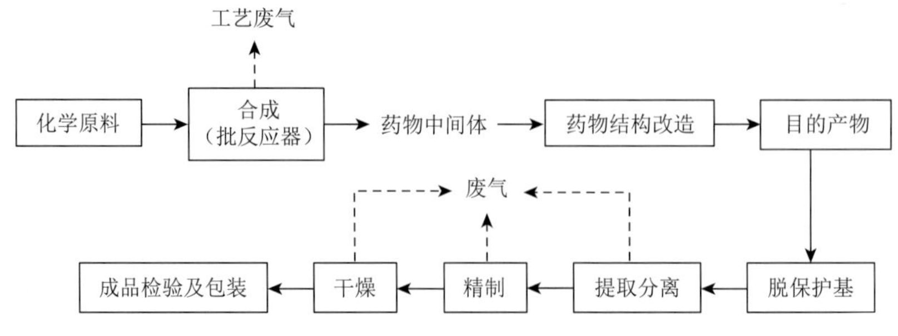

图 6-8　化学合成药生产工艺流程及产污位置图

有机废气及臭气；动植物养殖所产生的臭气；干燥包装所产生的粉尘；工艺供热锅炉/加热炉所产生的废气等。

截至 2018 年，该园区医药企业大气污染物排放情况见表 6-2。其中，VOCs 排放量为 31.42t/a。

表 6-2　园区医药企业大气污染物排放情况

企业名称	污染物排放量/(t/a)			
	SO_2	NO_x	烟粉尘	VOCs
制药企业 1	—	—	0.05	0.65
制药企业 2	0.22	0.67	0.15	0
制药企业 3	0.46	1.85	0.18	4.25
制药企业 4	—	—	1.15	25.9
制药企业 5	0.01	0.04	0.01	0
制药企业 6	1.30	7.99	3.08	0.25
制药企业 7	0.03	0.09	0.07	—
制药企业 8	0.12	0.30	0.74	0.01
制药企业 9	0.19	1.22	0.58	0.36
合计	2.33	12.16	6.01	31.42

制药行业 VOCs 控制水平较低，整体去除率为 36.03%。其中，煮提产物、化学药品和其他制剂的去除率分别为 54.40%、26.05%和 11.20%。调研企业废气排放达标情况见表 6-3。

表 6-3　调研企业废气排放达标情况

企业名称	产业特征	污染物治理措施及达标情况		
		特征污染因子	处理措施	达标排放情况
制药企业 10	原料药生产（无合成发酵）	VOCs	有机废气：水洗＋活性炭吸附	达标
制药企业 11	化学合成制药、制剂	VOCs、甲醇、甲醛、氯化氢、二氯甲烷	有机废气：碱液喷淋＋石蜡油吸附＋活性炭吸附 含尘废气：布袋除尘器	达标
制药企业 12	化学合成制药、制剂	甲醇、VOCs、氨气	有机废气：二/三级碱液喷淋＋活性炭吸附 含尘废气：布袋除尘器	达标
制药企业 13	化药复配、研发基地	VOCs	有机废气：活性炭吸附	达标
制药企业 14	化学合成制药	氯化氢、VOCs	有机废气：活性炭吸附 含尘废气：旋风除尘器	达标
制药企业 15	化学合成制药（兽药）	苯胺、氯苯、VOCs	有机废气：喷淋塔＋活性炭吸附 含尘废气：布袋除尘器	达标

综上发现，大多数调研企业对于含尘 VOCs 均进行了一定的预处理，常见的治理方法有干法和过滤除尘，采用的装置包括旋风除尘器（干法）、袋式除尘器（过滤）等。而对于 VOCs 的末端处理，大多数调研企业都以活性炭吸附为主。近年研制的新型、可回收、高效的吸附材料、催化材料、生物填充物等在 VOCs 污染治理领域更具发展前途，在今后的有机废气治理中应更加广泛地采用新材料和新技术工艺。

6.1.1.7　机械制造行业

机械制造行业 VOCs 主要来源于涂装所需的 VOCs 涂料、固化剂、稀释剂、胶黏剂、清洗剂等物料的储存、输送及使用过程，使用过程包括混合和搅拌时的调配工序，喷涂、浸涂、淋涂、辊涂、刷涂、涂布等涂装工序，涂胶、热压、复合、贴合等黏结工序，烘干、风干、晾干等干燥工序，浸洗、喷洗、淋洗、冲洗、擦洗等清洗工序。典型机械制造企业涂装工艺流程及 VOCs 排放节点如图 6-9 所示。

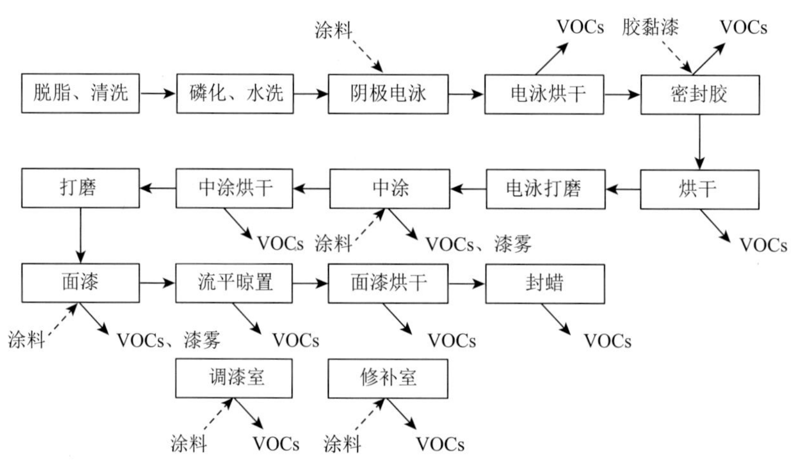

图 6-9　典型机械制造企业涂装工艺流程及 VOCs 排放节点图

本书调查分析的机械制造行业中已实施技改工艺的企业占 51.2%，其中改进喷涂工艺的企业占 21.9%，改进措施包括智能化全自动生产线、静电喷涂、机器人喷涂、智能化喷涂、高压无气喷涂、空气喷涂和静电喷涂 + 机器人喷涂；末端治理技改企业占 29.3%，改进措施包括喷淋 + 干燥 + 过滤 + UV（ultraviolet ray，紫外线）光解、UV 光解 + 活性炭吸附 + TNV（thermische nachverbrennung，回收式热力焚烧系统）直燃式焚炉方式、溶剂回收设备、催化燃烧、沸石转轮 + RTO（regenerative thermal oxidizer，蓄热式氧化炉）、喷淋 + 低温等离子 + 活性炭和活性炭 + 催化燃烧。所采用工艺基本均为 VOCs 污染防治技术政策推荐的工艺。

本书调查分析的机械制造企业的低（无）VOCs 含量原辅料替代率在 2018 年、2019 年、2020 年，分别为 37.99%、47.41%、42.33%，均达到机械制造业低 VOCs 含量原辅材料替代率 30%以上，有效地从源头控制了 VOCs 的排放。其中，使用的高 VOCs 含量原辅材料主要为溶剂型涂料，低 VOCs 含量原辅料主要为高固体粉末涂料和水性涂料。

综上可见，目前成渝地区机械制造行业所采用的处理工艺基本均为 VOCs 污染防治技术政策推荐的工艺，且使用的低（无）VOCs 含量原辅料替代率在 2018～2020 年均达到 30%以上，有效地从源头控制了 VOCs 的排放。未来，企业应根据待处理废气的参数和要求，选用适合企业实际、处理效率稳定的废气处理技术，在保证废气排放稳定达标的同时，还需考虑简便易行、经济适用、技术先进。

6.1.1.8　电子制造行业

成渝地区电子制造以平板电脑等电子产品、显示屏和芯片制造为主，其 VOCs 排放主要来源于制品涂装过程中的溶剂使用、显示屏和芯片等半导体制品的溶剂清洗和印刷等生产环节。电子制造业排放的废气中 VOCs 的种类主要为醇类、酮类和酯类等，贡献了 50%以上的 VOCs。

本书调查的电子制造企业中，基本上都采取了末端治理措施。在 VOCs 收集方面，有 33.3%的调查企业采用密闭收集方式收集 VOCs，收集效率较高，最高可达 100%；16.7%的企业采用顶吸或侧吸方式对 VOCs 进行收集，收集效率可达 90%；33.3%的企业采用集气罩，收集效率比前两种低，可达 80%；11.7%的企业采用两种收集方式组合的工艺对 VOCs 进行收集，收集效率相对较高，可达 95%；3.3%的企业未采取收集措施，进行无组织排放；1.7%的企业未产生 VOCs。

在 VOCs 处理方面，调查企业中有 6.7%的企业采用收集效率较高的活性炭＋催化燃烧法，收集效率可达 95%；48.3%的企业采用活性炭吸附法收集 VOCs，收集效率偏低，只有 70%；3.3%的企业采用收集效率相对较高的催化燃烧法，收集效率可达 90%；33.3%的企业采用其他 VOCs 处理工艺，处理率为 70%～80%；8.4%的企业未对 VOCs 采取处理措施（表 6-4）。总体来讲，VOCs 的处理效率偏低，应加强 VOCs 的末端处理。

表 6-4　电子制造业调查企业 VOCs 处理工艺情况

处理工艺	活性炭＋催化燃烧法	活性炭吸附法	催化燃烧法	其他	未采取措施
企业占比/%	6.7	48.3	3.3	33.3	8.4
收集效率/%	95	70	90	70～80	0

本书所调查的电子制造企业对 VOCs 的收集效率在 85%左右，对收集的废气处理效率在 84%左右，有部分电子制造企业对收集的废气处理效率很低，仅为 70%，还有少量企业对 VOCs 废气不做处理直接排放。

根据调查结果进行统计分析，成渝地区电子制造行业 VOCs 治理水平较高：生产车间密闭性良好，以负压或密闭收集为主；VOCs 废气末端治理主要选用沸石转轮＋催化燃烧或直接燃烧等高效处理方式；VOCs 废气潜在逸散源的废水处理装置部分密闭收集和处理。

6.1.1.9 化工行业

化工行业 VOCs 排放主要来自物料生产、运输、装载、废物处理等过程，主要排放源有设备动静密封点泄漏，有机液体储存与调和挥发损失，有机液体装卸挥发损失，废水集输、储存、处理处置过程逸散，燃烧烟气排放，工艺有组织排放，延迟焦化，采样过程排放，火炬排放，循环冷却水系统释放，非正常工况（含开停工及维修）排放及事故排放。

本书调查的化工企业中所采用的 VOCs 治理工艺种类较多，主要有活性炭吸附法、喷淋吸收法、UV 光催化法、吸附浓缩-催化燃烧法、直接燃烧法五大类。为尽可能保证行业数据比较的科学客观，仅分析 VOCs 和非甲烷总烃（non-methane hydrocarbon，NMHC）处理效率至少有一个高于 20%的企业，化工行业 VOCs 处理平均效率为 73.64%，NMHC 处理平均效率为 69.84%。具体信息见表 6-5。

表 6-5 化工行业调查企业情况

企业名称	VOCs 治污处理	VOCs 处理效率/%	NMHC 处理效率/%
化工企业 1	吸收（水淋/三级）	93.52	94.11
化工企业 2	吸收（水淋/一级）	4.23	1.15
化工企业 3	吸收（水淋/一级）	22.80	18.53
化工企业 4	吸收（三级活性炭）	90.35	86.63
化工企业 5	喷淋（三级）＋UV 光解＋活性炭吸附	4.94	1.20
化工企业 6	活性炭（再生）＋催化燃烧	65.11	52.66
化工企业 7	直接燃烧焚烧 ［直燃式焚烧炉（thermal oxidizer，TO）］	96.42	97.26

调研发现，成渝地区部分化工企业存在 VOCs 治污设施低效，如采用光解、吸收等低效技术；此外个别企业治污设施运行不规范，如治污设施未落实较生产线先启后停，企业相关人员对设备操作不规范、对参数不熟悉等；还有企业台账记录不齐全，如过滤棉、活性炭、UV 灯管等未按期更换，催化剂状态无从核查等。建议对新建治污设施或现有治污设施进行改造，应根据排放废气中 VOCs 的组分及浓度、排放风量、生产工况等，合理选择治理技术；对于单一治理工艺不能稳定达标的，应采用组合工艺。

6.1.2 工业企业末端治理技术及减排潜力分析

根据成渝地区重点行业大气污染物去除效率的实际调研和文献总结，将成渝地区各类污染物去除效率统一按照低、中、高和超高四个等级进行划分，具体划分结果见表 6-6。从表中可知，成渝地区重点行业颗粒物整体去除效率较高，去除效率低于 90%则可认为是低效率；SO_2 和 NO_x 整体去除效率差异较大，超高效率可超过 95%，低效率不足 60%；

与其他大气污染物相比，VOCs 去除效率最低，超高效率可超过 90%，低效率不足 30%。因此，“十四五”期间提高工业企业 VOCs 去除效率对于 VOCs 减排具有极大的促进作用。考虑到不同行业各类污染物治理效率的不同，为了更好地促进大气污染物减排，在末端治理的情景设置中可以从两方面进行考虑：一是将污染物去除效率低的企业进行一定规模的减产；二是根据表 6-6 中划分的等级，将所有企业的污染物去除效率各提升一个等级。

表 6-6　成渝地区大气污染物去除效率（%）划分标准

污染物	低效率	中效率	高效率	超高效率
颗粒物	＜90	90～99	99～99.99	＞99.99
SO_2	＜60	60～85	85～95	＞95
NO_x	＜60	60～70	70～95	＞95
VOCs	＜30	30～60	60～90	＞90

表 6-7 和表 6-8 分别给出了重点行业减产减排潜力以及提标改造减排潜力，表 6-8 中的理论最大减排比例，即所有企业所有工艺达到调研结果中该行业现有处理技术最高效率区间所能实现的减排比例。

由表 6-7 可见，减产减排主要对钢铁、陶瓷行业的 NO_x 减排以及重点行业 VOCs 减排具有一定作用；特别是对家具和包装印刷行业，低治理效率企业减产对于 VOCs 减排作用较大；火电和水泥行业超低排放改造完成度较高，减产对减排的作用不大。除钢铁、水泥以及其他建材行业的颗粒物治理外，其他各重点行业的各类大气污染物对标理论最大减排比例都有很大的减排空间，特别是建材行业的 NO_x 减排以及涉 VOCs 排放的重点行业。提标改造后的主要减排对象也集中在火电、钢铁以及建材行业的 NO_x 上，减排比例可达 40%以上；涉 VOCs 排放行业提标改造后减排效果最明显的是机械制造、家具和包装印刷，减排比例可达 50%，其次是汽车制造和石化行业，VOCs 减排比例可达 30%以上。此外，对于使用锅炉的行业，颗粒物、SO_2、NO_x 均有较大减排空间。

表 6-7　重点行业减产减排潜力

行业	污染物	减产 10%减排比例/%	减产 20%减排比例/%	减产 30%减排比例/%
火电	颗粒物	—	—	—
	SO_2	—	—	—
	NO_x	—	—	—
钢铁	颗粒物	—	—	—
	SO_2	—	—	—
	NO_x	10.00	20.00	30.00
水泥	颗粒物	—	—	—
	SO_2	0.75	1.50	2.25
	NO_x	—	—	—

续表

行业	污染物	减产 10%减排比例/%	减产 20%减排比例/%	减产 30%减排比例/%
陶瓷	颗粒物	—	—	—
	SO_2	—	—	—
	NO_x	10.00	20.00	30.00
玻璃	颗粒物	—	—	—
	SO_2	—	—	—
	NO_x	—	—	0.01
化工	VOCs	9.38	18.75	28.13
机械制造	VOCs	8.04	16.08	24.12
汽车制造	VOCs	4.56	9.12	13.68
制药	VOCs	9.03	18.06	27.10
电子制造	VOCs	4.67	9.34	14.01
家具	VOCs	24.71	49.42	74.14
包装印刷	VOCs	14.35	28.69	43.04
石化	VOCs	9.14	18.29	27.43
锅炉	颗粒物	—	—	—
	SO_2	—	—	—
	NO_x	0.76	1.54	2.30

表 6-8 重点行业提标改造减排潜力

行业	污染物	提标改造后减排比例/%	理论最大减排比例/%
火电	颗粒物	75.00	75.00
	SO_2	28.20	28.20
	NO_x	67.63	67.63
钢铁	颗粒物	0.55	0.55
	SO_2	53.05	53.05
	NO_x	47.61	84.14
水泥	颗粒物	0.05	0.06
	SO_2	41.57	44.66
	NO_x	48.75	83.69
陶瓷	颗粒物	4.57	9.60
	SO_2	41.91	42.02
	NO_x	19.96	89.81
玻璃	颗粒物	3.64	3.64
	SO_2	43.92	74.32
	NO_x	40.18	40.27

续表

行业	污染物	提标改造后减排比例/%	理论最大减排比例/%
化工	VOCs	25.61	71.63
机械制造	VOCs	49.95	82.57
汽车制造	VOCs	36.54	59.88
制药	VOCs	24.07	65.98
电子制造	VOCs	7.07	36.66
家具	VOCs	50.60	93.82
包装印刷	VOCs	52.18	92.83
石化	VOCs	32.57	89.15
锅炉	颗粒物	31.17	66.46
	SO_2	72.38	81.78
	NO_x	65.02	90.59

6.2　重点行业 BAT 技术推荐

6.2.1　成渝地区案例分析

6.2.1.1　火电厂概况

以成渝地区某发电企业 A 为案例分析对象，研究火电厂超低排放改造工程中污染物治理措施的选择和改进。企业 A 装机容量为 2×600MW 亚临界燃煤机组，燃煤年最大使用量高达 369 万 t，设计年生产时间 5000h。工程总投资 46.5 亿元，其中环保投资 5.58 亿元，占工程总投资的 12.0%。两台机组分别于 2007 年 5 月、9 月投产。在机组建设时，配置双室五电场静电除尘器，设计除尘器效率不低于 99.8%，配置了全烟气石灰石-石膏湿法脱硫系统，设计脱硫效率不低于 95.5%，采用低氮燃烧器。

在“十二五”期间，投入技改资金 4.4 亿元，完成了两台机组的脱硫、除尘及脱硝装置升级改造。改造后 SO_2、NO_x、烟尘排放等环保指标在川内率先达到重点地区大气污染物排放标准，其中 SO_2、烟尘排放达到超低排放标准。“十三五”开局之年，根据《全面实施燃煤电厂超低排放和节能改造工作方案》要求，投资 2820 万元对两台机组的烟气脱硝装置进行提效改造，并于 2016 年底全面完成两台机组改造任务。

6.2.1.2　经济与技术分析

1）除尘改造

企业 A 分别于 2010 年、2011 年对两台机组的静电除尘器进行了高频电源改造，除尘器效率从 99.80%提高到了 99.85%。2013～2014 年投资 4450 万元分别对两台锅炉除尘器进行电袋改造，在双室五电场的基础上改为前两级电除尘加后三级布袋除尘装置，设计除尘器除尘效率超过 99.96%，除尘器出口烟尘排放浓度小于 20mg/m^3，加上脱硫单塔双循环 + 管式除雾器 + 两级屋脊式除雾器的协同除尘作用，脱硫出口烟尘排放浓度长期稳定在 10mg/m^3 以下，达到超低排放要求。

企业 A 选用的超低排放除尘技术电袋复合除尘器，具有长期稳定低排放、运行阻力低、滤袋使用寿命长、运行维护费用低、占地面积小、适用范围广的特点。电袋复合除尘器能够长期稳定可靠保持污染物达标或超低排放，除尘效率为 99.50%～99.99%，出口烟尘浓度通常可控制在 20mg/m^3 以下；采用超净电袋复合除尘器可控制出口烟尘浓度在 10mg/m^3 或 5mg/m^3 以下，同时协同脱除三氧化硫和汞及其化合物等重金属。

2）脱硫改造

企业 A 在 2013～2014 年投资 1.53 亿元对脱硫系统进行单塔双循环改造和取消烟气旁路改造，新增两层喷淋层；增加一级管式除雾器；氧化系统及公用系统更换为大容量系统。为防止脱硫改造后对烟囱的腐蚀，投资 1575 万元对烟囱进行防腐改造，并配合脱硫改造投资 1600 万元进行引增合一改造。脱硫改造采用的单塔双循环技术是在国内大机组的首次应用，获得中国电力企业联合会颁发的“中国电力科技创新奖二等奖”。脱硫效率超过 99.1%，SO_2 排放浓度小于 35mg/m^3，达到超低排放要求。

企业 A 选用的超低排放脱硫技术是按照《火电厂污染防治最佳可行技术指南》设计的二氧化硫超低排放最佳可行技术，对于烟气 SO_2 浓度在 2000～6000mg/m^3 以及 SO_2 浓度在 6000mg/m^3 以上的高硫煤，空塔 pH 物理分区技术为超低排放最佳可行技术。企业 A 在超低排放改造中正是采用了基于空塔 pH 物理分区技术的单塔双循环石灰石-石膏湿法脱硫技术。

3）脱硝改造

企业 A 在 2012～2013 年投资 1.89 亿元对两台炉进行了 SCR 脱硝装置改造，脱硝效率超过 85%，出口氮氧化物浓度低于 100mg/m^3。其中“尿素水解”技术作为国家 863 项目成果，是国内首台机组工程应用。2016 年再投资 2820 万元进行脱硝超低排放改造，改造采用“2 + 1”催化剂，更换并增高两层新催化剂，优化现有流场改造，增设大颗粒灰拦截网及输灰装置。脱硝提效改造后，脱硝效率超过 91%，出口氮氧化物浓度低于 50mg/m^3，达到超低排放要求。

企业 A 选用的超低排放脱硝技术是按照《火电厂污染防治最佳可行技术指南》设计的脱硝增效技术，SCR 脱硝技术主要包括增加催化剂用量、高效混合喷氨和流场优化技术等，脱硝效率可超过 90%。最后，企业 A 的超低排放改造技术符合《火电厂污染防治最佳可行技术指南》要求，超低排放改造后机组烟气处理流程为低氮燃烧 + SCR 脱硝 + 双室两电场除尘器 + 三级布袋除尘器 + 单塔双循环石灰石-石膏湿法脱硫。超低排放改造完成后，经过近 10 个月的运行验证，烟尘、SO_2、NO_x 稳定达到超低排放标准。

6.2.2　国内外关于 BAT 技术体系研究概述

在前面的研究中，对 10 个重点行业、110 家企业，涉及的 SO_2、NO_x、颗粒物、VOCs 4 种主要污染物排放进行了重点调研，结合文献调研形成了成渝地区工程减排措施库，作为减排情景设置的基本数据库。根据减排情景设置的相关要求，需要构建适合于本书研究的 BAT 技术体系，为后续工作提供支持。

BAT 技术的作用在于对污染物控制技术进行评估，针对不同的行业情况、减排要求、从工程减排措施库中筛选出最符合要求的工程减排措施。吴清茹等（2017）曾进行了火电厂烟气脱硫技术评估，采用了如图 6-10 所示的评价指标体系，从环境特性、经济性能、技术性能三个方面对火电厂烟气脱硫技术进行了评估，采用模糊数学法确定权重，但该指标体系没有对处理规模等进行分层次分析，不能得出更加精细的结果。

王海林等（2014）对包装印刷行业 VOCs 控制技术进行了评估与筛选，采用了如图 6-11 所示的评价指标体系，采用层次分析法（analytic hierarchy process，AHP）进行各层次指标的确定，得出对于包装印刷行业 VOCs 控制技术的优先顺序：颗粒纤维吸附脱附＞颗粒碳吸附脱附＞直接燃烧＞蓄热燃烧＞催化燃烧＞转轮浓缩燃烧＞活性炭浓缩燃烧；该指标体系在经济指标方面考虑得更加周全，但也没有对处理量规模等进行划分。

国外关于 BAT 技术体系的研究已经有比较成熟的成果，欧盟对各行业的 BAT 技术已经形成了相关的指导意见，欧盟联合研究中心（Joint Research Centre，JRC）2010 年发布的 *Best Available Techniques Reference Document for the Manufacture of Glass* 中对玻璃制造行业的污染物控制 BAT 技术提出了建议，内容包括对窑炉的烟尘、氮氧化物、硫氧化物、氯化氢、氟化氢、金属以及下游工序的排放单一控制技术和多种技术组合等，并且考虑了污染物的排放规模、排放浓度等因素，具有较好的借鉴意义。

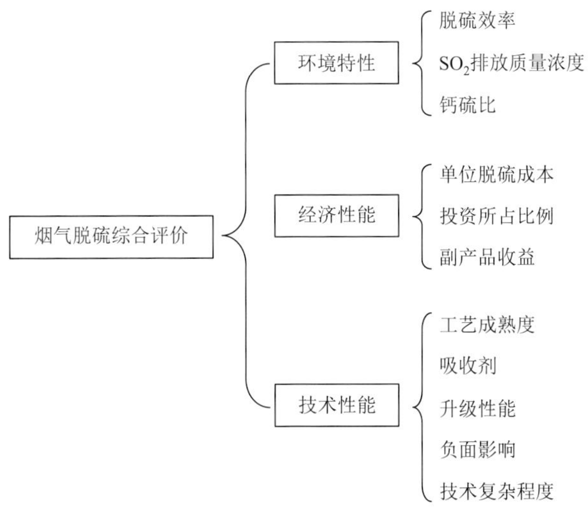

图 6-10　火电厂烟气脱硫评价指标体系

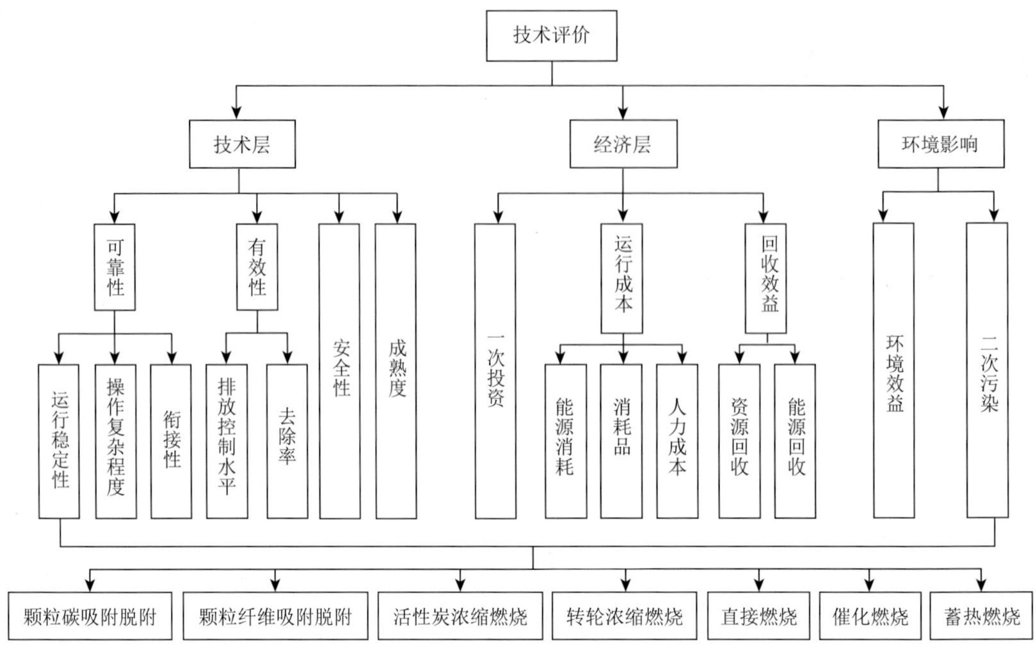

图 6-11　VOCs 处理技术评价指标体系

6.2.3　BAT 技术体系构建

本书需要构建的是针对成渝地区多个行业，不同排放污染物、不同规模的 BAT 技术体系，经过文献调研与研讨，确定了如图 6-12 所示的 BAT 技术体系构建路线（单行业某污染物），综合考虑了环境、技术、经济等多方面的因素。

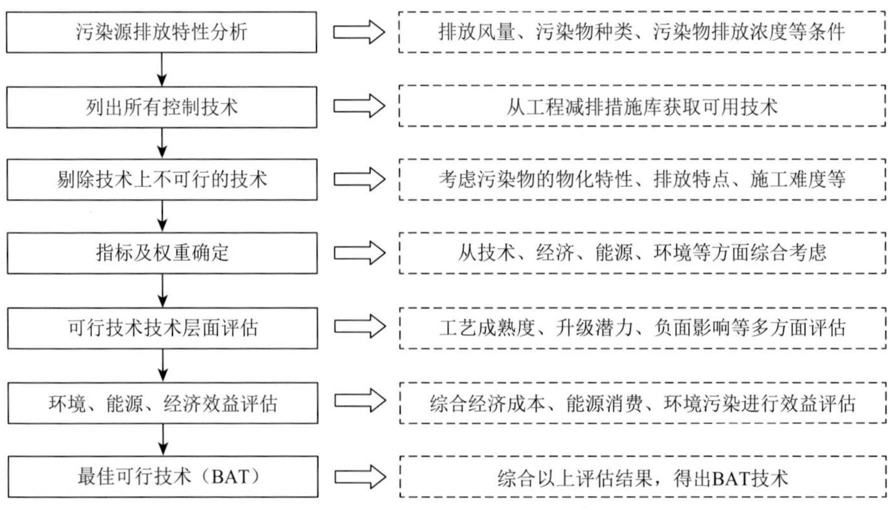

图 6-12　BAT 技术体系构建路线图

在技术路线的基础上，通过进一步的调研与研究，最终确定了如图 6-13 所示的 BAT

技术评价指标体系，指标共 5 层，其中前 3 层对所有行业适用，第 4 层则需根据不同行业进行指标确定。各层指标如下。

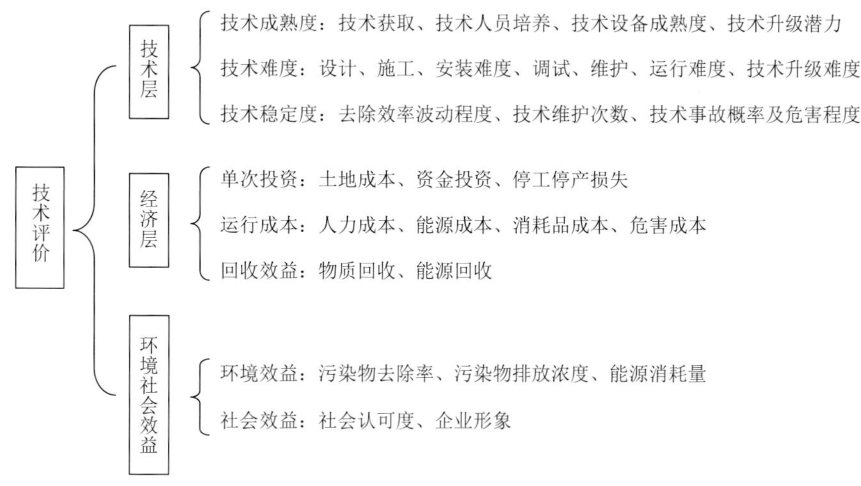

图 6-13　BAT 技术评价指标体系

（1）目标层。即评价的目标，按照污染物类别划分，现考虑 SO_2、NO_x、颗粒物、VOCs 4 种污染物指标，该层可扩展。

（2）指标 1 层。该层包括三个指标：技术层指标、经济层指标和环境社会效益指标。这些指标是对评估技术的评估方面进行的大的划分，指标权重可通过专家打分确定。

（3）指标 2 层。该层是对指标 1 层的细分，技术层划分为技术难度、技术成熟度和技术稳定度；经济层划分为单次投资、运行成本和回收效益；环境社会效益划分为环境效益与社会效益。

（4）技术层。该层即为需要进行评估的指标，通过工程减排措施库获取控制技术，经初步筛选后形成。

通过参考我国的《火电厂污染防治最佳可行技术指南》《水泥工业污染防治最佳可行技术指南》《钢铁行业污染防治最佳可行技术导则》，美国的 BACT/LAER/RACT/BDT/MACT 控制技术体系，欧盟的各工业行业最佳适用技术参考文件（BREF）中对陶瓷制造、玻璃制造、化工行业等的污染物控制 BAT 技术建议，日本 VOC 对策指南，《国家先进污染防治技术目录》，文献调研案例，中国环境保护产业协会案例等。基于之前研究成果，进行数据整理，汇总得到各行业污染物防治可行技术和先进技术，见表 6-9 和表 6-10。

表 6-9　各行业污染物防治可行技术

行业	污染物	可行技术
火电	SO_2	采用低硫煤、石灰石-石膏湿法、烟气循环流化床、氨法、氧化镁法、海水脱硫技术、采用整体煤气化联合循环（integrated gasification combined cycle，IGCC）等其他发电工艺
	NO_x	高效低氮燃烧器 + SCR、高效低氮燃烧器 + SNCR、循环流化床锅炉低温燃烧 + SNCR
	颗粒物	电除尘、袋式除尘、电袋复合除尘

续表

行业	污染物	可行技术
钢铁	SO_2	燃用净化煤气和天然气、石灰石/石灰-石膏法、旋转喷雾干燥法、循环流化床法、活性炭（焦）吸附法、氧化镁法、密相干塔法
	NO_x	活性炭（焦）吸附法、SCR、低氮燃烧
	颗粒物	电除尘、袋式除尘、电袋复合除尘、尘源密闭
玻璃	SO_2	石灰石/石灰-石膏法、烟气循环流化床
	NO_x	纯氧燃烧技术、SCR、低氮燃烧 + SCR
	颗粒物	电除尘、袋式除尘、电袋复合除尘
水泥	SO_2	（半）干法脱硫、湿法脱硫
	NO_x	SNCR、低氮燃烧 + 分解炉分级燃烧 + SNCR
	颗粒物	电除尘、袋式除尘、电袋复合除尘
陶瓷	SO_2	石灰-石膏法、钠碱法、烟气循环流化床半干法
	NO_x	SNCR
	颗粒物	袋式除尘、湿式电除尘、旋风除尘、水膜除尘、喷淋除尘
制药	VOCs	冷凝回收 + 吸附再生、吸附 + 冷凝回收、吸收 + 回收、吸附浓缩 + 燃烧处理、燃烧处理、洗涤 + 生物净化、氧化技术
化工	VOCs	油气平衡、吸附、吸收、冷凝、膜分离或者组合技术、燃烧处理
汽车制造	VOCs	机械过滤、静电净化、碱液洗涤、热力焚烧/催化燃烧、吸附 + 热力焚烧/催化燃烧、三元催化氧化
机械制造	VOCs	活性炭吸附、吸附/浓缩 + 热力燃烧/催化氧化、热力焚烧/催化焚烧、吸附/浓缩 + 热力焚烧/催化氧化
电子制造	VOCs	活性炭吸附、燃烧法、浓缩 + 燃烧法

表 6-10　各行业污染物先进技术推荐

污染物	先进技术	适用范围	案例
颗粒物	预荷电袋式除尘技术	钢铁及有色金属等行业窑炉除尘	鞍钢股份有限公司 2×180t 转炉烟气除尘改造项目
	静电滤槽电除尘技术		信发集团在平信发华宇氧化铝有限公司 5 号 1350t/d 焙烧炉三电场电除尘器提效改造项目
	转炉煤气干法电除尘及煤气回收成套技术	钢铁行业转炉一次烟尘除尘	柳州钢铁股份有限公司转炉 3×120t/h 转炉干法改造工程
	转炉煤气湿法洗涤与湿式电除尘复合除尘技术		山西高义钢铁有限公司 80t 2 号转炉一次除尘改造项目
	湿式电除尘器	燃煤电厂、工业锅炉消烟除尘	—
	湿式相变凝聚除尘及余热回收集成装置	燃煤电站、燃煤工业锅炉除尘	浙江巨化热电有限公司 8 号炉相变凝聚除尘器改造工程
	基于高压脉冲电源的高效除尘技术	适用于燃煤电厂、水泥厂、钢铁厂等电除尘器应用领域	—
	燃煤锅炉烟气超低排放一体化集成技术	适用于火电、有色金属、电力、石油、化工、建材等重污染、高耗能企业的烟气脱硫、脱硝、除尘净化工程及超低排放改造工程	—

续表

污染物	先进技术	适用范围	案例
VOCs	旋转式蓄热燃烧 VOCs 净化技术	包装印刷、涂装、化工、电子等行业的中高浓度 VOCs 治理	广汽本田汽车有限公司 350m^3/minVOCs 治理项目 郑州义兴彩印有限公司印刷车间 30000m^3/h 有机废气治理项目
	分子筛吸附-移动脱附 VOCs 净化技术	分散、小规模的喷涂作业 VOCs 治理	山东中车同力钢构有限公司喷漆车间环保设备改造项目
	基于冷凝-吸附联合工艺的油气回收技术	油气 VOCs 回收	佛山市顺德区中油龙桥燃料有限公司 600m^3/h 油气回收装置
	平版印刷零醇润版洗版技术	包装印刷行业平版印刷系统 VOCs 减排	云南侨通包装印刷有限公司“零醇类平版印刷系统”项目
	蓄热式催化燃烧（regenerative catalytic oxidation，RCO）技术	中高浓度 VOCs 废气治理	开普洛克（苏州）材料科技有限公司 15000m^3/h 蓄热式有机废气催化净化工程
	常温催化氧化恶臭净化技术	化工、制药、农药、纺织印染、碳纤维生产、污水处理等行业生产过程中产生的含 VOCs 气体和恶臭异味气体的净化	—
	固定式有机废气蓄热燃烧技术	石化、有机化工、表面涂装、包装、印刷等行业中高浓度 VOCs 废气净化	德之馨（上海）有限公司 80000m^3/h VOCs 治理工程
	含氮 VOCs 废气催化氧化＋选择性催化还原净化技术	工业生产过程中产生的丙烯腈等含氮 VOCs 的处理	中国石油抚顺石化公司腈纶化工厂丙烯腈装置 50000m^3/h 尾气治理项目
SO_2	多孔炭低温催化氧化烟气脱硫技术	硫酸、焦化、钢铁、有色金属等行业烟气脱硫	河南金马能源股份有限公司 100 万 t/a 焦炉烟气脱硫项目
	湿法电石渣烟气脱硫技术	燃煤工业锅炉、非电行业烟气脱硫	内蒙古能源发电投资集团有限公司乌斯太热电厂 1、2 号机组烟气脱硫、除尘超低排放改造工程
	湿法白泥燃煤烟气脱硫技术	造纸企业周边燃煤锅炉、窑炉脱硫	国电肇庆热电有限公司 1 号 350MW 机组锅炉全白泥脱硫示范工程
	燃煤锅炉烟气超低排放一体化集成技术	火电、有色金属、电力、石油、化工、建材等重污染、高耗能企业的烟气脱硫、脱硝、除尘净化工程及超低排放改造工程	—
	烟气循环流化床干法脱硫技术	300MW 及以下机组烟气脱硫	—
	废碱渣（液）烟气脱硫技术	周边有印染废水来源的燃煤工业锅炉或热电联产锅炉烟气脱硫	—
	煤粉工业锅炉烟气除尘脱硫脱硝技术	10～80t/h 煤粉工业锅炉烟气除尘脱硫脱硝	福建达利食品集团有限公司二期工程（饮料厂）20t/h 锅炉烟气净化技改项目
	氨-硫酸铵法烟气脱硫技术	燃煤锅炉、烧结机、工业窑炉等脱硫，特别适用于高浓度 SO_2 烟气的治理，要求有稳定氨源	中国石化集团资产经营管理有限公司齐鲁石化分公司热电厂 1～4# 4×410t/h 锅炉烟气脱硫工程
	氨法脱硫及电除雾技术	石化行业锅炉烟气脱硫	中国石化集团资产经营管理有限公司巴陵石化分公司 1# 220t/h 锅炉烟气脱硫改造工程
	LOA 湿式氧化吸收联合脱硫脱硝工艺	燃煤工业锅炉脱硫脱硝领域	—

续表

污染物	先进技术	适用范围	案例
SO_2	白泥-石膏法烟气脱硫技术	周边有白泥来源的燃煤烟气脱硫	—
NO_x	焦炉烟气中低温 SCR 脱硝技术	焦炉烟气脱硝	河北峰煤焦化有限公司 100 万 t/a 焦炉烟气脱硫、脱硝及除尘工程
	燃煤电厂 SCR 系统智能喷氨技术	燃煤电厂 SCR 脱硝系统	大唐乌沙山电厂 SCR 系统智能化喷氨控制技术应用项目
	烧结机头烟气低温（180℃）SCR 脱硝技术	钢铁烧结烟气脱硝	—
	燃煤锅炉烟气超低排放一体化集成技术	火电、有色金属、电力、石油、化工、建材等重污染、高耗能企业的烟气脱硫、脱硝、除尘净化工程及超低排放改造工程	—
	煤粉工业锅炉烟气除尘脱硫脱硝技术	10～80t/h 煤粉工业锅炉烟气除尘脱硫脱硝	福建达利食品集团有限公司二期工程（饮料厂）20t/h 锅炉烟气净化技改项目
	玻璃炉窑烟气 SCR 脱硝技术	玻璃炉窑烟气脱硝	河北德金玻璃有限公司 2×600t/d 玻璃炉窑除尘脱硝改造工程
	焦炉烟气低温 SCR 脱硝技术	烟气温度为 180～300℃的“非电”行业，如焦化、烧结、垃圾焚烧、水泥、陶瓷、玻璃等工业窑炉的烟气脱硝	—
	SCR 燃煤锅炉烟气脱硝技术	燃煤发电锅炉的烟气脱硝	—
	中小型热电锅炉烟气脱硝技术	10～150t/h 中小型锅炉 SCR 脱硝工程	—

注：案例来源于中国环境保护产业协会网站（www.caepi.org.cn）。

6.3　重点行业末端治理升级情景设定

能源消费类型和产业结构是控制污染物排放的内在影响因素，而末端治理效率是有效控制污染物排放的外在影响因素，分析成渝地区重点行业当前治理措施的污染物削减率，结合本书建立的 BAT 技术体系，对未来行业末端治理效率进行分析。

通过对成渝地区 10 个重点行业涉及的 SO_2、NO_x、颗粒物、VOCs 4 种主要污染物治理效率的调研，结合 BAT 技术体系相关成果，对比了成渝地区重点行业末端治理去除率与 BAT 最佳去除率（图 6-14），发现 SO_2 末端治理去除率处于高水平，火电（84.5%）、钢铁（85.4%）、水泥（81.8%）、玻璃（86.1%）和陶瓷（89.2%）行业脱硫效率均在 80%以上，整体减排区间为 70%～93%，减排效率差异化较小，石灰石-石膏法、双碱法作为常用脱硫手段在全行业使用率高达 85%，依据 BAT 技术体系的最佳去除率推测，未来火电、钢铁、水泥、玻璃和陶瓷行业的 SO_2 去除率可分别提高 15.3%、11.4%、11.2%、6.9%和 9.8%；火电（92.0%）、钢铁（95.9%）、水泥（86.2%）、玻璃（74.0%）和陶瓷（93.8%）行业末端治理除尘效率均在 74%及以上，整体去除率处于中等偏高水平且两极差异性较小，常用技术袋式除尘法和静电除尘法的应用率和去除率均可达 93%以上，未来各行业的除尘效率可通过末端治理技术升级改造进行提高，依据 BAT 技术体系预测未来火电、钢铁、水泥、玻璃和陶瓷行业的 $PM_{2.5}$ 去除率可全部达到 99%以上。各行业的 NO_x 控制水平处于中等偏低，平均去除率均低于 60%，且去除率聚集在 20%～89%，两极分化明显，未来可通过超低排放改造、末端深度治理等手段，提升行业脱硝效率，依据 BAT 技术体系推测未来各行业脱硝效率均可提高至 90%以上。现阶段电子制造（34.6%）、化工（33.2%）、机械制造（23.5%）、汽车制造（38.3%）、制药（54.8%）行业的 VOCs 末端治理技术平均去除率处于偏低水平，去除率为 7%～79%，差异程度较大，未来应重点进行工业 VOCs 深度治理，完善工程减排措施并提高使用率，通过 BAT 技术体系推测未来可使 VOCs 末端去除率最大提升 41%以上，末端达标排放。

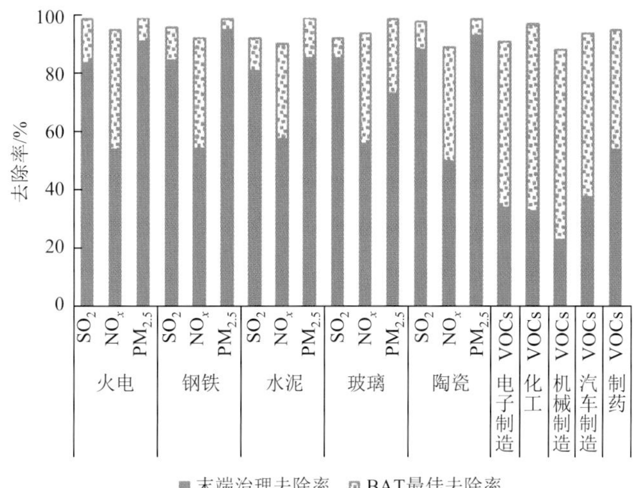

图 6-14　成渝地区重点行业末端治理去除率与 BAT 最佳去除率对比图

本书针对成渝地区多个行业，不同污染物排放，结合 BAT 技术体系，综合考虑环境、技术、经济等多方面的因素，以 2017 年为基准年、2035 年为目标年设定末端基准情景（terminal baseline scenario，TBS）、末端攻坚情景（terminal optimizing scenario，TOS）和末端激进情景（terminal radical scenario，TRS），具体描述见表 6-11。

表 6-11　末端治理升级情景描述

末端治理升级情景	情景描述
末端基准情景（TBS）	① 所有燃煤电厂安装脱硫设施，综合脱硫效率达到 90%以上；除循环流化床锅炉以外的燃煤机组均安装脱硝设施；燃煤电厂除尘升级提标，推广静电除尘和湿法脱硫联用、袋式除尘； ② 钢铁企业的烧结机和球团生产设备安装脱硫设施，综合脱硫效率达到 80%以上，除尘升级提标，全面推广高效布袋除尘器； ③ 燃煤锅炉、脱硫、除尘设施升级改造，以布袋除尘、电除尘、电袋除尘等高效除尘技术为主；新建锅炉采用低氮燃烧技术； ④ 新型干法水泥窑实施低氮燃烧技术改造并安装脱硝设施，水泥行业除尘升级提标，进一步推广高效静电和布袋除尘器； ⑤ 综合整治有机化工、医药、表面涂装、包装印刷等行业 VOCs；在石化行业开展“泄漏检测与修复”技术改造；推广使用水性涂料

续表

末端治理升级情景	情景描述
末端攻坚情景（TOS）	① 2025 年完成燃煤电厂超低排放改造，使用先进烟气综合治理技术； ② 2035 年工业锅炉以布袋除尘、电除尘、电袋除尘等高效除尘技术占比达到 60%；燃煤锅炉 80% 以上实施低氮燃烧技术改造； ③ 新型干法水泥窑实施低氮燃烧技术改造并安装脱硝设施，2035 年水泥行业全面应用高效静电和布袋除尘器； ④ 2030 年全面完成钢铁企业烧结机超低排放改造，脱硫效率不低于 85%； ⑤ 提升重点行业 VOCs 排放收集治理能力，2035 年油气储运相关行业 VOCs 排放相比 2017 年下降达到 70%～85%，炼焦和化工行业 VOCs 排放下降幅度超过 30%
末端激进情景（TRS）	① 2025 年完成燃煤电厂超低排放改造，使用先进烟气综合治理技术； ② 2035 年工业锅炉以布袋除尘、电除尘、电袋除尘等高效除尘技术占比达到 100%；燃煤锅炉全面实施低氮燃烧技术改造； ③ 新型干法水泥窑实施低氮燃烧技术改造并安装脱硝设施，2030 年水泥行业全面应用高效静电和布袋除尘器； ④ 2025 年全面完成钢铁企业烧结机超低排放改造，脱硫效率不低于 85%； ⑤ 提升重点行业 VOCs 排放收集治理能力，2035 年油气储运相关行业 VOCs 排放相比 2017 年下降达到 90%～95%，炼焦和化工行业 VOCs 排放下降幅度超过 50%

6.4　本 章 小 结

本章基于现场及调研资料，整理了成渝地区重点行业末端治理技术水平现状，分析了大气污染物治理效率及可能存在的问题。成渝地区重点行业（火电、钢铁、水泥、玻璃、陶瓷、汽车制造、化工等）整体除尘效率处于高水平，脱硫效率处于中高水平；脱硝及 VOCs 处理效果最差，末端治理效率两极分化严重，污染物无组织管控处于中等水平。从减排潜力来看，火电、钢铁行业除尘和脱硫减排潜力小，各行业均可考虑提高 NO_x 处理效率，重点行业 VOCs 处理效率均偏低，减排潜力巨大。

根据区域、污染源特征和经济、技术发展水平评价主要污染源减排措施库中各类措施的环境、经济和社会效益，结合成渝地区案例分析，确定了不同控制对象的最佳可利用技术（BAT），形成了分阶段成渝地区重点行业末端治理升级情景，即末端基准情景（TBS）、末端攻坚情景（TOS）、末端激进情景（TRS）。

第 7 章　“产业-能源-末端”综合减排情景分析

7.1　“产业-能源-末端”综合减排情景设计

大气污染与区域的能源消费结构、产业发展结构、交通运输结构和末端治理水平紧密相关。未来大气污染的全方位防控和综合整治应从能源结构优化、产业结构调整、交通运输结构优化和末端治理水平提升等方向共同发力。本节耦合上述有关能源、产业、交通和末端情景，具体地，在中长期社会经济发展背景下，产业结构情景为能源结构情景和交通结构情景提供各工业部门、客运和货运部门未来活动水平的驱动力，之后与能源情景耦合末端减排情景形成成渝地区“产业-能源-末端”综合减排基准情景（baseline scenario，BS）、攻坚情景（optimizing scenario，OS）和激进情景（radical scenario，RS）。

BS 情景作为 OS 情景和 RS 情景比较的基准，反映了历史阶段政策的延续，但不考虑国家和地方政府未来出台的新政策和新措施。RS 情景代表对未来持激进态度，考虑国家和地方政府新颁布的政策规划，且各项减排措施强度超额完成国家和地方政府的既定规划目标，达到国内外发达城市或地区先进水平。OS 情景作为综合减排路径优化的初始情景，各项减排措施强度的初始值介于 BS 情景与 RS 情景之间。在宏观经济社会参数方面，三种情景预测期间的经济发展、人口规模、城市化率等关键参数保持一致。即在三种情景下，成渝地区未来 GDP 将持续增长，但增速逐渐放缓，2035 年成渝地区 GDP 总量将达到 14.6 万亿元，较 2017 年增长 2.5 倍。2035 年成渝地区常住人口预计将达到 1.2 亿人，相较 2017 年增加近 570 万人。同时，成渝地区城市化进程仍将继续，城市化率将稳步提升，到 2035 年达到 73%，届时城镇人口将达到 8750 万人。

7.1.1　基准情景

综合减排基准情景下，成渝地区产业、能源、交通结构优化和末端治理方面总体将遵循现有政策的既定目标和历史发展规律，但不考虑未来国家和地方政府新颁布的政策措施。产业结构方面，逐步培育发展第三产业，2035 年服务业为区域经济发展主动力，第三产业占比超过 58%。四川省将重点发展的产业包括电子信息、装备制造、先进材料、食品饮料、能源化工等几大类。重庆市将依托现有制造业发展基础，加快补链成群步伐，巩固提升智能产业、汽车摩托车产业两大支柱产业集群，培育壮大装备产业、材料产业、生物医药产业、消费品产业、农副食品加工产业和技术服务产业集群，推动支柱产业向高端迈进。情景预测年间，各部门能效水平提升幅度逐步收窄，2030 年后第三产业能效提升幅度高于第二产业。能源结构优化方面，加快淘汰成渝地区化工、造纸等行业中的小燃煤锅炉，民用煤淘汰贯彻“宜电则电、宜气则气”，2030 年实现成渝地区民用无煤化；2025 年和 2035 年终端煤品燃料消费占比分别降至 30%和 25%以下。提升新能源汽车在公交车、出租车和私家车领域的渗透率，发展城市绿色物流。发展清洁电力，限制煤电新建与燃煤供热，发展燃气产电、供热，提升水电、风电和光电等清洁电力占比。末端治理水平持续提升，所有燃煤电厂安装脱硫设施，综合脱硫效率达到 90%以上，除循环流化床锅炉以外的燃煤机组均安装脱硝设施。燃煤电厂除尘升级提标，推广静电除尘和湿法脱硫联用、袋式除尘；钢铁企业的烧结机和球团生产设备安装脱硫设施，综合脱硫效率达到 80%以上，除尘升级提标，全面推广高效布袋除尘器；燃煤锅炉、脱硫、除尘设施升级改造，以布袋除尘、电除尘、电袋除尘等高效除尘技术为主；新建锅炉采用低氮燃烧技术。新型干法水泥窑实施低氮燃烧技术改造并安装脱硝设施，水泥行业除尘升级提标，进一步推广高效静电和布袋除尘器。综合整治有机化工、医药、表面涂装、包装印刷等行业 VOCs；在石化行业开展“泄漏检测与修复”技术改造；推广使用水性涂料（表 7-1）。

表 7-1　综合减排基准情景关键发展指标描述汇总

指标	关键发展目标描述
经济发展	平稳增长，增速渐缓，2035 年川渝两地 GDP 达到 14.6 万亿元，四川省和重庆市分别为 9.5 万亿元和 5.1 万亿元
人口规模	2035 年，川渝两地常住人口预计将分别达 8900 万人和 3500 万人，城市化率分别达到 70%和 80%
产业结构	① 2035 年服务业为区域经济发展主动力，第三产业占比超过 58%；成渝地区主导工业实力进一步增强； ② 四川省电子信息、装备制造、先进材料、食品饮料和能源化工等优势产业工业增加值占工业比重持续增加，到 2035 年超过 34%； ③ 重庆市智能产业、汽车摩托车产业两大支柱产业集群巩固提升，装备产业、材料产业、生物医药产业培育壮大，到 2035 年高新技术行业工业增加值占工业比重超过 38%； ④ 高耗能、高污染行业产能逐步减少，钢铁、水泥、冶金行业产能逐步化解，到 2035 年占成渝地区工业增加值比重不超过 8%
能源结构	① 各部门促进清洁能源利用，推进能源结构调整，2030 年实现成渝地区民用无煤化，2025 年和 2035 年终端煤品燃料消费占比分别降至 30%和 25%以下； ② 发展清洁电力，限制煤电新建与燃煤供热，发展燃气产电、供热，提升水电、风电和光电等清洁电力占比
交通结构	提升新能源汽车在公交车、出租车和私家车领域的渗透率，发展城市绿色物流。2030 年新能源公交车和出租车渗透率达到 100%，清洁能源或新能源私家车渗透率不低于 35%
末端治理	① 所有燃煤电厂安装脱硫设施，综合脱硫效率达到 90%以上；除循环流化床锅炉以外的燃煤机组均安装脱硝设施； ② 钢铁企业的烧结机和球团生产设备安装脱硫设施，综合脱硫效率达到 80%以上； ③ 新型干法水泥窑实施低氮燃烧技术改造并安装脱硝设施，水泥行业除尘升级提标，进一步推广高效静电和布袋除尘器； ④ 综合整治有机化工、医药、表面涂装、包装印刷等行业 VOCs；在石化行业开展“泄漏检测与修复”技术改造；推广使用水性涂料

7.1.2　攻坚情景

综合减排攻坚情景下，成渝地区产业、能源、交通结构优化和末端治理方面总体呈向好态势，情景预测年间各项指标超额完成既定政策目标，社会经济发展将重点考虑生态环境保护，贯彻绿色优先、低碳优先理念。产业结构方面，逐步培育发展第三产业，2035 年服务业为区域经济发展主动力，第三产业占比超过 60%。全面推进“散乱污”企业及集群综合整治，将所有固定污染源纳入环境监管，在重点区域实施大气污染物特别排放限值，实现深度治理。在钢铁、焦化行业开展超低排放改造重大工程。在加快能源结构调整方面，淘汰污染重的煤电机组，增加清洁电力供应。在重点地区，加大天然气和电力供给保障力度，大幅削减煤炭终端消费总量。情景预测年间，各部门能效水平提升幅度维持高位，2035 年燃煤、燃气发电和供热效率达到国内先进水平。大力发展新能源汽车，2030 年新能源公交车和出租车渗透率达到 100%，清洁能源或新能源私家车渗透率不低于 38%。积极发展清洁电力，停止煤电新建，大力提高水电、风电和光电等清洁电力占比。末端治理水平持续提升，所有燃煤电厂超低排放改造，使用先进烟气综合治理技术；工业锅炉以布袋除尘、电除尘、电袋除尘等高效除尘技术为主；燃煤锅炉全面实施低氮燃烧技术改造；新型干法水泥窑实施低氮燃烧技术改造并安装脱硝设施，水泥行业全面应用高效静电和布袋除尘器；钢铁企业烧结机超低排放改造，脱硫效率不低于 85%；重点行业 VOCs 排放相比 2017 年都明显下降，油气储运相关行业下降幅度达到 90%～95%，炼焦和化工行业下降幅度超过 50%；中心城区畜牧养殖业集约化比例大于 60%，化肥施用量得到有效控制（表 7-2）。

表 7-2　综合减排攻坚情景关键发展指标描述汇总

指标	关键发展目标描述
经济发展	平稳增长，增速渐缓，2035 年川渝两地 GDP 达到 14.6 万亿元，四川省和重庆市分别为 9.5 万亿元和 5.1 万亿元
人口规模	2035 年，川渝两地常住人口预计将分别达 8900 万人和 3500 万人，城市化率分别达到 70%和 80%
产业结构	① 2035 年服务业为区域经济发展主动力，第三产业占比超过 60%；成渝地区主导工业实力进一步增强； ② 四川省电子信息、装备制造、先进材料、食品饮料和能源化工等优势产业工业增加值占工业比重持续增加，到 2035 年超过 35%； ③ 重庆市智能产业、汽车摩托车产业两大支柱产业集群巩固提升，装备产业、材料产业、生物医药产业培育壮大，到 2035 年高新技术行业工业增加值占工业比重超过 40%； ④ 高耗能、高污染行业产能逐步减少，钢铁、水泥、冶金行业产能逐步化解，到 2035 年占成渝地区工业增加值比重不超过 7%
能源结构	① 各部门促进清洁能源利用，推进能源结构调整，2030 年实现成渝地区民用无煤化，2025 年和 2035 年终端煤品燃料消费占比分别降至 26%和 18%以下； ② 发展清洁电力，限制煤电新建与燃煤供热，发展燃气产电、供热，提升水电、风电和光电等清洁电力占比
交通结构	提升新能源汽车在公交车、出租车和私家车领域的渗透率，发展城市绿色物流；2030 年新能源公交车和出租车渗透率达到 100%，清洁能源或新能源私家车渗透率不低于 38%
末端治理	① 所有燃煤电厂超低排放改造，使用先进烟气综合治理技术； ② 钢铁企业烧结机超低排放改造，脱硫效率不低于 85%； ③ 重点行业 VOCs 排放相比 2017 年都明显下降，油气储运相关行业下降幅度达到 90%～95%，炼焦和化工行业下降幅度超过 50%； ④ 中心城区畜牧养殖业集约化比例大于 60%，化肥施用量得到有效控制

7.1.3 激进情景

综合减排激进情景下，成渝地区产业、能源、交通结构优化和末端治理方面总体呈激进态势，情景预测年间各项指标以最大调整潜力为目标，社会经济发展将以区域生态环境保护为首要目标。产业结构方面，较快速度培育发展并壮大第三产业，2035 年第三产业占比超过 65%。逐步构建绿色产业体系，培育壮大节能环保、清洁生产、清洁能源产业，打造国家绿色产业示范基地。加快构建高效分工、错位发展、有序竞争、相互融合的现代产业体系。在加快能源结构调整方面，电气化和可再生能源使用比例大幅提高，水电和天然气供给保障能力明显增强，2025 年实现成渝地区民用无煤化，2025 年和 2035 年终端煤品燃料消费占比分别降至 25%和 15%以下。情景预测年间，各部门能效水平提升幅度维持高位，2035 年燃煤、燃气发电和供热效率达到国内先进水平。新能源汽车渗透率不断提升，2030 年新能源公交车和出租车渗透率达到 100%，清洁能源或新能源私家车渗透率不低于 40%。末端治理水平持续提升，所有燃煤电厂超低排放改造，使用先进烟气综合治理技术；工业锅炉以布袋除尘、电除尘、电袋除尘等高效除尘技术为主；燃煤锅炉全面实施低氮燃烧技术改造；新型干法水泥窑实施低氮燃烧技术改造并安装脱硝设施，水泥行业全面应用高效静电和布袋除尘器；钢铁企业烧结机超低排放改造，脱硫效率不低于 85%；重点行业 VOCs 排放相比 2017 年都明显下降，油气储运相关行业下降幅度达到 90%～95%，炼焦和化工行业下降幅度超过 50%；中心城区畜牧养殖业集约化比例大于 60%，化肥施用量得到有效控制（表 7-3）。

表 7-3 综合减排“激进情景”关键发展指标描述汇总

指标	关键发展目标描述
经济发展	平稳增长，增速渐缓，2035 年川渝两地 GDP 达到 14.6 万亿元，四川省和重庆市分别为 9.5 万亿元和 5.1 万亿元
人口规模	2035 年，川渝两地常住人口预计将分别达 8900 万人和 3500 万人，城市化率分别达到 70%和 80%
产业结构	① 2035 年服务业为区域经济发展主动力，第三产业占比超过 65%；成渝地区主导工业实力进一步增强； ② 四川省电子信息、装备制造、先进材料、食品饮料和能源化工等优势产业工业增加值占工业比重持续增加，到 2035 年超过 38%； ③ 重庆市智能产业、汽车摩托车产业两大支柱产业集群巩固提升，装备产业、材料产业、生物医药产业培育壮大，到 2035 年高新技术行业工业增加值占工业比重超过 42%； ④ 高耗能、高污染行业产能逐步减少，钢铁、水泥、冶金行业产能逐步化解，到 2035 年占成渝地区工业增加值比重不超过 5%
能源结构	① 各部门促进清洁能源利用，推进能源结构调整，2025 年实现成渝地区民用无煤化，2025 年和 2035 年终端煤品燃料消费占比分别降至 25%和 15%以下； ② 发展清洁电力，限制煤电新建与燃煤供热，发展燃气产电、供热，提升水电、风电和光电等清洁电力占比
交通结构	提升新能源汽车在公交车、出租车和私家车领域的渗透率，发展城市绿色物流。2030 年新能源公交车和出租车渗透率达到 100%，清洁能源或新能源私家车渗透率不低于 40%
末端治理	① 所有燃煤电厂超低排放改造，使用先进烟气综合治理技术； ② 钢铁企业烧结机超低排放改造，脱硫效率不低于 85%； ③ 重点行业 VOCs 排放相比 2017 年都明显下降，油气储运相关行业下降幅度达到 90%～95%，炼焦和化工行业下降幅度超过 50%； ④ 中心城区畜牧养殖业集约化比例大于 60%，化肥施用量得到有效控制

7.2 “产业-能源-末端”综合减排情景清单

7.2.1 综合减排情景清单编制方法

7.2.1.1 情景清单编制总体思路

利用 LEAP 模型，基于社会经济产业与能源发展预测结果，结合国家、四川省和重庆市有关法规、政策及标准对新建污染源、现有污染源的治理要求，计算成渝地区主要行业 SO_2、NO_x、颗粒物（particulate matter，PM）、VOCs 及 NH_3 等主要大气污染物排放量，并与 2017 年排放清单进行校验，在总量偏差小于 10%的基础上，对成渝地区未来情景污染物排放量进行预测，并确定总量变化系数和空间单元分配系数，在成渝地区本地排放清单基础上，围绕成渝地区空气质量改善目标，基于大气污染物减排措施库系统构建中长期空气质量改善情景，在 2017 年成渝地区基准清单基础上，结合四大结构调整和末端治理技术水平，分别核算各项措施对应污染物减排量，具体方法思路如图 7-1 所示。

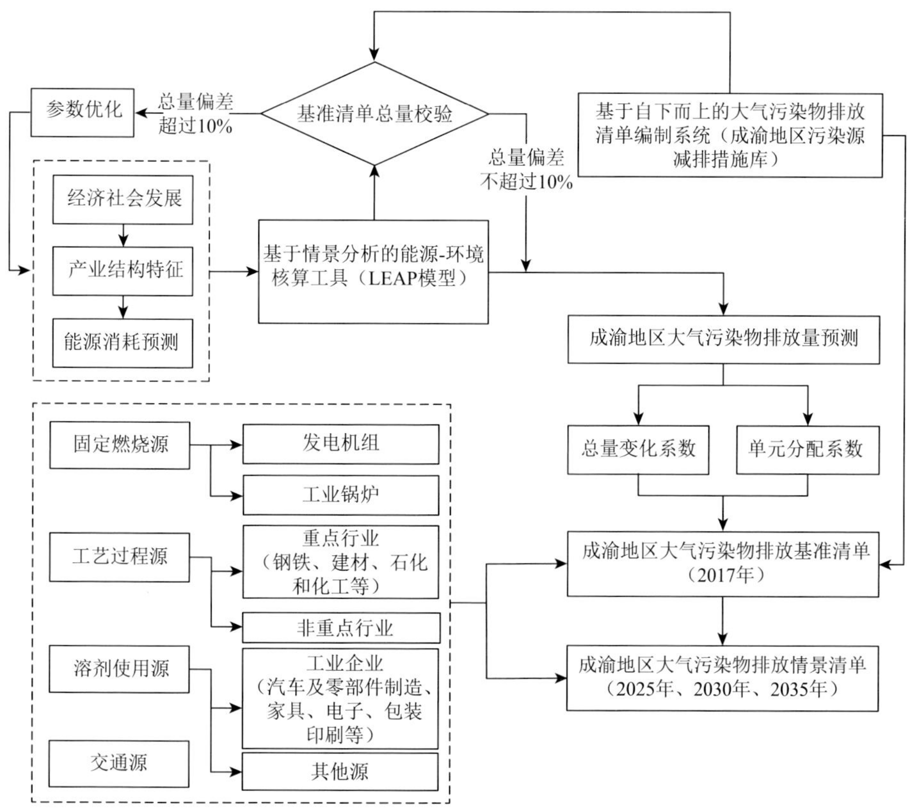

图 7-1 耦合“产业-能源-末端”的大气污染物排放情景编制方法

7.2.1.2　构建大气污染源减排措施库系统

初步构建大气污染源减排措施库系统，以分析主要污染源的大气污染物排放特征、相应控制技术与减排潜能等，建立成渝地区大气污染源减排措施库系统，通过控制对象清单管理、减排措施管理、减排情景设置、减排清单测算和网格化清单编制等实现成渝地区污染应急调控。措施库涵盖源头控制、过程管理和末端治理的各项技术及其减排潜力 4 个方面，可实现分区域（成都平原经济区、川东北经济区、川南经济区、重庆市中心城区及主城新区、重庆市其他区县等）和分源类（工业源、交通源、生活源、扬尘源、农业源等）的污染减排措施分类管控，如图 7-2 所示。

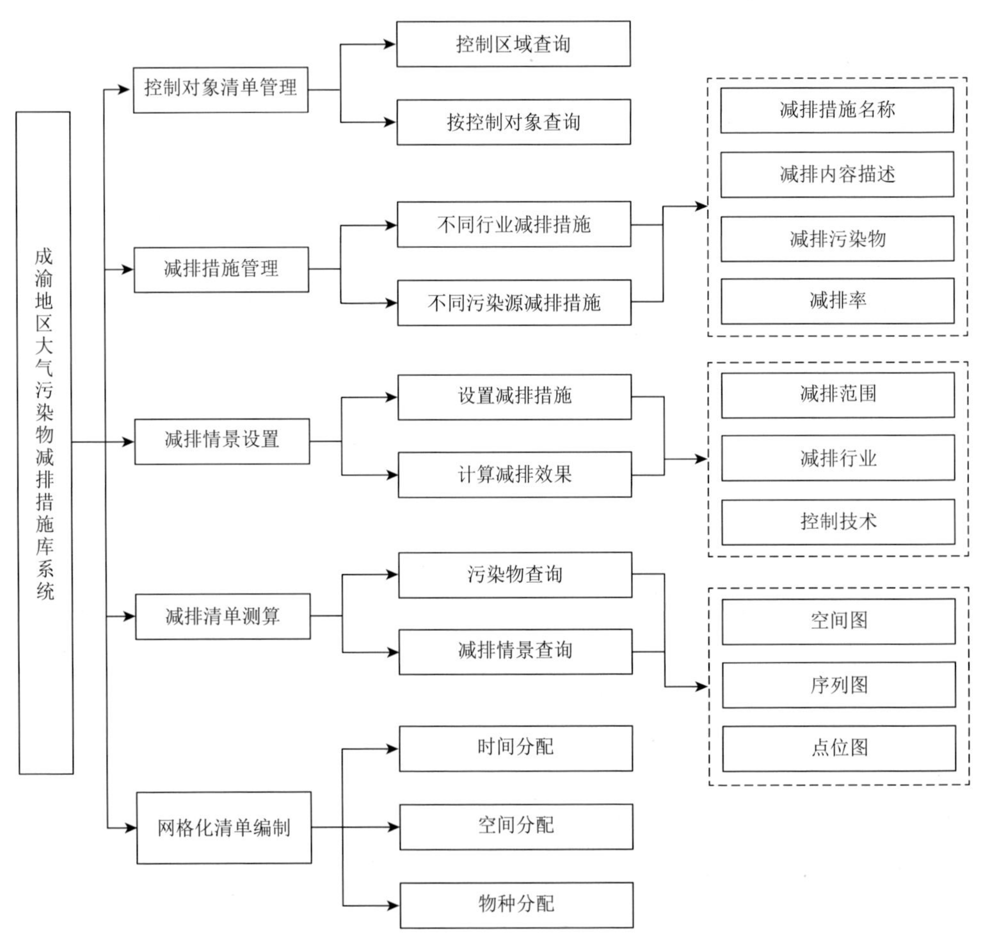

图 7-2　成渝地区大气污染物减排措施库系统架构

1）控制对象清单管理

将收集的重点企业减排信息等导入数据库（可利用 Excel 表格实时导入更新，目前已纳入超过 5000 家企业），构建“案例分析模块”，该数据可从多个角度对成渝地区工业企业减排情况进行清单化和可视化呈现，查询方式包括“按控制对象查询”和“按控制区域查询”两种。

（1）按控制对象查询。如图 7-3 和图 7-4 所示，该功能通过“案例分析-案例数据管理”模块实现，在查询界面，可以按照四种方式查找控制对象。①按照数据来源查询：通过输入企业名称，可直接准确查询到企业所属行业及大气污染物控制情况；②按照减排对象查询：可分行业对各行业大气污染物排放及治理措施进行查询；③按照减排目标查询：可按照污染物种类对其治理措施和涉及企业等进行查询；④按照技术水平查询：可查询不同污染物治理所对应的不同技术水平的减排方式。各查询选项可单独选择，也可同时选择。此外案例分析模块还可对纳入数据库的所有数据进行整体统计学可视化分析。

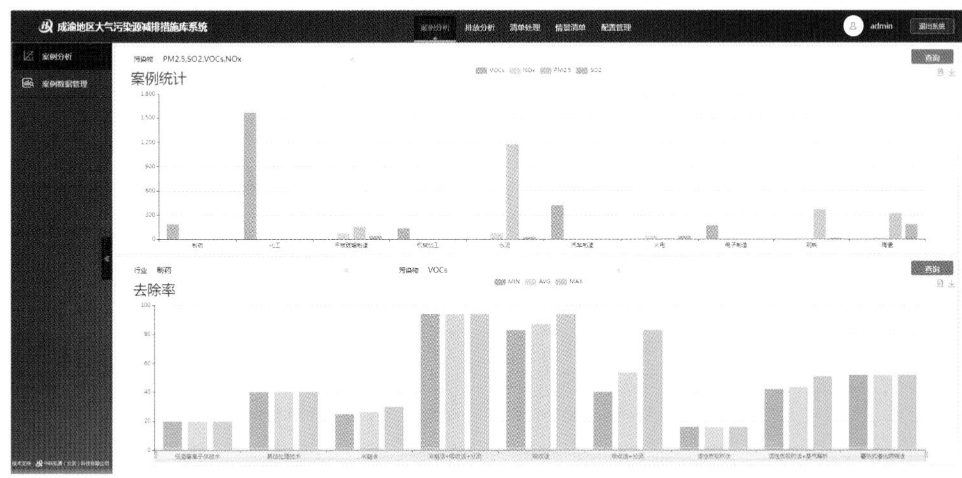

图 7-3 按照控制对象查询界面（案例分析—案例数据管理）

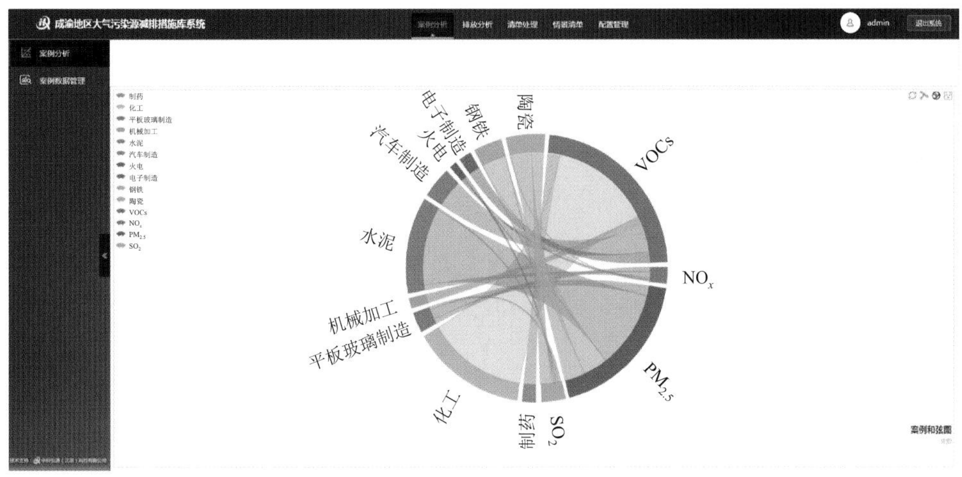

图 7-4 案例分析和弦图界面

（2）按控制区域查询。对于成渝地区各工业企业的排放情况，利用 GIS 技术，将各企业的分布进行了地理可视化呈现。这一部分功能集成在“排放分析”模块。如通过“排放分析—企业汇总”模块（图 7-5），可按照片区—城市—县 3 级查询成渝地区企业大气污染物排放情况，能够对成渝地区企业的分布情况和排放情况进行可视化呈现，并可以根据空气质量站点划定半径识别区域内的涉气企业并分析其大气污染物排放。“排放分析—空间分布”模块也具有类似的可视化功能（图 7-6）。同时，“排放分析”模块还可通过选择情景，对各种减排情景的减排效果进行可视化呈现。

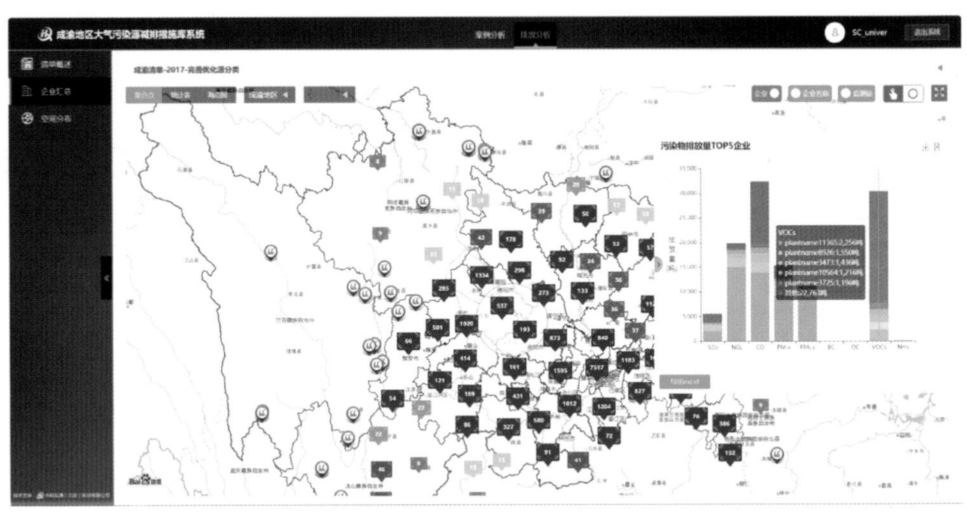

图 7-5　按控制区域查询界面（排放分析—企业汇总）

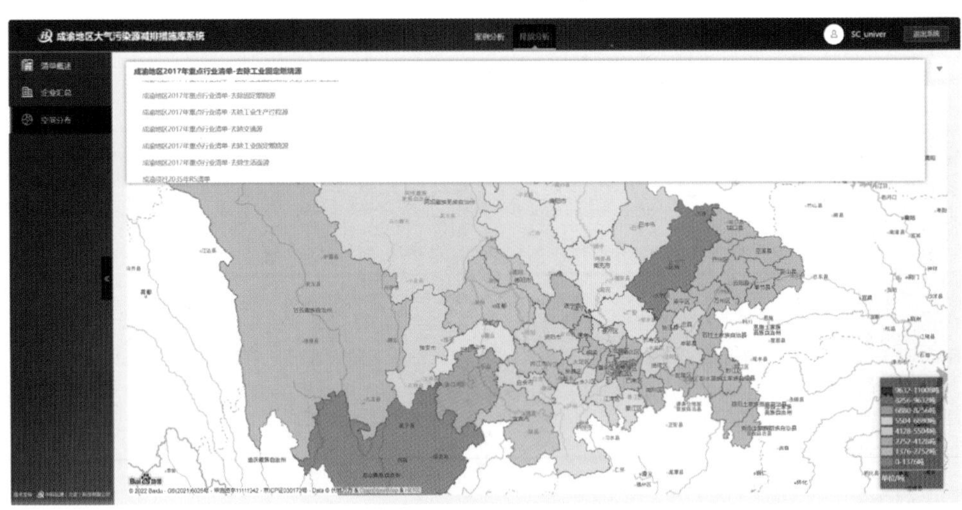

图 7-6　按控制区域查询界面（排放分析—空间分布）

2）减排措施管理

基于用户提供的针对不同污染物、不同行业、不同污染源的减排措施构建减排措施库，将减排技术按照行业和污染源分类，支持用户根据需要选择一种或几种控制技术，在每种控制技术中，可自定义设置控制措施。具体内容包括：①减排措施名称，如火电机组稳定达标治理、挥发性有机物全过程控制、“散乱污”企业综合整治等；②减排内容描述，描述不同减排措施的具体内容，可以针对哪些工艺过程进行治理等；③减排污染物，实施减排措施后可以削减排放量的污染物种类，包括 SO_2、NO_x、$PM_{2.5}$、VOCs、NH_3、CO 和其他污染物；④减排率，每种污染物对应的减排效率，以百分比（%）表示；⑤减排案例，可以设置单页显示的减排案例数目，可设置的数目包括 5、10、20 等，默认设置为 10。

基于文献和政策规划调研，汇总得到部分减排措施库表，管理减排措施库和结构减排措施库分别见表 7-4 和表 7-5。

表 7-4 管理减排措施库

<table>
<tr><th>减排措施</th><th>减排目标</th><th>减排潜力</th><th>难度等级</th><th>适用对象</th></tr>
<tr><td rowspan="6">应急预案，依据《四川省重污染天气应急预案（试行）》制定</td><td>PM、VOCs（蓝色预警）</td><td>5%以上</td><td rowspan="2">易</td><td rowspan="6">工业源、交通源、扬尘源、其他面源</td></tr>
<tr><td>SO_2、NO_x、PM、VOCs（黄色预警）</td><td>10%以上</td></tr>
<tr><td>SO_2、NO_x、PM（橙色预警）</td><td>20%以上</td><td rowspan="2">中</td></tr>
<tr><td>VOCs（橙色预警）</td><td>15%以上</td></tr>
<tr><td>SO_2、NO_x、PM（红色预警）</td><td>30%以上</td><td rowspan="2">难</td></tr>
<tr><td>VOCs（红色预警）</td><td>20%以上</td></tr>
<tr><td>火电机组升级改造，稳定达标排放</td><td>SO_2、NO_x、$PM_{2.5}$</td><td>60%以上</td><td>难</td><td>火电</td></tr>
<tr><td>现有脱硫设施稳定运行，稳定达标排放</td><td>SO_2</td><td rowspan="4">视具体情况而定，一般在 10%以上</td><td rowspan="4">中</td><td>火电、钢铁、玻璃、陶瓷</td></tr>
<tr><td>现有脱硝设施稳定运行，稳定达标排放</td><td>NO_x</td><td>火电、钢铁、水泥、玻璃、陶瓷</td></tr>
<tr><td>现有除尘设施稳定运行，稳定达标排放</td><td>$PM_{2.5}$</td><td>火电、钢铁、水泥、玻璃、陶瓷</td></tr>
<tr><td>挥发性有机物全过程控制</td><td>VOCs</td><td>汽车制造、制药、机械加工、化工、电子制造</td></tr>
<tr><td>健全工业源监测体系，强化监测管理</td><td>SO_2、NO_x、$PM_{2.5}$、VOCs</td><td rowspan="3">5%左右</td><td rowspan="3">中</td><td>工业源</td></tr>
<tr><td>完善减排协同机制，落实考核体系，健全排污权交易</td><td>SO_2、NO_x、$PM_{2.5}$、VOCs</td><td>工业源</td></tr>
<tr><td>工业源清洁生产审核</td><td>SO_2、NO_x、$PM_{2.5}$、VOCs</td><td>工业源</td></tr>
</table>

表 7-5　结构减排措施库

减排措施	减排目标	适用对象
煤改气	SO_2、NO_x、$PM_{2.5}$	燃煤电厂、钢铁、化工、水泥等
煤改电	SO_2、NO_x、$PM_{2.5}$	钢铁、化工、水泥
散煤清洁化治理	SO_2、NO_x、$PM_{2.5}$	钢铁、化工、水泥
淘汰全部水泥立窑、干法中空窑以及湿法窑水泥熟料生产线	SO_2、NO_x、$PM_{2.5}$	水泥
淘汰所有平拉工艺平板玻璃生产线（含格法），有序推进普通浮法玻璃生产线中落后产能淘汰	SO_2、NO_x、$PM_{2.5}$	玻璃
淘汰所有年产 70 万 m^2 以下中低档建筑陶瓷砖、年产 20 万件以下低档卫生陶瓷生产线,淘汰建筑卫生陶瓷土窑、倒焰窑、多孔窑、煤烧明焰隧道窑、隔焰隧道窑、匣钵装卫生陶瓷隧道窑	SO_2、NO_x、$PM_{2.5}$	陶瓷
按照国家产业政策，完成淘汰要求	SO_2、NO_x、$PM_{2.5}$	钢铁、化工
鼓励使用通过环境标志产品认证的环保型涂料、油墨、胶黏剂和清洗剂	VOCs	汽车制造、制药、机械加工、化工、电子制造

3）减排情景设置

如图 7-7 和图 7-8 所示，在减排措施库系统中，支持用户设置不同年份减排清单，自定义选择减排措施，通过系统计算，得到相应减排年份的减排效果。

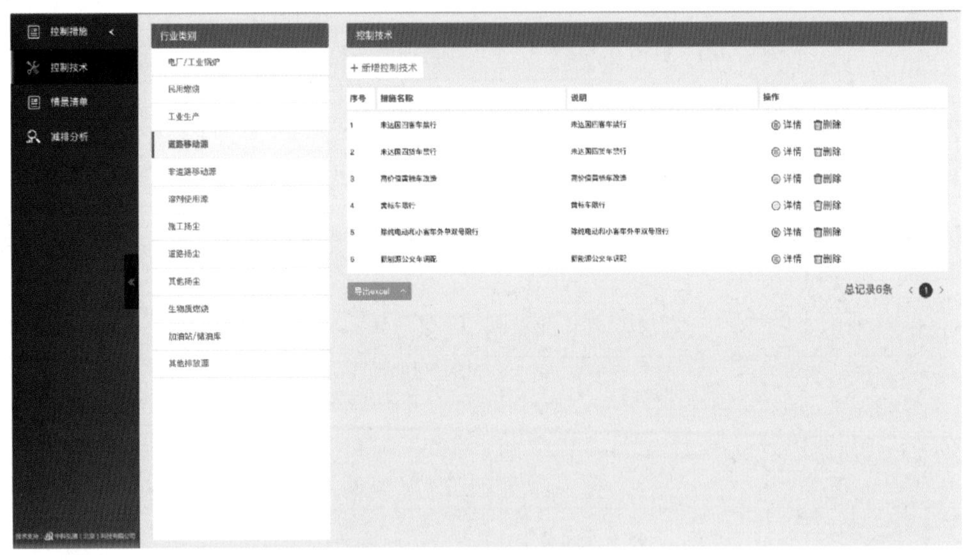

图 7-7　控制技术编辑界面

在减排措施设置中，用户可根据需要按照不同范围、行业，以及控制技术类型进行选择。具体内容包括：①实施范围，按照区域、城市、区县等划分地域范围，用户可选择整个成渝地区进行减排评估，也可以选择某一个或几个城市进行减排评估；②行业选择，可选择火电、钢铁、水泥等重点行业设置减排情景，查看重点行业的减排效果；

③控制类型，主要分为已有控制技术和自定义控制技术两种，已有控制技术是将当前应用比较广泛的减排技术录入减排控制措施库中，供用户进行选择（图 7-8）。此外，系统还支持自定义减排措施，用户可根据实际情况设置减排目标和减排比例。

4）减排清单测算

支持用户根据污染物类别、减排情景对减排结果进行查询。减排结果分三种形式展示：①空间图，在地图上展示成渝地区不同城市在实施减排措施后的减排结果，分别以绿、黄、橙、红等不同颜色表示减排量；②序列图或柱状图，以折线图或柱状图形式展示减排结果，对比不同年份减排清单与基准清单不同污染物的减排量；③点位图，在地图上展示成渝地区不同区县市，不同减排情景、不同行业和不同污染点位分布，以及相应减排量（图 7-9）。

图 7-8　控制情景设计界面

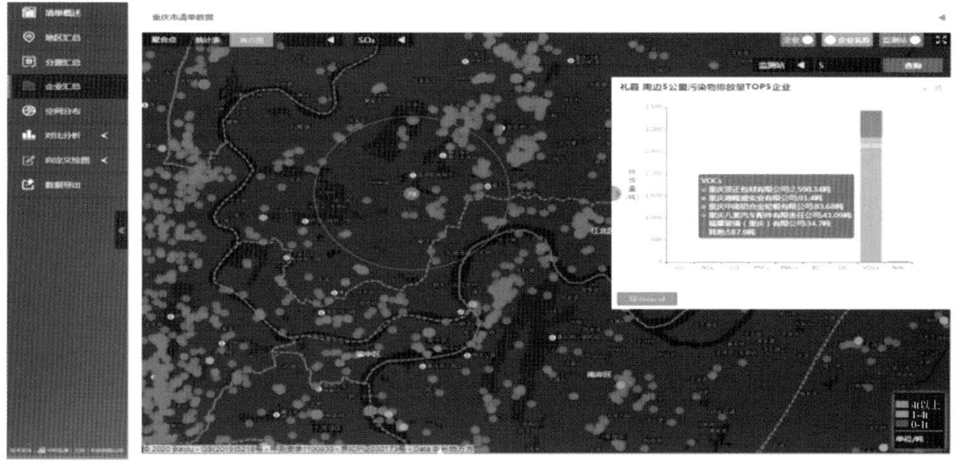

图 7-9　减排清单测算结果展示界面

5）网格化清单编制

减排清单网格化处理模块采用 SMOKE 模型作为核心处理模块，SMOKE 模型将排放源分成点源、面源、移动源和天然源 4 类，对于不同的排放源采用不同的处理方式。其中，对于点源和面源，SMOKE 模型的核心模块是时间分配处理模块、空间分配处理模块和物种分配处理模块。对于点源，SMOKE 模型包括重要点源选择模块和点源烟气抬升计算模块。对于天然源和移动源，SMOKE 模型可采用耦合的清单估算模块直接计算模拟区域天然源和移动源的排放量并作预处理。SMOKEv3.1 中共有 18 个处理模块，其中 Met4moves 和 Movesmrg 模块用于移动源排放清单的估算和处理，Normbeis3、Rawbio、Tmpbeis3 和 Tmpbio 模块用于天然源排放清单的估算和处理。减排清单网格化处理模型流程图和界面分别如图 7-10 和图 7-11 所示。

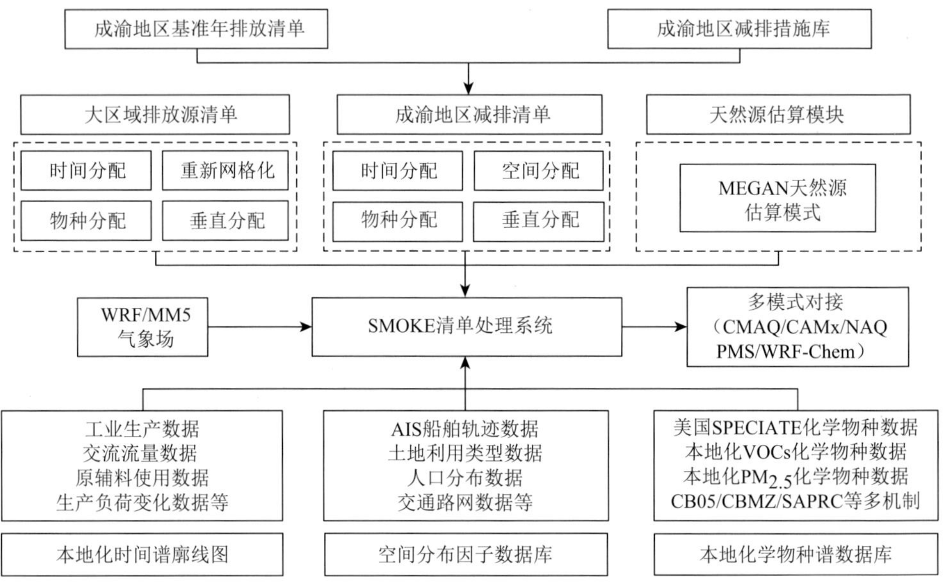

图 7-10 减排清单网格化处理模型流程图

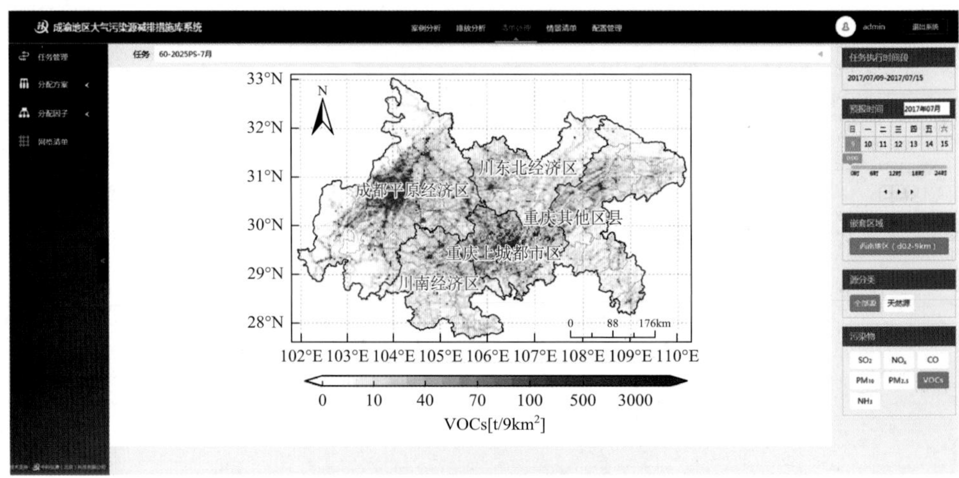

图 7-11 减排清单网格化处理界面

7.2.2 综合减排情景清单

7.2.2.1 各类措施减排量折算比例结果

根据“产业-能源-末端”综合情景设定，基于成渝地区减排措施库系统中不同措施的减排量计算结果，折算出各类措施分阶段分强度减排占比，具体结果见表 7-6。

表 7-6 2025 年攻坚情景和 2035 年激进情景下各类措施减排比例折算结果

分类	减排措施	类别	减排强度/%			
			2025 年 OS	2025 年 RS	2035 年 OS	2035 年 RS
电厂	超低排放改造	末端治理	100	100	100	100
	压小变大	产业结构	20	40	50	50
	替代自备燃煤机组	能源结构	20	40	50	100
工业锅炉	替代 10 蒸吨以下燃煤锅炉	能源结构	100	100	100	100
	替代 35 蒸吨以下燃煤锅炉	能源结构	10	20	50	100
	替代生物质锅炉	能源结构	20	40	100	100
	工业锅炉低氮燃烧改造	产业结构	100	100	100	100
民用燃烧	替代燃煤量	能源结构	20	40	50	100
	替代生物质	能源结构	20	40	50	100
建材	缩减产能	产业结构	10	20	20	50
	能效提升	能源结构	10	10	20	30
	玻璃深度治理	末端治理	100	100	100	100
	水泥超低排放改造	末端治理	100	100	100	100
	陶瓷深度治理	末端治理	100	100	100	100
	砖瓦深度治理	末端治理	100	100	100	100
钢铁	缩减产能	产业结构	10	10	20	50
	能效提升	能源结构	10	10	20	30
	超低排放改造	末端治理	100	100	100	100
有色金属	缩减产能	产业结构	10	20	20	50
	能效提升	能源结构	10	10	20	30
化工（医药）	减少溶剂使用量	产业结构	20	20	50	80
	减少无组织排放	产业结构	100	100	100	100
	工业 VOCs 深度治理	末端治理	100	100	100	100
石化	减少无组织排放	产业结构	100	100	100	100
	工业 VOCs 深度治理	末端治理	100	100	100	100
橡塑制品	减少无组织排放	产业结构	100	100	100	100
	工业 VOCs 深度治理	末端治理	100	100	100	100

续表

分类	减排措施	类别	减排强度/%			
			2025 年 OS	2025 年 RS	2035 年 OS	2035 年 RS
其他（纺织＋制鞋）	减少无组织排放	产业结构	100	100	100	100
	工业 VOCs 深度治理	末端治理	100	100	100	100
汽车及零部件制造	推广低 VOCs 含量原辅料	产业结构	20	40	50	100
	工业 VOCs 深度治理	末端治理	100	100	100	100
家具	推广低 VOCs 含量原辅料	产业结构	20	40	50	100
	工业 VOCs 深度治理	末端治理	100	100	100	100
包装印刷	推广低 VOCs 含量原辅料	产业结构	20	40	50	100
	工业 VOCs 深度治理	末端治理	100	100	100	100
电子	推广低 VOCs 含量原辅料	产业结构	20	40	50	100
	工业 VOCs 深度治理	末端治理	100	100	100	100
装备制造	推广低 VOCs 含量原辅料	产业结构	20	40	50	100
	工业 VOCs 深度治理	末端治理	100	100	100	100
其他	推广低 VOCs 含量原辅料	产业结构	20	40	50	100
	工业 VOCs 深度治理	末端治理	100	100	100	100
载客汽车	纯电动化替代	交通结构	20	40	50	100
载货汽车	淘汰国三柴油及燃气货车	交通结构	100	100	100	100
	纯电动化或新能源替代	交通结构	20	40	50	100
非道路移动机械	淘汰国一及以下非道路移动机械	交通结构	20	40	50	100
内河船舶	岸电使用	交通结构	20	40	50	100
非工业溶剂使用	溶剂替代或减少使用	生活方式	10	20	30	40
农药使用	减少农药使用	其他	10	20	30	40
餐饮油烟	餐饮油烟治理	生活方式	10	20	30	40
烟熏腊肉	烟熏腊肉集中整治	生活方式	10	20	30	40
扬尘	扬尘综合防治	其他	10	20	30	40

7.2.2.2 分阶段分类别情景清单排放量结果

基于 2017 年成渝地区基准排放清单，结合各项措施减排比例，运用减排措施库平台核算可得 2025 年和 2035 年 OS、RS 情景下成渝地区 SO_2、NO_x、$PM_{2.5}$、VOCs 和 CO_2 的减排量，同时在保持现有经济社会发展及污染物排放水平下核算了基准情景（BS）排放量，各情景排放总量对比如图 7-12 所示。BS 情景下，除 NO_x 排放量相较基准年增加外，其他污染物排放量均所减少，但仍处于高位排放阶段。OS 和 RS 情景下，由于加大了减排措施实施力度，各污染物排放量均有不同程度的减少。截至 2035 年，OS 情景下 SO_2、NO_x、$PM_{2.5}$、VOCs 和 CO_2 排放量相较于 2017 年分别减少 20 万 t、44 万 t、38 万 t、

61 万 t 和 18 千万 t，RS 情景下 SO_2、NO_x、$PM_{2.5}$、VOCs 和 CO_2 排放量相较于 2017 年分别减少 26 万 t、70 万 t、45 万 t、75 万 t 和 28 千万 t。

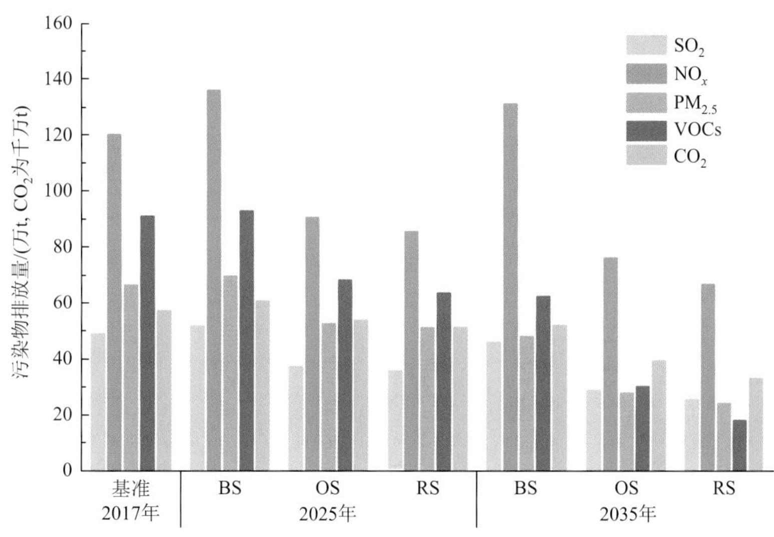

图 7-12　2025 年和 2035 年各情景下大气污染物排放量与 2017 年对比情况

7.2.2.3　情景清单空间结果展示

根据“产业—能源—末端”综合情景减排量核算结果，在 2017 年基准排放清单的基础上，核算出了 2025 年、2035 年 BS、OS 以及 RS 情景清单排放量结果，图 7-13、图 7-14 和图 7-15 分别给出了不同情景下 NO_x、$PM_{2.5}$、VOCs 排放量空间分布情况。

1）NO_x

由图 7-13 可以看出，成渝地区 NO_x 分布主要是以各城市的核心城区为中心，沿各大路网延伸，特别是重庆中心城区和成都平原经济区是 NO_x 高值区。其中有两条明显的分布路线，一条是以成都平原为中心向南北方向（绵阳—成都—眉山—乐山）延伸分布；

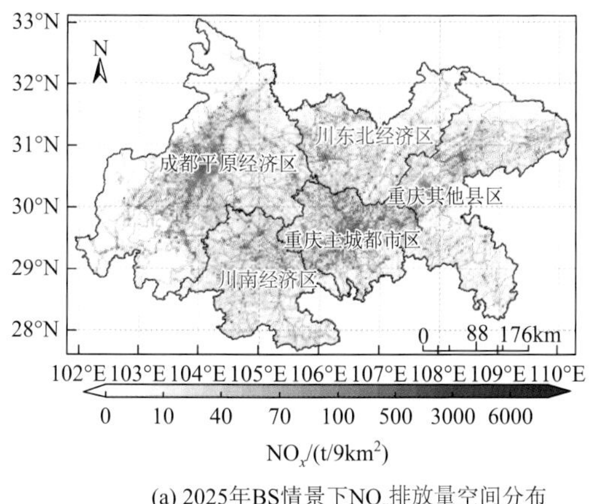

(a) 2025年BS情景下NO_x排放量空间分布

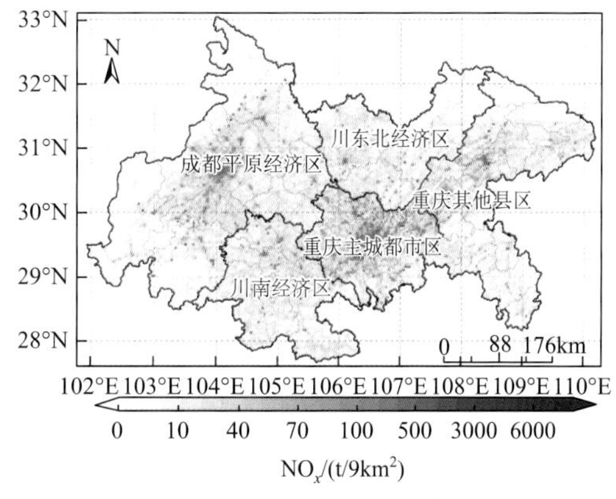

(b) 2025年OS情景下NO_x排放量空间分布

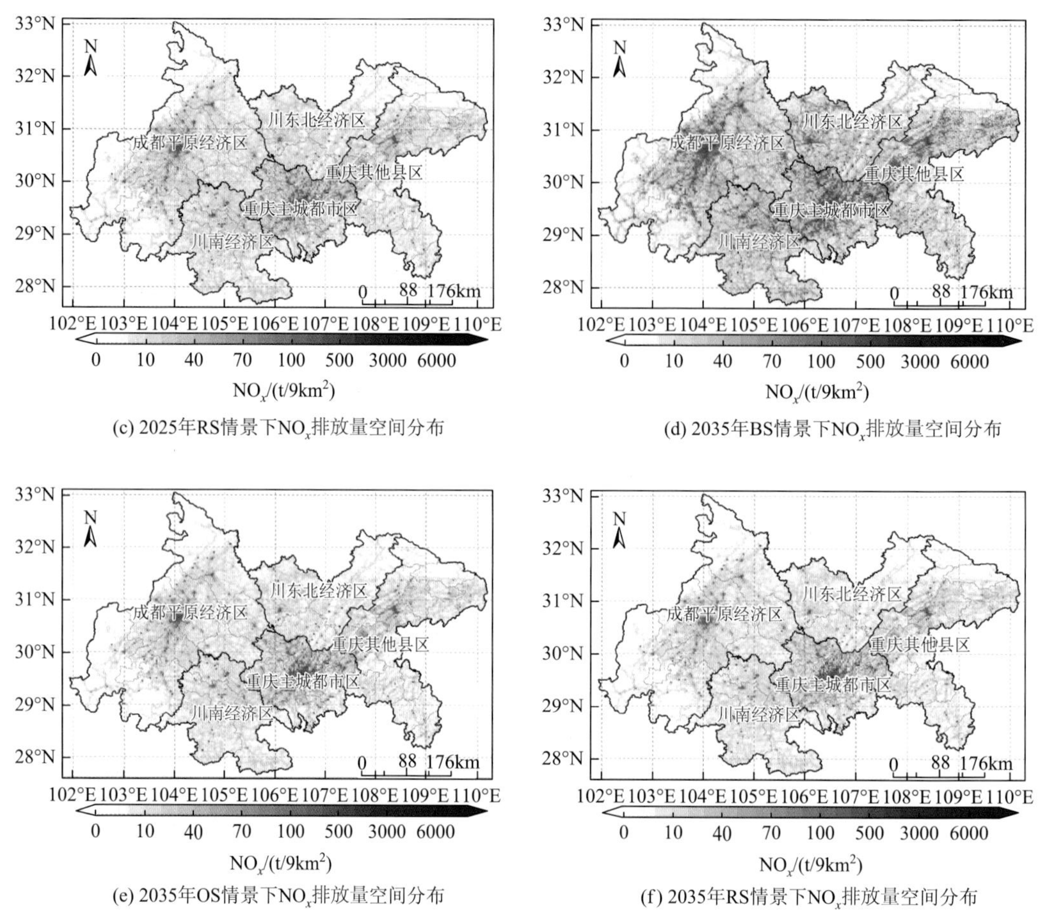

(c) 2025年RS情景下NO_x排放量空间分布

(d) 2035年BS情景下NO_x排放量空间分布

(e) 2035年OS情景下NO_x排放量空间分布

(f) 2035年RS情景下NO_x排放量空间分布

图 7-13　各类情景 NO_x 排放量空间分布

另一条是以重庆中心城区为核心，从川南地区沿长江沿线（宜宾—泸州—江津—重庆中心城区—长寿—涪陵—万州）分布。从不同情景来看，2025 年和 2035 年 BS 情景 NO_x 排放量明显高于 2017 年，OS 情景和 RS 情景分别实现了不同强度的减排。

2）$PM_{2.5}$

与 NO_x 类似，从图 7-14 可看出，成渝地区 $PM_{2.5}$ 排放量分布同样是以城市核心区为主，特别是成都市和重庆中心城区。从量级上看，重庆市 $PM_{2.5}$ 排放量略高于四川省。从不同情景来看，2025 年和 2035 年 BS 情景 $PM_{2.5}$ 排放量明显高于 2017 年，OS 情景和 RS 情景分别实现了不同强度的减排。

3）VOCs

与前两类污染物类似，由图 7-15 可看出，VOCs 空间分布高值区同样在城市核心区，特别是成都平原经济区和重庆中心城区。从量级上看，四川省 VOCs 排放量略高于重庆市。从不同情景来看，2025 年和 2035 年 BS 情景 VOCs 排放量明显高于 2017 年，OS 情景和 RS 情景分别实现了不同强度的减排。

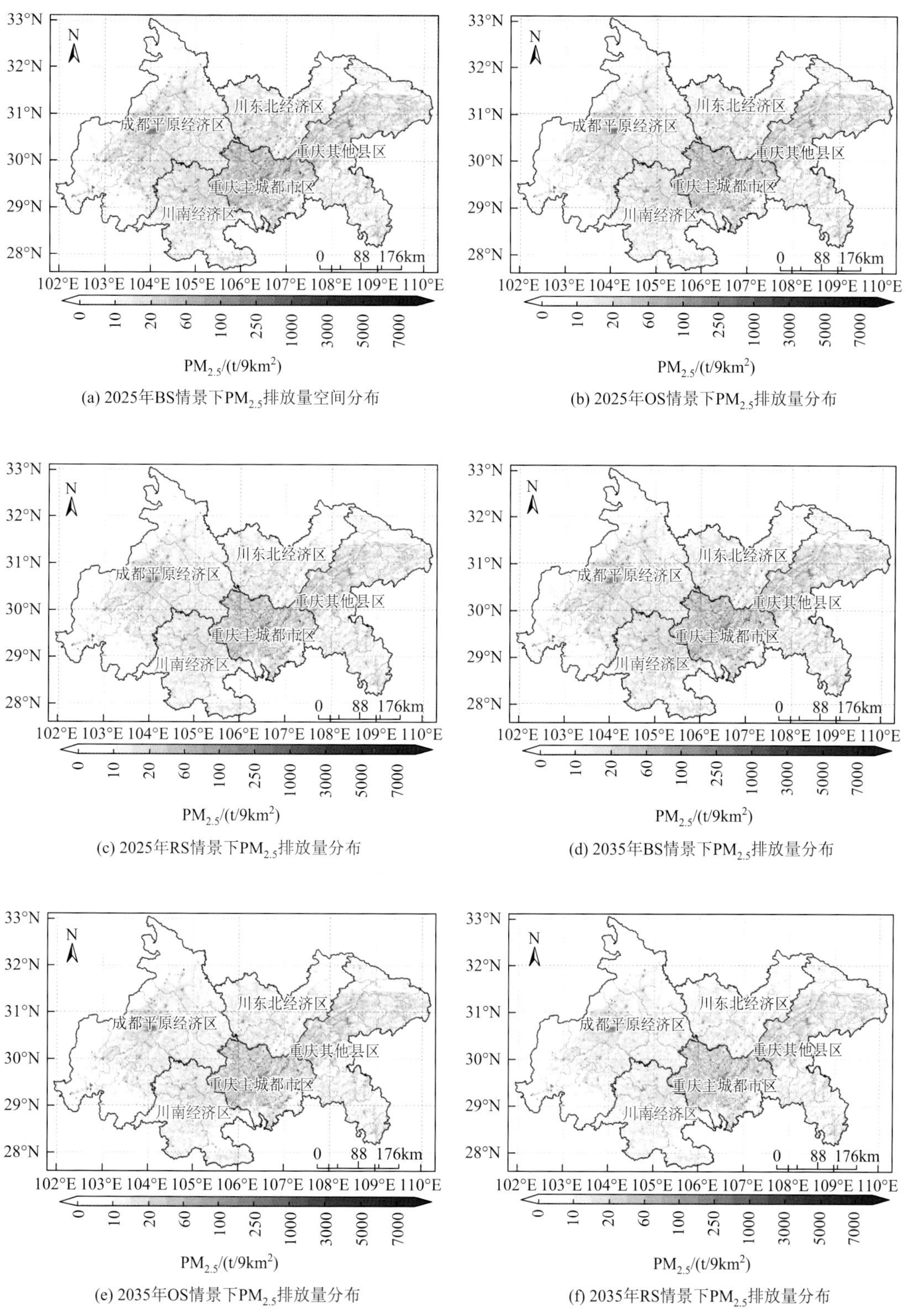

(a) 2025年BS情景下$PM_{2.5}$排放量空间分布

(b) 2025年OS情景下$PM_{2.5}$排放量分布

(c) 2025年RS情景下$PM_{2.5}$排放量分布

(d) 2035年BS情景下$PM_{2.5}$排放量分布

(e) 2035年OS情景下$PM_{2.5}$排放量分布

(f) 2035年RS情景下$PM_{2.5}$排放量分布

图 7-14 各类情景 $PM_{2.5}$ 排放量空间分布情况

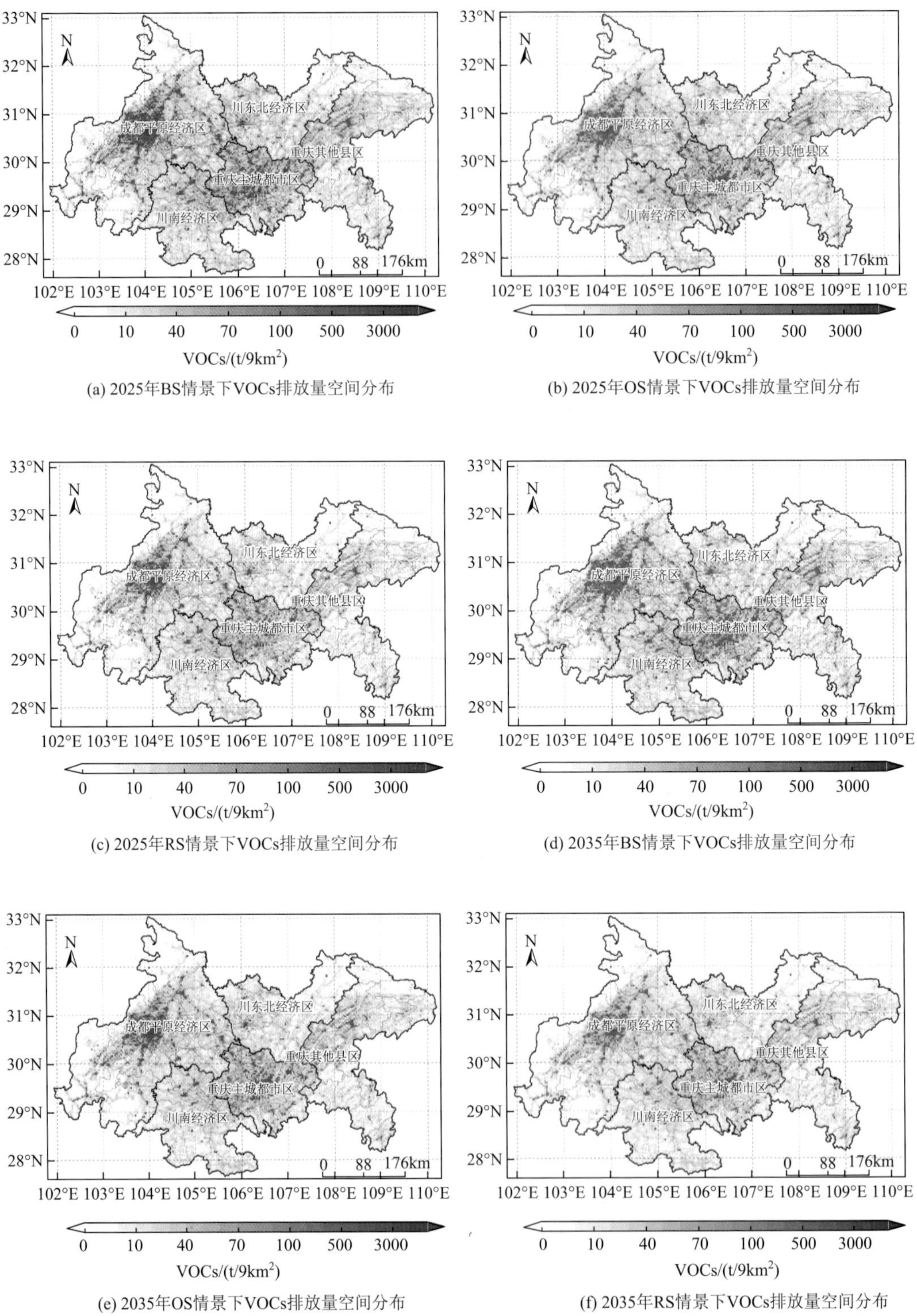

(a) 2025年BS情景下VOCs排放量空间分布

(b) 2025年OS情景下VOCs排放量空间分布

(c) 2025年RS情景下VOCs排放量空间分布

(d) 2035年BS情景下VOCs排放量空间分布

(e) 2035年OS情景下VOCs排放量空间分布

(f) 2035年RS情景下VOCs排放量空间分布

图 7-15　各类情景 VOCs 排放量空间分布情况

7.3 “产业-能源-末端”综合减排情景效果评估

7.3.1 综合减排情景效果评估

根据空气质量模型 CMAQ 对不同减排情景下的空气质量改善效果进行评估，主要包括 $PM_{2.5}$ 和 O_3。

7.3.1.1 $PM_{2.5}$

综合减排基准情景（BS）下，成渝地区产业、能源、交通结构优化和末端治理方面总体将遵循现有政策的既定目标和历史发展规律，污染物排放总量整体呈缓慢上升趋势，2025 年和 2035 年 $PM_{2.5}$ 浓度略有上升，其中重庆市中心城区和主城新区上升幅度高于其他区域。综合减排攻坚情景（OS）下，成渝地区产业、能源、交通结构优化和末端治理方面总体呈向好态势，情景预测年间各项指标超额完成既定政策目标，社会经济发展将重点考虑生态环境保护，贯彻绿色优先、低碳优先理念，污染物排放总量整体下降，2025 年和 2035 年 $PM_{2.5}$ 污染有所改善。综合减排激进情景（RS）下，成渝地区产业、能源、交通结构优化和末端治理方面总体呈激进态势，情景预测年间各项指标以最大改善潜力为目标，社会经济发展将以区域生态环境保护为首要目标，污染物排放总量降幅最大，2025 年和 2035 年 $PM_{2.5}$ 污染显著改善。

2025 年和 2035 年 BS 情景下，成渝地区 $PM_{2.5}$ 浓度增加值较高的地区与大气自净能力低值区域吻合，该情景下污染物排放量略有上升［图 7-16（a）、图 7-16（b）］，在大气自净能力较差的区域，污染物更容易累积使得 $PM_{2.5}$ 浓度增加值更高。2025 和 2035 年 OS 和 RS 情景下达州市、广安市、重庆市中心城区、江津区、綦江区以及成渝地区西部和南部 $PM_{2.5}$ 污染改善相对明显，如图 7-16（c）～图 7-16（f）所示。从污染物排放行业来看，这些区域水泥行业 $PM_{2.5}$ 和 NO_x 排放量较高；眉山市、自贡市、乐山市、成都市、广安市、达州市陶瓷行业 $PM_{2.5}$ 和 NO_x 排放量较高；成都平原西部、西南部和达州市钢铁行业 $PM_{2.5}$ 和 SO_2 排放量较高；达州市、眉山市、乐山市、内江市和綦江区有

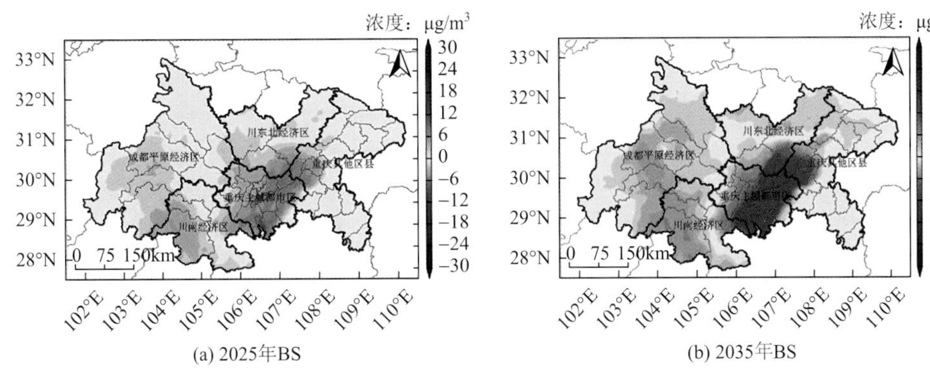

(a) 2025年BS　　(b) 2035年BS

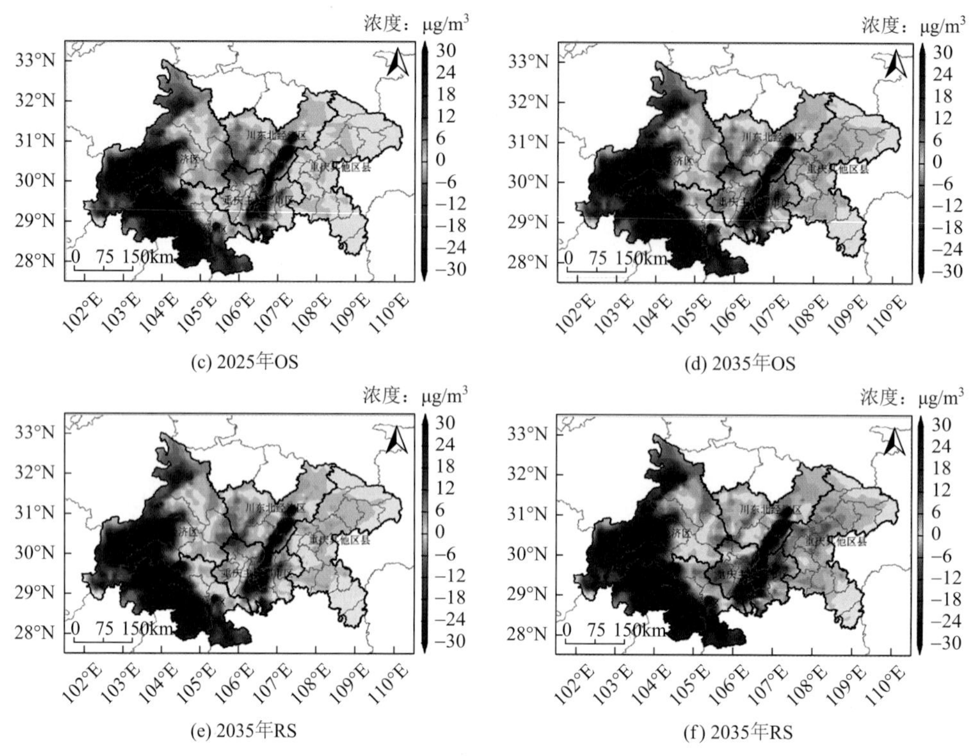

图 7-16　成渝地区在不同情景下的 $PM_{2.5}$ 浓度变化

较多火电企业；成都市和重庆市中心城区交通路网发达，NO_x 排放量很高。$PM_{2.5}$ 污染改善相对明显的地区拥有相对较高的 $PM_{2.5}$ 及其前体物排放量，与污染物累积排放量高值区域基本吻合，并且与大气自净能力低值区基本吻合，因此在 OS 和 RS 情景下 $PM_{2.5}$ 污染改善相对明显。不同情景下 $PM_{2.5}$ 浓度变化和重点源类对 $PM_{2.5}$ 浓度变化的贡献见表 7-7～表 7-11。

表 7-7　成渝地区不同情景下 $PM_{2.5}$ 浓度变化　　（单位：μg/m³）

区域	2025 年 BS	2025 年 OS	2025 年 RS	2035 年 BS	2035 年 OS	2035 年 RS
成都平原经济区	1.57	−11.31	−13.85	3.54	−13.3	−16.47
川南经济区	1.82	−11.94	−13.81	3.7	−12.56	−16.37
川东北经济区	2.26	−9.60	−10.42	3.58	−9.63	−12.18
重庆市中心城区	4.02	−12.23	−13.61	7.43	−13.85	−17.39
重庆市主城新区	4.84	−6.33	−7.36	8.95	−8.24	−11.46
渝东北	2.59	−5.49	−6.02	4.33	−6.54	−9.37
渝东南	1.24	−4.75	−5.85	1.61	−5.89	−7.40
四川省	1.80	−11.08	−13.03	3.59	−12.23	−15.43
重庆市	3.52	−7.43	−8.43	6.29	−8.93	−11.89

表 7-8 生活面源对 $PM_{2.5}$ 浓度变化的贡献 （单位：$\mu g/m^3$）

区域	2025 年 BS	2025 年 OS	2025 年 RS	2035 年 BS	2035 年 OS	2035 年 RS
成都平原经济区	0.20	−1.46	−1.78	0.46	−1.71	−2.12
川南经济区	0.22	−1.46	−1.69	0.45	−1.54	−2.01
川东北经济区	0.31	−1.32	−1.43	0.49	−1.32	−1.67
重庆市中心城区	0.76	−2.31	−2.57	1.40	−2.62	−3.29
重庆市主城新区	0.99	−1.30	−1.51	1.83	−1.69	−2.35
渝东北	0.51	−1.08	−1.19	0.85	−1.29	−1.85
渝东南	0.28	−1.06	−1.31	0.36	−1.32	−1.66
四川省	0.23	−1.43	−1.68	0.46	−1.58	−1.99
重庆市	0.70	−1.48	−1.68	1.26	−1.78	−2.38

表 7-9 工业固定燃烧源对 $PM_{2.5}$ 浓度变化的贡献 （单位：$\mu g/m^3$）

区域	2025 年 BS	2025 年 OS	2025 年 RS	2035 年 BS	2035 年 OS	2035 年 RS
成都平原经济区	0.13	−0.94	−1.15	0.30	−1.11	−1.37
川南经济区	0.26	−1.70	−1.97	0.53	−1.79	−2.34
川东北经济区	0.29	−1.22	−1.32	0.45	−1.22	−1.55
重庆市中心城区	0.23	−0.70	−0.78	0.43	−0.79	−1.00
重庆市主城新区	0.59	−0.77	−0.90	1.09	−1.00	−1.40
渝东北	0.44	−0.92	−1.01	0.73	−1.10	−1.58
渝东南	0.15	−0.57	−0.70	0.19	−0.70	−0.88
四川省	0.20	−1.20	−1.41	0.39	−1.33	−1.67
重庆市	0.38	−0.80	−0.91	0.68	−0.96	−1.28

表 7-10 交通源对 $PM_{2.5}$ 浓度变化的贡献 （单位：$\mu g/m^3$）

区域	2025 年 BS	2025 年 OS	2025 年 RS	2035 年 BS	2035 年 OS	2035 年 RS
成都平原经济区	0.70	−5.05	−6.18	1.58	−5.94	−7.35
川南经济区	0.69	−4.50	−5.21	1.39	−4.74	−6.17
川东北经济区	0.70	−2.97	−3.22	1.11	−2.98	−3.77
重庆市中心城区	1.39	−4.23	−4.71	2.57	−4.79	−6.01
重庆市主城新区	1.85	−2.41	−2.81	3.41	−3.14	−4.37
渝东北	1.05	−2.22	−2.44	1.75	−2.65	−3.79
渝东南	0.49	−1.89	−2.33	0.64	−2.35	−2.95
四川省	0.72	−4.42	−5.20	1.43	−4.88	−6.16
重庆市	1.32	−2.78	−3.16	2.36	−3.34	−4.45

表 7-11　工业生产过程源对 $PM_{2.5}$ 浓度变化的贡献　（单位：$\mu g/m^3$）

区域	2025 年 BS	2025 年 OS	2025 年 RS	2035 年 BS	2035 年 OS	2035 年 RS
成都平原经济区	0.54	−3.86	−4.73	1.21	−4.54	−5.62
川南经济区	0.65	−4.27	−4.94	1.32	−4.49	−5.86
川东北经济区	0.96	−4.10	−4.45	1.53	−4.11	−5.20
重庆市中心城区	1.64	−4.99	−5.55	3.03	−5.65	−7.10
重庆市主城新区	1.41	−1.85	−2.15	2.61	−2.40	−3.34
渝东北	0.60	−1.26	−1.38	1.00	−1.50	−2.16
渝东南	0.32	−1.23	−1.52	0.42	−1.53	−1.92
四川省	0.65	−4.03	−4.74	1.31	−4.45	−5.61
重庆市	1.12	−2.36	−2.68	2.00	−2.84	−3.78

7.3.1.2　O_3

综合减排基准情景（BS）下，成渝地区 2025 年和 2035 年 O_3 浓度有小幅上升，其中成都市、重庆市中心城区及其以东地区上升幅度大于其他区域。综合减排攻坚情景（OS）和综合减排激进情景（RS）下，成渝地区 2025 年和 2035 年 O_3 浓度整体下降，成渝地区东部、川南经济区和重庆市中心城区以东下降幅度相对较大，整体上与 VOCs 和 NO_x 高排放区域空间分布一致（图 7-17）。成都市和重庆市主城新区等部分小范围地区 O_3 浓度有所升高，可能与交通源和工业固定燃烧源减排导致 NO_x 排放量下降有关，这两类源的 NO_x 排放量远高于 VOCs，模型模拟的 O_3 在城市区域对 NO_x 的敏感性为负，因此 NO_x 排放量下降可能会导致 O_3 浓度升高。O_3 与其前体物之间的关系高度非线性，不同行业排放的污染物对 O_3 浓度影响差异较大，制定减排措施需要充分考虑部分地区复杂排放情况下的化学反应过程。

成渝地区不同情景下的 O_3 浓度变化和重点源类对 O_3 浓度变化的贡献见表 7-12～表 7-16。

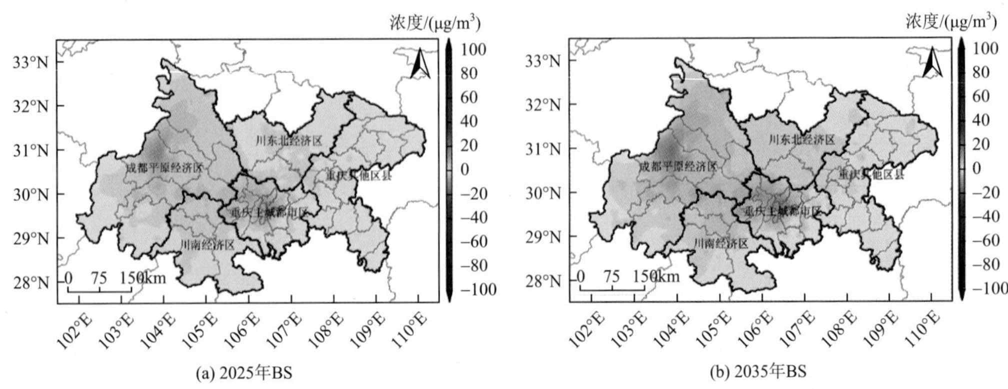

(a) 2025年BS　　(b) 2035年BS

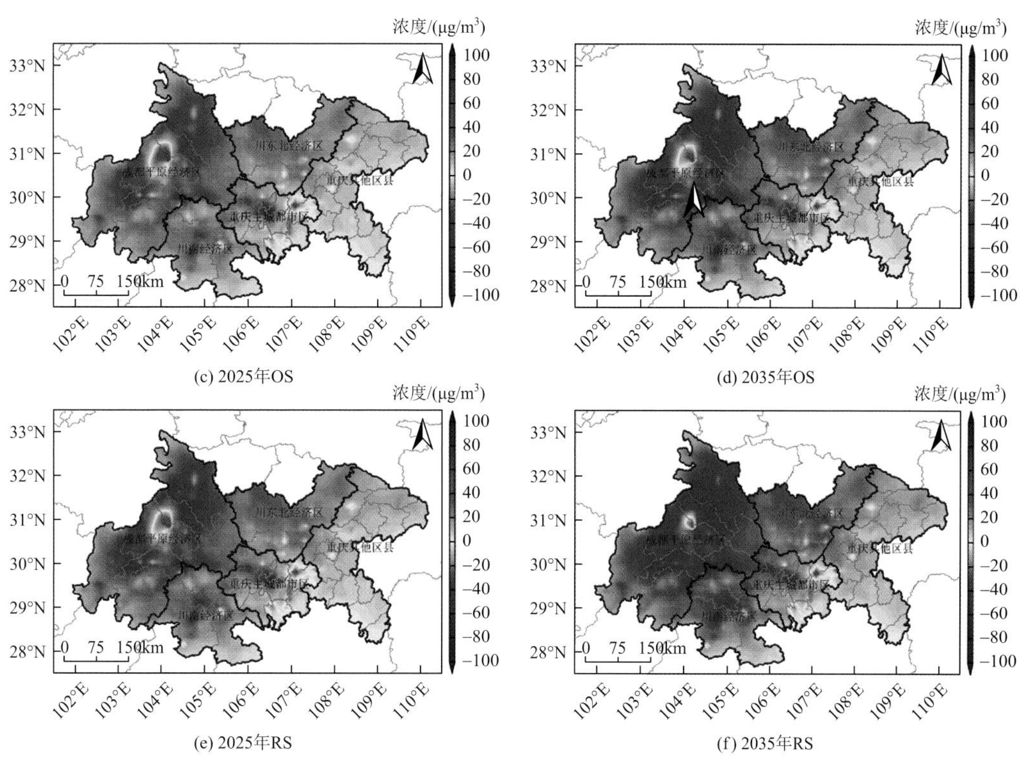

(c) 2025年OS

(d) 2035年OS

(e) 2025年RS

(f) 2035年RS

图 7-17 成渝地区在不同情景下的 O_3 浓度变化

表 7-12 成渝地区不同减排情景下 O_3 浓度变化 （单位：μg/m³）

区域	2025 年 BS	2025 年 OS	2025 年 RS	2035 年 BS	2035 年 OS	2035 年 RS
成都平原经济区	5.48	−23.13	−28.85	7.83	−29.14	−33.42
川南经济区	4.06	−21.97	−27.80	5.50	−27.92	−31.65
川东北经济区	3.76	−19.70	−26.62	5.27	−25.39	−27.36
重庆市中心城区	6.02	−22.07	−24.71	8.61	−26.88	−29.17
重庆市主城新区	5.84	−19.44	−22.63	8.15	−24.29	−26.48
渝东北	3.59	−17.43	−17.82	5.33	−18.54	−20.23
渝东南	3.24	−13.57	−14.34	4.61	−15.79	−17.78
四川省	4.68	−22.00	−28.03	6.58	−27.92	−31.50
重庆市	4.93	−18.76	−20.73	7.03	−22.25	−24.30

表 7-13 生活面源对 O_3 浓度变化的贡献 （单位：μg/m³）

区域	2025 年 BS	2025 年 OS	2025 年 RS	2035 年 BS	2035 年 OS	2035 年 RS
成都平原经济区	1.00	−4.21	−5.25	1.42	−5.30	−6.08
川南经济区	0.84	−4.56	−5.78	1.14	−5.80	−6.57
川东北经济区	0.45	−2.38	−3.22	0.64	−3.07	−3.31
重庆市中心城区	4.06	−14.87	−16.65	5.80	−18.12	−19.66

续表

区域	2025 年 BS	2025 年 OS	2025 年 RS	2035 年 BS	2035 年 OS	2035 年 RS
重庆市主城新区	3.18	−10.59	−12.33	4.44	−13.23	−14.42
渝东北	0.60	−2.92	−2.99	0.89	−3.11	−3.39
渝东南	0.49	−2.05	−2.17	0.70	−2.39	−2.69
四川省	0.83	−3.88	−4.95	1.16	−4.93	−5.56
重庆市	1.99	−7.57	−8.36	2.84	−8.97	−9.80

表 7-14　工业固定燃烧源对 O_3 浓度变化的贡献　（单位：μg/m^3）

区域	2025 年 BS	2025 年 OS	2025 年 RS	2035 年 BS	2035 年 OS	2035 年 RS
成都平原经济区	0.22	−0.93	−1.16	0.31	−1.17	−1.34
川南经济区	0.07	−0.39	−0.50	0.10	−0.50	−0.56
川东北经济区	0.09	−0.50	−0.67	0.13	−0.64	−0.69
重庆市中心城区	−0.81	2.96	3.32	−1.16	3.61	3.91
重庆市主城新区	−1.25	4.17	4.85	−1.75	5.21	5.68
渝东北	0.29	−1.43	−1.46	0.44	−1.52	−1.66
渝东南	0.31	−1.30	−1.37	0.44	−1.51	−1.70
四川省	0.15	−0.70	−0.89	0.21	−0.88	−1.00
重庆市	−0.28	1.08	1.19	−0.40	1.27	1.39

表 7-15　交通源对 O_3 浓度变化的贡献　（单位：μg/m^3）

区域	2025 年 BS	2025 年 OS	2025 年 RS	2035 年 BS	2035 年 OS	2035 年 RS
成都平原经济区	2.02	−8.51	−10.62	2.88	−10.72	−12.30
川南经济区	1.32	−7.13	−9.02	1.78	−9.06	−10.27
川东北经济区	1.84	−9.66	−13.05	2.58	−12.45	−13.41
重庆市中心城区	−5.79	21.24	23.78	−8.29	25.87	28.07
重庆市主城新区	−1.92	6.38	7.43	−2.68	7.98	8.70
渝东北	1.63	−7.92	−8.10	2.42	−8.43	−9.20
渝东南	1.52	−6.38	−6.74	2.17	−7.42	−8.36
四川省	1.78	−8.38	−10.67	2.51	−10.63	−11.99
重庆市	−0.64	2.42	2.68	−0.91	2.88	3.14

表 7-16　工业生产过程源对 O_3 浓度变化的贡献　（单位：μg/m^3）

区域	2025 年 BS	2025 年 OS	2025 年 RS	2035 年 BS	2035 年 OS	2035 年 RS
成都平原经济区	2.25	−9.48	−11.83	3.21	−11.95	−13.70
川南经济区	1.83	−9.89	−12.51	2.48	−12.57	−14.24
川东北经济区	1.37	−7.16	−9.68	1.92	−9.23	−9.95
重庆市中心城区	8.56	−31.40	−35.15	12.25	−38.24	−41.50

续表

区域	2025 年 BS	2025 年 OS	2025 年 RS	2035 年 BS	2035 年 OS	2035 年 RS
重庆市主城新区	5.83	−19.40	−22.59	8.13	−24.24	−26.43
渝东北	1.06	−5.15	−5.27	1.58	−5.48	−5.98
渝东南	0.92	−3.84	−4.06	1.31	−4.47	−5.03
四川省	1.92	−9.05	−11.53	2.71	−11.48	−12.95
重庆市	3.86	−14.69	−16.24	5.51	−17.43	−19.03

7.3.2 空气质量改善目标可达性分析

根据空气质量模型模拟结果，以 2019 年为基准年，统计不同减排情景下成渝地区各区域 $PM_{2.5}$ 和 O_3 预测浓度，具体结果见表 7-17 和表 7-18。可以看到，在 OS 和 RS 情景下各指标浓度与 2019 年相比均有明显改善，2025 年 OS 情景下，除川南经济区和川东北经济区 $PM_{2.5}$ 浓度略微高于目标值外，整体来看四川省和重庆市都能达到“十四五”成渝地区大气环境规划指标中 $PM_{2.5}$ 浓度的 2025 年规划目标（四川省 29.5μg/m^3，重庆市低于 31μg/m^3）。2035 年 RS 情景下，四川省和重庆市整体都能达到 2035 年美丽中国目标（$PM_{2.5}$ 浓度低于 25μg/m^3），川南经济区和重庆市主城新区 $PM_{2.5}$ 浓度略高于目标值，川东北经济区需要采取更加有力的减排措施才能够达到目标。

表 7-17 成渝地区不同减排情景下 $PM_{2.5}$ 预测浓度 （单位：μg/m^3）

区域	2019 年	2025BS	2025PS	2025RS	2035BS	2035PS	2035RS
成都平原经济区	37.0	38.6	25.7	23.2	40.5	23.7	20.5
川南经济区	42.0	43.8	30.1	28.2	45.7	29.4	25.6
川东北经济区	41.0	43.3	31.4	30.6	44.6	31.4	28.8
重庆中心城区	37.2	41.3	27.6	27.1	44.7	26.5	23.7
重庆主城新区	37.3	42.2	31.0	30.0	46.3	29.1	25.9
渝东北	33.1	35.7	25.0	23.6	37.4	23.4	22.0
渝东南	29.4	30.6	24.6	23.5	31.0	23.5	19.9
四川省	39.0	41.1	28.3	26.3	42.9	27.1	23.9
重庆市	38.0	38.6	27.6	26.6	41.3	26.1	23.2

表 7-18 成渝地区不同减排情景下 O_3 预测浓度 （单位：μg/m^3）

区域	2019 年	2025BS	2025PS	2025RS	2035BS	2035PS	2035RS
成都平原经济区	143.0	148.5	119.9	114.2	150.8	113.9	109.6
川南经济区	147.0	151.1	125.0	119.2	152.5	119.1	115.4
川东北经济区	130.0	133.8	110.3	103.4	135.3	104.6	102.6
重庆中心城区	156.7	162.7	134.6	131.9	165.3	129.8	127.5

续表

区域	2019 年	2025BS	2025PS	2025RS	2035BS	2035PS	2035RS
重庆主城新区	150.5	156.3	131.1	127.9	158.6	126.2	124.0
渝东北	123.2	126.8	105.8	105.4	128.5	104.6	103.0
渝东南	127.3	130.6	113.8	113.0	131.9	111.5	109.5
四川省	141.0	145.7	119.1	113.0	147.6	113.1	109.6
重庆市	157.0	144.1	121.3	119.5	146.1	118.0	116.0

本书设定的成渝地区不同情景下 $PM_{2.5}$ 和 O_3 目标浓度见表 7-19。整体来看，在 OS 改善情景下，除川东北经济区 2025 年 $PM_{2.5}$ 高改善情景外，四川省 3 大经济区和重庆市都能够达到 2025 年 $PM_{2.5}$ 低、中、高改善目标和 2025 年与 2035 年 O_3 改善目标；在 RS 改善情景下，除川南经济区和川东北经济区 2035 年 $PM_{2.5}$ 高改善目标以外，成都平原经济区和重庆市都能达到改善目标。

表 7-19　成渝地区不同情景下 $PM_{2.5}$ 和 O_3 目标浓度　（单位：μg/m^3）

区域	$PM_{2.5}$ 低改善情景		$PM_{2.5}$ 中改善情景		$PM_{2.5}$ 高改善情景		O_3 改善情景	
	2025 年	2035 年	2025 年	2035 年	2025 年	2035 年	2025 年	2035 年
成都平原经济区	32*	26.3*	30*	24.5*	28.4*	23.2**	145.9*	135.0*
川南经济区	35.3*	28.7**	31.8*	25.7**	29.5**	23.9	148.5*	136.7*
川东北经济区	34.3*	27.9	31.3**	25.3	29.2	23.7	137.2*	130.5*
重庆市	33.5*	27.4*	30.8*	25.1**	28.9*	23.6**	152.2*	138.3*

注：“*”表示 OS 情景下可达标，“**”表示 RS 情景下可达标。

在 OS 改善情景下，四川省和重庆市整体均可达到 2025 年“十四五”规划目标和本书设定的空气质量目标，川东北经济区和川南经济区需要采取更加有力的改善措施。能源方面，所有涉煤锅炉能源替代减排 60%，四川省和重庆市 $PM_{2.5}$ 平均浓度能够分别改善 1.5μg/m^3 和 1.4μg/m^3，O_3 平均浓度分别改善 1.1μg/m^3 和–0.8μg/m^3；生活面源实现无煤化，四川省和重庆市 $PM_{2.5}$ 平均浓度能够分别改善 2.9μg/m^3 和 4.4μg/m^3，O_3 平均浓度分别改善 10.5μg/m^3 和 9.4μg/m^3；交通运输公转铁、转水减排 30%，四川省和重庆市 $PM_{2.5}$ 平均浓度能够分别改善 2.7μg/m^3 和 2.5μg/m^3，O_3 平均浓度分别改善 6.8μg/m^3 和–0.9μg/m^3。产业方面，所有火电行业提升末端治理技术，排放量削减 30%，四川省和重庆市 $PM_{2.5}$ 平均浓度能够分别改善 0.7μg/m^3 和 0.6μg/m^3；水泥、钢铁、砖瓦、陶瓷和有色金属等重污染行业产值降低，同时兼顾末端治理能力的提升，排放量削减 40%，四川省和重庆市 $PM_{2.5}$ 平均浓度能够分别改善 2.8μg/m^3 和 1.6μg/m^3；汽车制造、化工、装备制造、石化、酒和食品、家具、橡塑、电子、医药制造、包装印刷等高 VOCs 排放行业提升末端治理能力，减排 40%，四川省和重庆市 O_3 平均浓度能够分别改善 8.7μg/m^3 和 9.2μg/m^3。

在 RS 改善情景下，四川省和重庆市整体均可达到 2035 年美丽中国目标和本书设定的空气质量目标，川东北经济区、川南经济区和重庆主城都市区需要采取更加有力的改善措施，整体上需要采取比 OS 情景更加激进的改善措施。能源方面，所有涉煤锅炉能源替代减排 80%，四川省和重庆市 $PM_{2.5}$ 平均浓度能够分别改善 2.0μg/m^3 和 1.9μg/m^3，O_3 平均浓度分别改善 1.5μg/m^3 和–1.1μg/m^3；生活面源实现无煤化，四川省和重庆市 $PM_{2.5}$ 平均浓度能够分别改善 2.9μg/m^3 和 4.4μg/m^3，O_3 平均浓度分别改善 10.5μg/m^3 和 9.4μg/m^3；交通运输公转铁、转水减排 50%，四川省和重庆市 $PM_{2.5}$ 平均浓度能够分别改善 4.5μg/m^3 和 4.2μg/m^3，O_3 平均浓度分别改善 11.3μg/m^3 和–1.5μg/m^3。产业方面，所有火电行业提升末端治理技术，排放量削减 30%，四川省和重庆市 $PM_{2.5}$ 平均浓度能够分别改善 0.7μg/m^3 和 0.6μg/m^3；水泥、钢铁、砖瓦、陶瓷和有色金属等重污染行业产值降低，同时兼顾末端治理能力的提升，排放量削减 60%，四川省和重庆市 $PM_{2.5}$ 平均浓度能够分别改善 4.2μg/m^3 和 2.4μg/m^3；汽车制造、化工、装备制造、石化、酒和食品、家具、橡塑、电子、医药制造、包装印刷等高 VOCs 排放行业提升末端治理能力，减排 60%，四川省和重庆市 O_3 平均浓度能够分别改善 13.0μg/m^3 和 13.8μg/m^3。

7.4　本 章 小 结

本章基于不同清洁能源替代和社会经济发展水平，从重点源类、重点管控行业耦合“产业—能源—末端”设定了基准情景（BS）、攻坚情景（OS）和激进情景（RS）三种综合减排情景。其中 BS 情景是产业、能源、交通结构优化和末端治理方面总体遵循现有政策的既定目标和历史发展规律；OS 情景是产业、能源、交通结构优化和末端治理方面总体呈向好态势，情景预测年间各项指标超额完成既定政策目标，社会经济发展重点考虑生态环境保护，贯彻绿色优先、低碳优先理念；RS 情景则是产业、能源、交通结构优化和末端治理方面总体呈激进态势，情景预测年间各项指标以最大改善潜力为目标，社会经济发展以区域生态环境保护为首要目标。各情景均涵盖五大重点源类和十大重点行业，从清洁能源替代、产业结构调整以及末端治理提升三个方面出发，结合成渝地区现状及发展规划设计了成渝地区 2025 年和 2035 年综合减排情景。

利用成渝地区减排措施库系统核算各情景下大气污染物减排量并生成模型清单，借助 CMAQ 模型评估成渝地区中长期分阶段分区域空气质量目标可达性。与 2017 年相比 OS 情景下成渝地区 2025 年 SO_2、NO_x、$PM_{2.5}$、VOCs 和 CO_2 减排量分别为 14.4 万 t、45.2 万 t、20.2 万 t、24.3 万 t 和 6799.1 万 t，2035 年减排量分别为 17.2 万 t、55.2 万 t、28.8 万 t、33.6 万 t 和 11930.4 万 t，RS 情景在 OS 情景基础上减排强度增加了 10%～40%。在所有减排量结果中，分析减排主要贡献及来源，发现 2025 年之前成渝地区大气污染物减排主要依赖于末端治理，其中 SO_2、NO_x、$PM_{2.5}$ 和 VOCs 末端治理减排占比分别为 60%～71%、23%～27%、43%～57%和 31%～46%；2025～2035 年大气污染物减排主要依靠结构调整，SO_2、NO_x、$PM_{2.5}$ 和 VOCs 结构调整减排占比分别为 47%～66%、80%～87%、67%～84%和 74%～91%。从空气质量改善效果来看，“十四五”期间成渝地区空气质量改善目标在 OS 情景下基本都能实现，要实现 2035 年美丽中国目标（25μg/m^3）则需要更严的 RS 减排情景。

第 8 章　综合减排路径优化方法与策略

8.1　综合减排路径优化总体思路

为满足成渝地区不同阶段空气质量改善需求，本书研究制定了“情景—评估—反馈—调整”的闭环优化调控方法，设定了包括产业结构、能源结构、交通结构和末端治理的两种不同强度（OS 和 RS 情景）的综合减排情景。其中，OS 情景主要考虑现有政策的延续，该情景作为动态调控情景的下限；RS 情景是以现阶段最大减排潜力为基础，可作为动态调控情景的上限。在此情景范围内，通过不同情景清单下空气质量可达性分析以及末端治理费效分析，依次考虑重点行业治理 BAT 技术选择、缩减重点行业产能、提升重点行业能效等策略，动态调整情景减排强度以优化综合减排效果，最终形成包含固定燃烧源、工艺过程源、溶剂使用源以及交通源四大类主要污染源，适用于成渝地区的空气质量改善整体方案。具体实现方法和技术路线如图 8-1 所示。

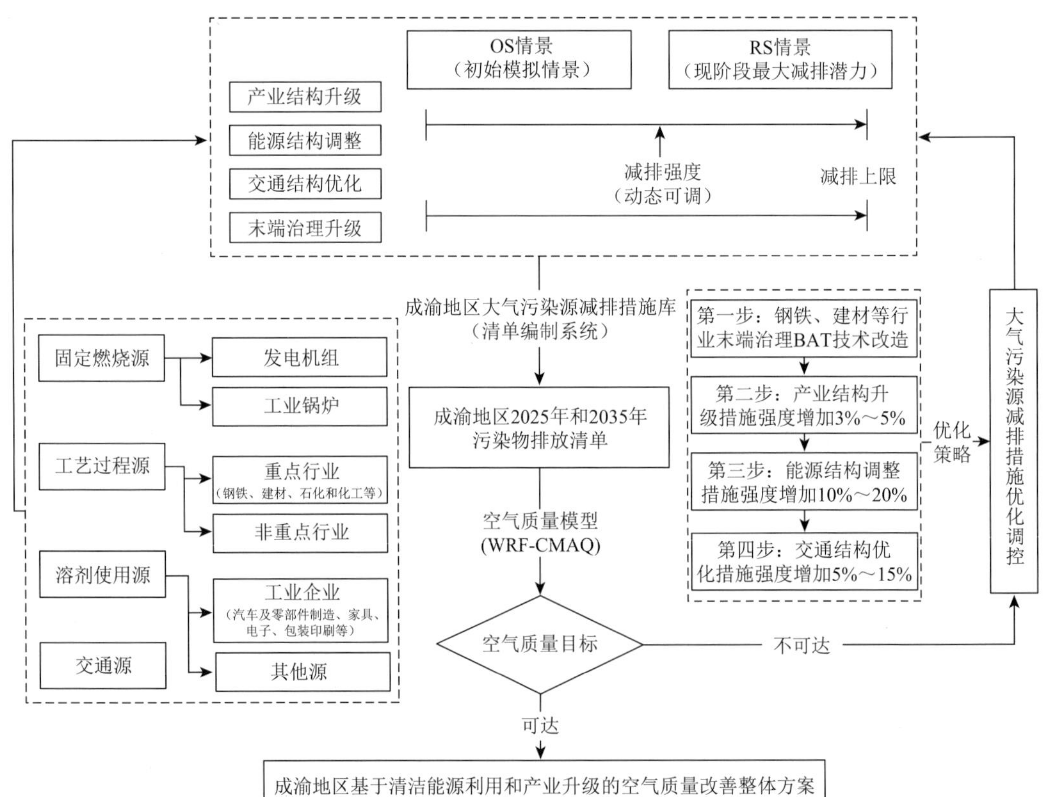

图 8-1　大气污染防控策略研究技术路线图

（1）情景主要内容构成。围绕研究内容，综合情景包括产业、能源和交通结构调整优化，以及末端治理升级。

（2）情景生成关键环节。利用成渝地区大气污染源减排措施库，结合成渝地区本地大气污染物排放清单，优先生成 2017 年基准情景清单，在 OS 和 RS 两种情景路径下，生成 2025 年和 2035 年 OS 和 RS 情景减排量，进而生成对应情景清单，并利用 SMOKE 模型，生成 CMAQ 模型清单。

（3）情景约束条件。基于综合情景清单，运用 WRF-CMAQ 模型，对不同情景下的空气质量（$PM_{2.5}$ 和 O_3）进行模拟，提取分析不同情景下不同区域、不同阶段空气质量改善效果，并与本书制定的空气质量改善目标，以及成渝地区"十四五"空气质量改善目标、2035 年美丽中国目标进行分析讨论，评价综合情景的目标可达性。

（4）情景优化调控依据。优化策略依据《减污降碳协同增效实施方案》的工作原则和技术路径，近中期通过强化末端治理升级减排大气污染物，中长期通过结构调整实现减污降碳协同推进，具体包括 3 个层级，首先是重点行业末端治理 BAT 技术改造，其次加强污染贡献和减排潜力较大的污染源减排力度，最后依次优化调整产业、能源、交通和用地结构。

（5）综合情景调整及调整范围。根据空气质量改善差距以及优化调整策略依据，在原有综合情景基础上，在减排强度可调范围内，基于最大减排潜力的 RS 情景，动态调整 OS 情景减排强度，然后生成减排清单。根据上述技术路线循环，直至形成空气质量目标可达的综合改善情景。

8.2　重点行业治理技术优化决策

大气污染涉及的污染源、防控技术多，不同污染源的污染贡献及治理成本差异显著，污染防治优化决策的结果是达到既定空气质量水平/改善幅度前提下经济代价最小的方案。成渝地区 2017 年工业源 SO_2 排放量占总排放量的 80%以上，NO_x 和一次 $PM_{2.5}$ 排放量的占比超过 30%，其中所涉及的行业主要包含火电、钢铁、水泥、化工（含医药）、汽车、电子、机械及其他重点行业。受制于生产工艺、处理技术、处理规模等因素的影响，这些行业大气污染治理成本获取较为复杂，所以构建能真实有效获取大气污染治理成本的综合模型很有必要。

本节以成渝地区火电、钢铁、水泥、化工（含医药）、汽车、电子和机械行业末端治理措施规模占比、普及率、削减率、建设成本和运行成本等基础数据为决策基础，通过遗传算法计算满足 $PM_{2.5}$、NO_x、SO_2、VOCs 既定排放总量，所付出的经济成本最佳的防控策略。

8.2.1　成渝地区本地化最优化模型构建

本书研究涉及的优化问题为单目标非线性约束优化问题。目标函数为成渝地区重点行业大气污染物削减最优的末端治理成本；决策变量为各污染物末端治理技术的普及率和削减率；约束条件为大气污染物的排放量、末端治理技术的普及率和削减率现状及范围等。

8.2.1.1 减排成本目标函数建立

利用最优化方法解决实际问题主要包括两个步骤，即把实际问题转化为数学表达式和求解该数学表达式。最优化方法的一般数学模型形式如下：

$$\min f(x) \tag{8-1}$$

$$\text{s.t.}\quad b_i(x)=0, i=1,\cdots,m \tag{8-2}$$

$$c_i(x)\geqslant 0, i=m+1,\cdots,p \tag{8-3}$$

式中，x 为决策变量，$f(x)$为目标函数，$b_i(x)$和 $c_i(x)$均为约束函数。

本书涉及的优化问题为单目标非线性约束优化问题。目标函数为成渝地区重点行业大气污染物最优化末端治理成本；决策变量为各污染物末端治理技术的普及率、其对污染物的削减率；约束条件为大气污染物的排放量、末端治理技术的普及率和削减率现状及范围。由最优化方法的一般数学模型形式得到本书的目标函数表达式为

$$\min f(x)=\min(\text{TC})=\min\left(\sum_i \sum_p \text{COST}_{i,p,e}\right) \tag{8-4}$$

式中，TC 为总减排成本，万元；COST 为末端技术的减排成本，万元；i 为行业；p 为污染物；e 为末端治理技术。

本书采用连续型和离散型两种方法表征末端技术的减排成本。其中，连续型方法利用函数拟合末端治理技术对污染物的削减率及其减排成本，由于对每一种末端治理技术的减排成本进行多因素函数拟合较难实现，本书以污染物削减率概化各类技术，重点考察污染物削减率对减排成本的影响规律。火电、钢铁和水泥三个重点行业采用连续法表达成本关系，如式（8-5）和式（8-6）所示。

$$\text{COST}_{i,p}=A_i\times\lambda_{i,p}\times\text{COST}_{\text{pro},i,p} \tag{8-5}$$

$$\text{COST}_{\text{pro},i,p}=f(\eta_{i,p}) \tag{8-6}$$

式中，A 为活动水平，电力行业以发电量作为活动水平，kW·h，工业锅炉以消耗的标煤作为活动水平，tce；λ 为末端治理技术的普及率，%；COST_{pro} 为单位产品减排成本，元/产品；$f(\eta_{i,p})$ 表示末端治理技术的单位产品减排成本与削减率之间的函数关系。

离散型的方法通过收集不同末端治理技术在行业应用的减排成本以及削减率，将不同末端治理技术分别独立列入优化模型中。在实际情况中，末端治理技术对污染物的削减率往往为一个区间值，因此在使用离散方法时，将末端技术的削减率设置为未知数，并作为约束条件给出取值区间。相比于连续型方法，离散型方法可详细计算出不同末端治理技术的普及率和减排成本。除三个重点行业外，其余行业［（化工（含医药）、汽车、电子、机械、其他行业］使用离散型方法表征末端技术的减排成本，如式（8-7）所示。

$$\text{COST}_{i,p}=A_i\times\sum_e(\text{COST}_{\text{pro},i,p,e}\times\lambda_{i,p,e}) \tag{8-7}$$

此外，由于具体实践中末端治理技术的减排成本数据有单位产品减排成本[如元/

(kW·h)]和单位污染物减排成本（如元/t SO_2）两种衡量方式，可在优化模型中代入式（8-8）进行换算。

$$COST_{pro} = COST_{pol} \times (EF \times \eta) \tag{8-8}$$

式中，$COST_{pol}$ 为单位污染物减排成本，元/污染物；EF 为产品生产的污染物排放因子，污染物量/产品；η 为末端技术的削减率，%。

按照模型中成本函数包含的因素，对成渝地区重点行业大气污染末端的削减途径、具体技术、成本和削减率进行资料收集、文献调研和实地调研，通过回归分析等方法确定具体的成本函数，进而将模型中的成本函数具体化、本地化和可操作化。

1）火电行业减排成本函数

对火电行业脱硫、脱硝和除尘技术的减排成本与削减率进行函数拟合。火电行业末端治理技术脱硫和脱硝的减排成本及削减率数据来自文献调研（Zhang et al.，2017，2020；张泽宸，2017；汪俊，2014；廖永进等，2007）以及《火电厂氮氧化物防治技术政策》编制说明，除尘的成本数据分别来自文献调研（Zhang et al.，2020；汪俊，2014）和实地调研（表 8-1）。

表 8-1　通过实地调研得到的火电行业除尘技术的削减率与减排成本

除尘技术	削减率/%	单位产品减排成本/(元/MW·h)
过滤式除尘	99	5.0
静电除尘	96	4.2
电袋除尘	96	4.5
湿式除尘	85	2.0

依据文献调研和实地调研的火电行业末端治理技术的减排成本和削减率的数据，进行函数拟合（图 8-2），得到火电行业的脱硫成本函数［式（8-9）］、脱硝成本函数［式（8-10）］和除尘成本函数［式（8-11）］。

$$y = 0.2711e^{4.2637x} (R^2 = 0.7807) \tag{8-9}$$

$$y = 0.9157e^{3.2855x} (R^2 = 0.7659) \tag{8-10}$$

$$y = 0.1172e^{3.6461x} (R^2 = 0.7367) \tag{8-11}$$

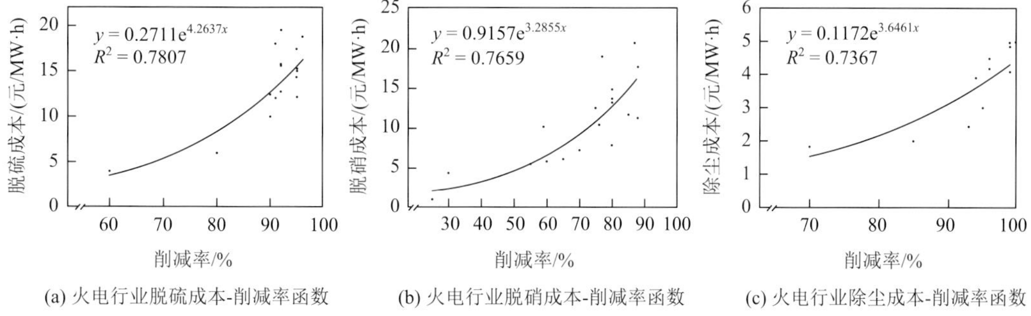

(a) 火电行业脱硫成本-削减率函数　(b) 火电行业脱硝成本-削减率函数　(c) 火电行业除尘成本-削减率函数

图 8-2　火电行业末端治理技术成本-削减率函数曲线

2）钢铁行业减排成本函数

钢铁行业末端脱硫技术和除尘技术的减排成本和削减率的数据来自文献调研（Zhang et al.，2020；朱廷钰等，2018）和实地调研（表 8-2）。由于成渝地区钢铁行业没有进行脱硝，难以进行实地调研，文献中关于钢铁行业脱硝的成本研究也较少，因此钢铁行业脱硝成本也采用离散法进行计算，SCR 和 SNCR 的削减率分别为 80%和 40%，减排成本分别为 3 元/t 烧结矿和 1 元/t 烧结矿。

表 8-2　通过实地调研得到的钢铁行业末端治理技术的削减率与减排成本

末端治理技术	削减率/%	单位产品减排成本
石灰石-石膏法	98	22 元/t 烧结矿
氨法	98	21 元/t 烧结矿
循环流化床	91	13 元/t 烧结矿
双碱法	90	14 元/t 烧结矿
旋转喷雾干燥法	80	7 元/t 烧结矿
过滤式除尘	99	2661 元/T $PM_{2.5}$
袋式除尘	98	1850 元/t $PM_{2.5}$
静电除尘	96	1567 元/t $PM_{2.5}$
湿式除尘	85	1608 元/t $PM_{2.5}$

利用文献调研和实地调研的钢铁行业末端治理技术减排成本和削减率的数据进行函数拟合（图 8-3），得到钢铁行业的脱硫成本函数［式（8-12）］和除尘成本函数［式（8-13）］。

$$y = 0.0213e^{6.9961x} (R^2 = 0.7326) \tag{8-12}$$

$$y = 583.02e^{1.2153x} (R^2 = 0.7152) \tag{8-13}$$

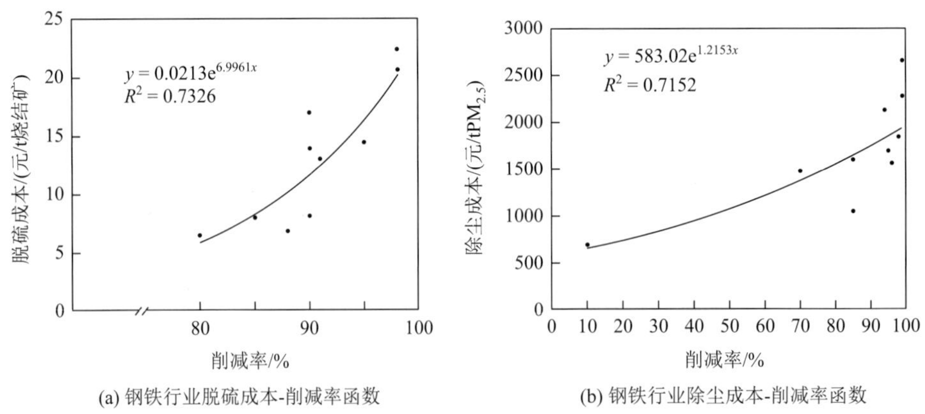

(a) 钢铁行业脱硫成本-削减率函数　(b) 钢铁行业除尘成本-削减率函数

图 8-3　钢铁行业末端治理技术成本-削减率函数曲线

3）水泥行业减排成本函数

水泥行业脱硝技术和除尘技术的减排成本和削减率的数据来自文献调研（Zhang et al.，2020；张泽宸，2017）和实地调研（表 8-3）。

表 8-3　通过实地调研得到的水泥行业末端治理技术的削减率与成本

末端治理技术	削减率/%	单位产品减排成本/(元/t 水泥)
SCR、SNCR 联合脱硝	95	102.5
低氮燃烧（LNB）+ SCR	92	54.2
SCR	80	48
SNCR	55	23.2
LNB + SNCR	60	25.5
LNB	35	1.4
其他烟气脱硝	30	0.9
湿法电除尘	99.85	4.4
过滤式除尘	99	3.3
静电除尘	96	2.6
电袋除尘	96	2.8

注：低氮燃烧（low nitrogen burning，LNB）。

对水泥行业末端治理技术减排成本和削减率的数据进行函数拟合（图 8-4），得到水泥行业的脱硝成本函数［式（8-14）］和除尘成本函数［式（8-15）］。

$$y = 0.3676e^{6.0886x} (R^2 = 0.7997) \tag{8-14}$$

$$y = 9 \times 10^{-7} e^{15.517x} (R^2 = 0.6957) \tag{8-15}$$

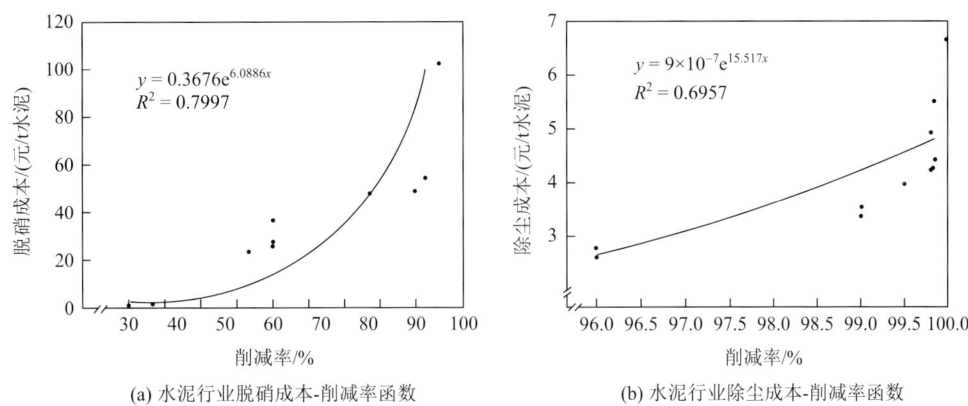

(a) 水泥行业脱硝成本-削减率函数　(b) 水泥行业除尘成本-削减率函数

图 8-4　水泥行业末端治理技术成本-削减率函数曲线

4）其余行业成本

其余行业 SO_2、NO_x、$PM_{2.5}$ 和 VOCs 末端治理成本数据来源于文献调研（表 8-4）。

表 8-4　其余行业主要污染物末端治理成本

行业	污染物	减排成本/(元/kg 污染物)	数据来源
化工行业	VOCs	43.8	王庆九等（2017）
汽车行业	VOCs	36.3	

续表

行业	污染物	减排成本/(元/kg 污染物)	数据来源
电子行业	VOCs	46.1	王庆九等（2017）
机械行业	VOCs	47.7	
其他行业	SO_2	2.85	马国霞等（2019）、彭菲等（2018）
其他行业	NO_x	3.12	
其他行业	$PM_{2.5}$	0.88	
其他行业	VOCs	39	

8.2.1.2　约束条件的确定

空气质量水平/改善幅度是最优化目标最重要的约束条件，对于实际大气污染防治技术和特定区域，可能还存在技术的普及水平、技术的削减率水平和具体问题的非负约束等，本书从宏观视角以大气污染物的排放量约束为主，辅以减排技术的普及率、削减率约束。

1）大气环境质量约束

污染物排放的方式、空间分布、时间和区域自然环境条件等均会对大气环境质量产生影响，本书将其复杂的响应关系简约化，通过 7.2 节的综合减排情景清单，不同情景下成渝地区各污染物最大允许排放量见表 8-5，将空气质量约束转变为污染源的最大允许排放量约束，如式（8-16）所示。

$$E_p = \sum_i E_{i,p} \leqslant E_{p,g} \tag{8-16}$$

式中，i 为行业；p 为污染物；E_p 为污染物 p 的最终排放量，t；$E_{i,p}$ 为行业 i 污染物 p 的最终排放量，t；$E_{p,g}$ 为污染物 p 的目标排放量限制，即污染物 p 大气环境容量确定的允许排放总量及电力行业和工业行业在其中占比的乘积，t。

表 8-5　不同情景下成渝地区各污染物最大允许排放量　　（单位：t）

情景	重庆市				四川省			
	SO_2	NO_x	$PM_{2.5}$	VOCs	SO_2	NO_x	$PM_{2.5}$	VOCs
OS	34821.9	36082.3	18129.8	76550.7	45545.4	55738.9	18100.4	129100.8
RS	32413.1	32135.6	16481.7	67240.0	41523.6	49544.0	15922.0	111679.0

与成本的表达式类似，最大允许排放量的表达方程式仍分为两部分，即为

重点行业：

$$E_{i,p} = A_i \times \mathrm{ef}_{i,p} \times (1 - \lambda_{i,p} \times \eta_{i,p}) \tag{8-17}$$

其余行业：

$$E_{i,p} = A_i \times \mathrm{ef}_{i,p} \times \left[1 - \sum_e (\lambda_{i,p}^e \times \eta_{i,p}^e)\right] \tag{8-18}$$

式中，$\mathrm{ef}_{i,p}$ 为行业 i 污染物 p 的排放因子，其中电力行业稍有不同，电力行业的排放因子为燃煤的排放因子，因此电力行业的污染物排放还需乘以活动强度，即供电标准煤耗，表示每产生 1kW·h 的电需要消耗的燃煤量，g 标煤/(kW·h)；$\eta_{\mathrm{i,p}}^{e}$ 为行业 i 污染物 p 的末端治理技术 e 的削减率，%。

2）技术普及率约束

本书考虑的是现实可用技术，其在某行业中的应用即全覆盖所具有的普及率最大为 1，同一类别下所有技术的普及率之和不会超过 1。技术普及率约束条件如式（8-19）～式（8-21）所示。

$$0 \leqslant \lambda_{i,p} \leqslant 1 \tag{8-19}$$

$$0 \leqslant \lambda_{i,p,e} \leqslant 1 \tag{8-20}$$

$$0 \leqslant \sum_{e} \lambda_{i,p,e} \leqslant 1 \tag{8-21}$$

3）削减率约束

根据实际发展情况，为避免末端治理技术出现倒退的情况，设定目标年中行业的末端治理技术的整体削减率应高于基准年的整体削减率，重点行业和其余行业消减率约束条件分别如式（8-22）和式（8-23）所示。另外，任何一项末端治理技术对某种大气污染物的削减率首先是（0, 1]约束，但是考虑到实际应用中其去除率不可能达到 100%，因此设置一个最大削减率，削减率约束条件如式（8-24）所示。

$$\theta_{i,p,\mathrm{cur}} \leqslant \lambda_{i,p}.\eta_{i,p} < 1 \tag{8-22}$$

$$\theta_{i,p,\mathrm{cur}}^{e} \leqslant \sum_{e} (\lambda_{i,p}^{e}.\eta_{i,p}^{e}) < 1 \tag{8-23}$$

$$0 < \eta_{i,p} < \eta_{i,p,\mathrm{BAT}} \tag{8-24}$$

式中，$\theta_{i,p,\mathrm{cur}}$ 为重点行业 i 污染物 p 基准年的整体削减率，%；$\theta_{i,p,\mathrm{cur}}^{e}$ 为其余行业 i 污染物 p 基准年的整体削减率，%；$\eta_{i,p,\mathrm{BAT}}$ 为重点行业 i 污染物 p 末端治理技术的最佳削减率，%，其中 BAT 数据引用本书研究成果。

4）活动水平的确定

（1）电力行业活动水平预测。根据四川省、重庆市的统计年鉴整理了成渝地区基准年的发电量，参考 Guo 等（2017）的研究，对成渝地区未来情景的电力终端发电量进行了预测，四川省以研究涉及的 15 个城市的工业 GDP 占全省工业 GDP 的比例作为电量消耗的占比，预测 2025 年四川省和重庆市的发电量分别为 395.67 万 kW·h 和 607.74 万 kW·h。

（2）工业行业活动水平预测。基于四川省、重庆市的统计年鉴及《中国工业统计年鉴》等整理了成渝地区 2015～2019 年基准年工业行业产品的产量，参考 Zhang 等（2018）、Zhao 等（2013）的研究对成渝地区情景年工业产品产量进行预测，四川省以研究涉及的 15 个城市的工业资产在全省工业资产的占比作为产品产量的占比，预测 2025 年四川省和重庆市的水泥产量分别为 8721.09 万 t 和 6452.85 万 t、钢铁产量分别为 5378.64 万 t 和 3307.80 万 t。

（3）其余行业活动水平预测。基于情景最大允许排放量作为目标环境质量约束条件，依据情景条件下活动水平数据、排放系数及现有技术去除率，预测情景年污染物产生量。不同情景下 VOCs 产生量见表 8-6。

表 8-6 不同情景下 VOCs 产生量 （单位：t）

区域	情景	化工（医药）	汽车	电子	机械	其他行业
四川省	OS	556735.4	90033.4	153202.7	121916.3	24901.8
	RS	448443.3	81005.0	134269.2	117432.6	24388.2
重庆市	OS	197331.0	282155.7	58324.0	137303.4	4296.1
	RS	152149.1	253861.7	51075.6	132253.8	4207.5

8.2.2 优化策略分析

利用上述确定的成渝地区大气污染物末端治理技术的成本函数、大气环境质量约束情景、技术普及率与削减率等约束条件，以及主要大气污染物排放行业的活动水平等参数，应用成渝地区可操作的大气污染物削减最优化模型，并编写成 Python 程序，得到优化结果。其中遗传算法的求解使用 Geatpy 算法工具箱（http://geatpy.com/index.php/home/）。

8.2.2.1 各情景最优末端治理措施普及率和削减率要求

1）重点行业末端治理措施的普及率和削减率

火电、钢铁、水泥均为重点行业，脱硫脱硝和除尘设施是其必须安装的末端治理设施，在进行最优化方程求解时其末端治理设施普及率均设置为 1，主要考察其最优末端治理措施的污染物削减率（图 8-5）。

在火电行业各情景下 SO_2 削减率均提高至 BAT 最佳削减率［图 8-6（a）］，整体削减率较现状提升 9 个百分点，表明应首先提升火电行业的脱硫效率；OS 与 RS 情景下，四川省钢铁行业 SO_2 末端治理设施削减率分别提升到 92%和 93%，重庆市分别为 89%、91%，两地情形均随着情景严格程度的提高而升高；水泥行业 SO_2 末端治理设施削减率两地均为 92%～93%，各情景差距不大；其他行业的 SO_2 末端治理设施削减率随情景严格程度变化不明显，两地在 OS 和 RS 情景中保持现状。综上，应该首先提高火电行业 SO_2 末端治理设施的削减率，其次为钢铁和水泥行业，最后考虑其他行业脱硫效率的改进。

火电行业各情景 NO_x 削减率均接近 BAT 最佳削减率［图 8-6（b）］，综合考虑成本和排放要求，建议优先提高火电行业的脱硝削减率；其他 3 个行业的削减率均呈随着情景严格程度提高而提高的趋势，OS 和 RS 情景下，四川省钢铁行业脱硝削减率分别提升到 82%和 84%，重庆市分别为 85%和 86%；四川省水泥行业脱硝削减率分别提升至 75%和 78%，重庆市分别为 76%和 80%。

各行业的除尘效率现状均处较高水平［图 8-6（c）］，火电为 93%，其余行业为 96%，但根据各情景排放量削减要求，仍有部分情景需要进一步提升。四川省火电行业 OS 情景下建议保持现状，其他各情景均建议继续提升到 BAT 最佳削减率；钢铁行业四川省 OS

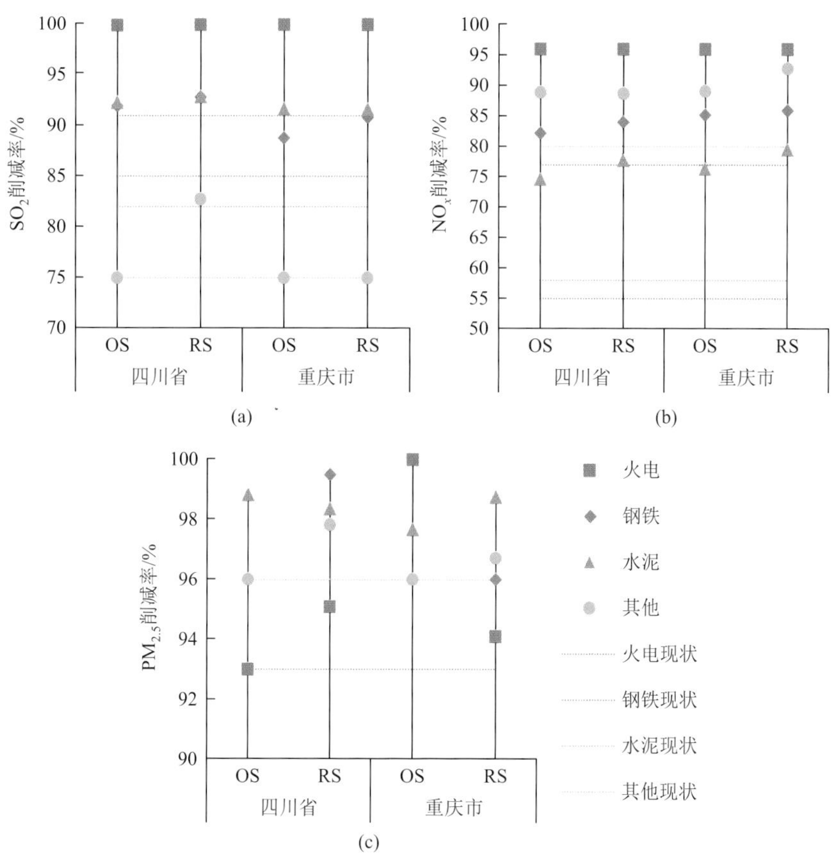

图 8-5　火电、钢铁、水泥和其他行业污染物末端削减率

情景和重庆市 OS 情景建议保持现状，其他各情景均建议继续提升；水泥行业在各情景下均建议继续提升除尘削减率。

综合考虑各行业各污染物的治理成本，随着减排情景强度增大，对末端削减率的要求越高，优先提高火电行业的末端治理设施削减率，其次为钢铁和水泥行业，是性价比最高的路线。

2）其余行业末端治理措施的普及率和削减率

化工（含医药）、汽车、电子和机械行业的主要大气污染物为 VOCs，对其 VOCs 末端治理设施的普及率和污染物削减率进行最优化计算（图 8-6），其中 VOCs 末端治理设施的普及率下限为调研所得现状。

各行业的末端治理设施普及率现状均处于较低水平［图 8-6（a）］，OS 和 RS 情景下，四川省化工行业 VOCs 末端治理设施普及率分别为 47%和 62%，需要在现状上分别提升 1 个百分点和 16 个百分点，重庆市分别为 46%和 49%，仅需在现状上提升 3 个百分点（RS 情景）；OS 和 RS 情景下，四川省汽车行业 VOCs 治理普及率分别需在现状上提升 65 个百分点和 67 个百分点，重庆市分别需在现状上提升 35 个百分点和 37 个百分点，电子和机械行业 VOCs 末端治理普及率提升幅度小于化工和汽车行业。

各情景各行业的 VOCs 削减率随情景严格程度的变化规律不明显［图 8-6（b）］，OS

和 RS 情景下，四川省化工行业 VOCs 削减率可提高至 71%～96%，重庆市为 45%～73%；汽车行业 VOCs 削减率提升幅度较大，四川省可增加至 78%～95%，重庆可增加至 61%～92%；电子行业 VOCs 削减率除四川省和重庆市的 RS 情景，其余情景下建议保持现状；机械行业 VOCs 削减率提升幅度最小，四川省可增加至 23%～38%，重庆市可增加至 23%～30%。综合各情景普及率及削减率的情况，四川省的治理难度大于重庆市，建议两地均优先加强汽车行业 VOCs 末端治理，其次为化工行业，而后为电子和机械行业。

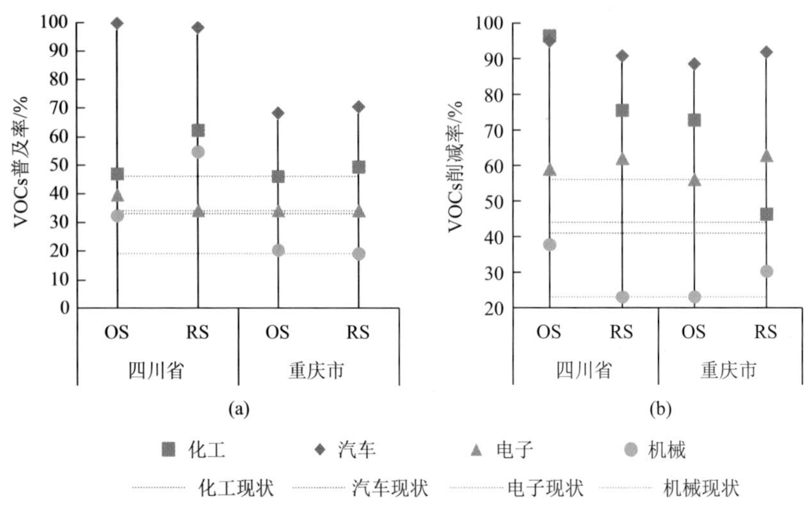

图 8-6　涉 VOCs 行业末端治理措施普及率和削减率

8.2.2.2　不同污染物分行业末端治理最优投入成本

2025 年各情景下四川省 15 市的末端控制技术成本比重庆高 20%～30%（图 8-7）。四川省 OS 和 RS 情景的末端治理成本分别为 102 亿元和 110 亿元，RS 情景比 OS 情景高 7.8%；重庆市 OS 和 RS 情景的末端治理成本分别为 72 亿元和 78 亿元，RS 情景比 OS 情景高 8.3%，末端治理的成本随着减排情景强度的增大而增大。

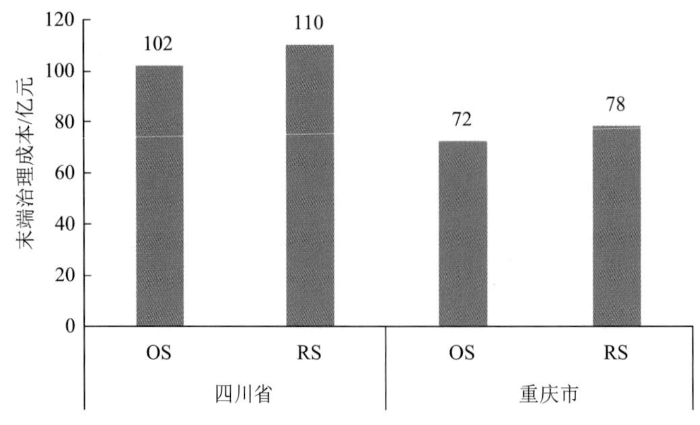

图 8-7　各情景下最优控制成本

各情景下四川省的 SO_2、NO_x 和 $PM_{2.5}$ 治理成本均高于重庆市，随着减排情景强度的增加，两地污染物治理成本逐渐增大。OS 和 RS 情景下的 SO_2 治理［图 8-8（a）］，四川省水泥行业的治理成本占比最大（62.1%和 61.4%），其次是钢铁行业（37.4%和 37.8%）；重庆市水泥行业占比（70.2%和 67.1%）也高于钢铁行业（29.6%和 32.6%）；OS 和 RS 情景下的 NO_x 治理［图 8-8（b）］，两地水泥和钢铁行业的治理成本占比相差不大，均占总成本的 95%以上；OS 和 RS 情景下的 $PM_{2.5}$ 治理［图 8-8（c）］，两地水泥行业的治理成本占比最大，其次是钢铁行业，四川省（39.1%和 42.4%）略高于重庆市（39.0%和 35.2%），其他行业投入占比极小。由此说明当前行业除尘水平较高，未来应重点进行脱硝脱硫治理。OS 和 RS 情景下的 VOCs 治理［图 8-8（d）］，四川省投入占比最大的行业为化工（64.4%和 64.2%），其次为汽车（20.5%和 21.6%）；重庆市成本投入占比汽车（65.0%、73.5%）高于化工（26.9%、16.6%），而后为电子和机械行业。

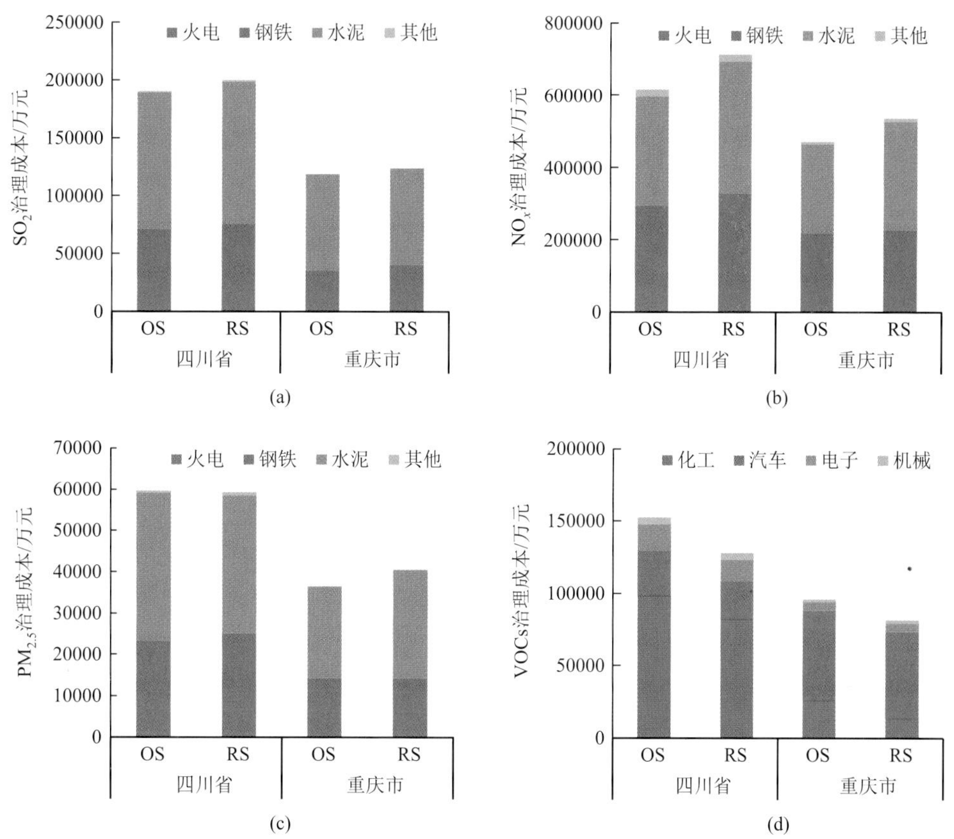

图 8-8　不同污染物分行业治理成本

在考虑未来情景可达到治理技术最优削减率和普及率情况下（图 8-9），各情景中 SO_2、NO_x 和 $PM_{2.5}$ 污染物治理对水泥行业投入最大（OS：807209 万元，RS：929550 万元），占总投入的 46%～50%，其次是钢铁行业（OS：656385 万元，RS：711951 万元），占总投入的 38%左右，其他行业及火电行业投入成本较小，末端治理的成本随着情景强度的增加而增大；针对 VOCs 末端治理化工行业（OS：124135 万元，RS：95842 万元）和汽车行业（OS：93759 万元，RS：86641 万元）投入占比最高，占总成本 12%以上，但末端治理的成本随着情景强度的增加而略有下降，此时更侧重于 SO_2、NO_x 和 $PM_{2.5}$ 污染物治理投入。

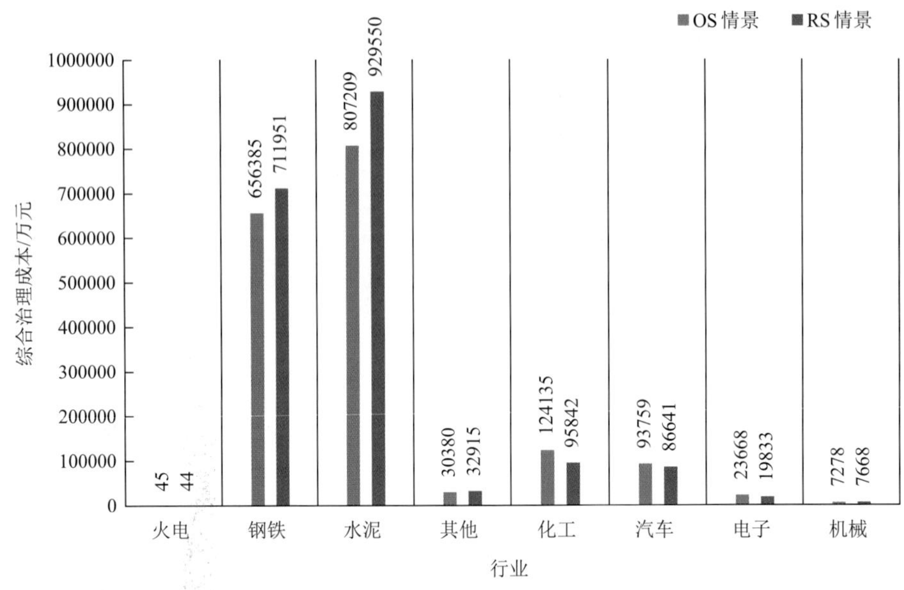

图 8-9 各情景下分行业末端治理综合投入成本

综上，末端治理最优投入顺序为优先对水泥行业、钢铁以及其他行业深度治理，VOCs 末端治理主要倾向于集约化较高的化工行业和汽车行业。

8.3 综合减排路径空气质量效果评估

以空气质量目标为约束，基于初始 OS 和 RS 情景大气主要污染物改善评估结果，对 OS 情景减排措施强度进行动态调整，特别是针对 $PM_{2.5}$ 改善的重点措施，对于 O_3 污染改善措施主要调控 2025～2035 年的成都平原经济区、川南经济区和重庆市，并使用空气质量模型 WRF-CMAQ 进行模拟验证。基于环境目标约束下的综合减排方案编制技术路线，通过匹配成渝地区重点城市空气质量改善目标，特别是从钢铁、水泥和火电等重点行业治理 BAT 技术选择，以及汽车制造、家具、化工等涉 VOCs 排放贡献和减排潜力大的源对象，动态调整情景减排强度以优化综合减排效果，更新情景模拟所需的模型清单，最终得到最优综合减排情景。最优综合减排情景下 $PM_{2.5}$ 和 O_3 的年均模拟浓度如图 8-10 所示。重点区域 $PM_{2.5}$ 和 O_3 浓度均有明显下降，特别是成都平原经济区、川南经济区和重庆主城都市区的 $PM_{2.5}$ 浓度；O_3 浓度虽然也有下降，但下降幅度相对 $PM_{2.5}$ 较小，2035 年成都平原经济区仍然是 O_3 的高值区。

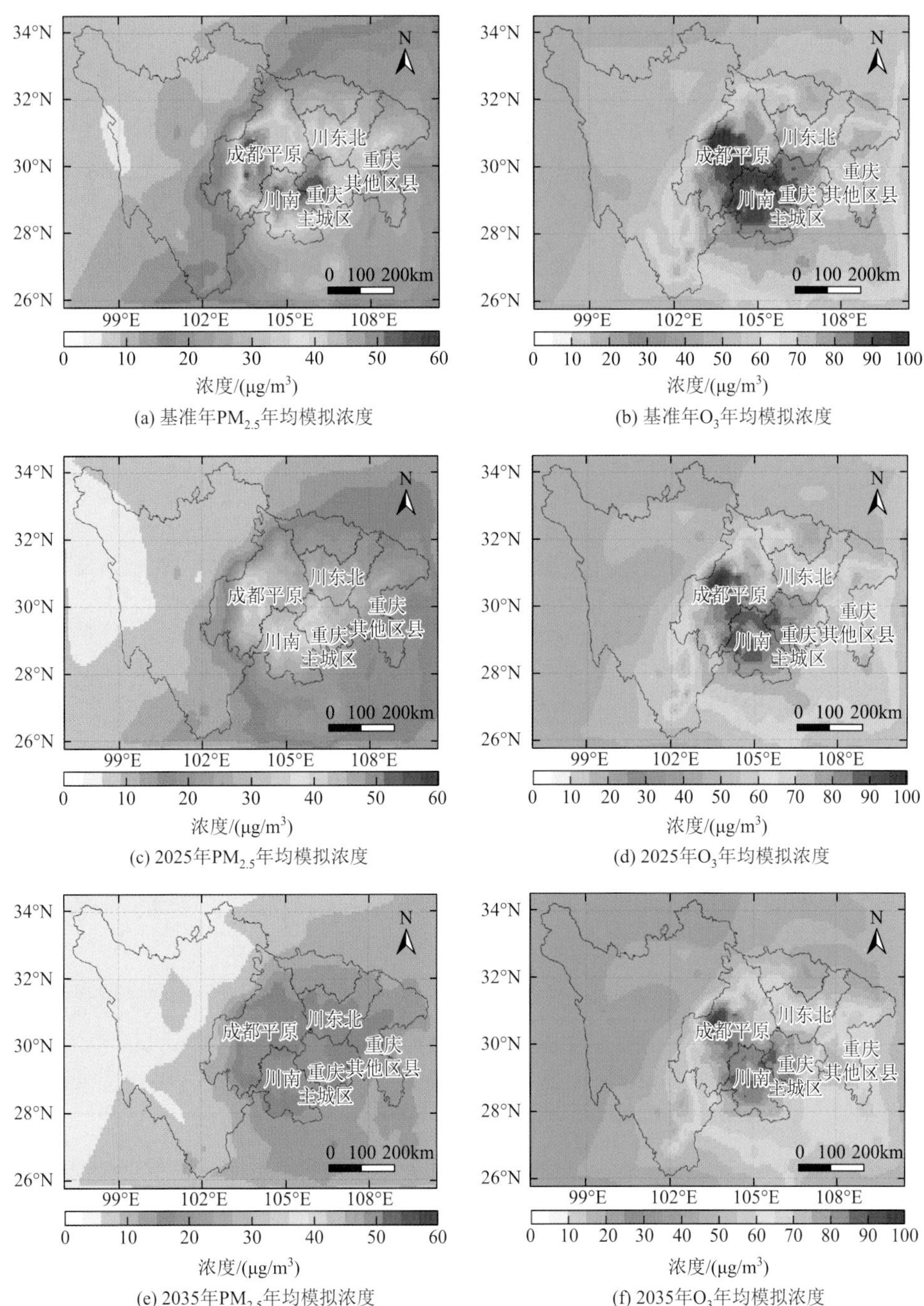

图 8-10　最优综合减排情景下 $PM_{2.5}$ 和 O_3 的年均模拟浓度

8.4　本 章 小 结

本章从成渝地区实际出发，结合空气质量改善目标和分阶段大气污染物减排需求，开展了综合减排路径优化，包括重点行业末端治理优化调控，产业、能源和交通结构优化调整。从末端治理成本角度构建关系函数，核算了不同减排情景下不同行业最佳末端治理成本投入，发现“十四五”期间末端治理投入优先顺序分别为火电、钢铁、水泥超低排放改造以及其他行业深度治理，VOCs 末端治理主要倾向于集约化较高的化工和汽车行业。从污染物治理成本投入角度来看，建议成渝地区针对 SO_2、NO_x 和 $PM_{2.5}$ 的末端治理优先治理火电行业，提升其污染物削减率至 BAT 技术控制水平，其次为钢铁和水泥行业，最后考虑其他行业治理；VOCs 末端治理建议四川省优先治理化工行业，其次为汽车行业；重庆市优先治理汽车行业，其次为化工行业、电子和机械行业。

第 9 章　中长期空气质量改善路径与重点任务

9.1　综合减污降碳总体思路

成渝地区中长期大气污染综合防治要深入贯彻习近平生态文明思想，着眼于构建“两山”转化和推动大气环境质量改善的长效机制，从成渝地区实际出发，分阶段、分目标、分区域、分重点提出空气质量改善综合路径。成渝地区中长期大气污染综合防治思路如图 9-1 所示，主要包括两个阶段、两个目标、两类重点工作、两个重点调整区域，覆盖四大结构、五大片区、十个重点行业以及六类污染指标。

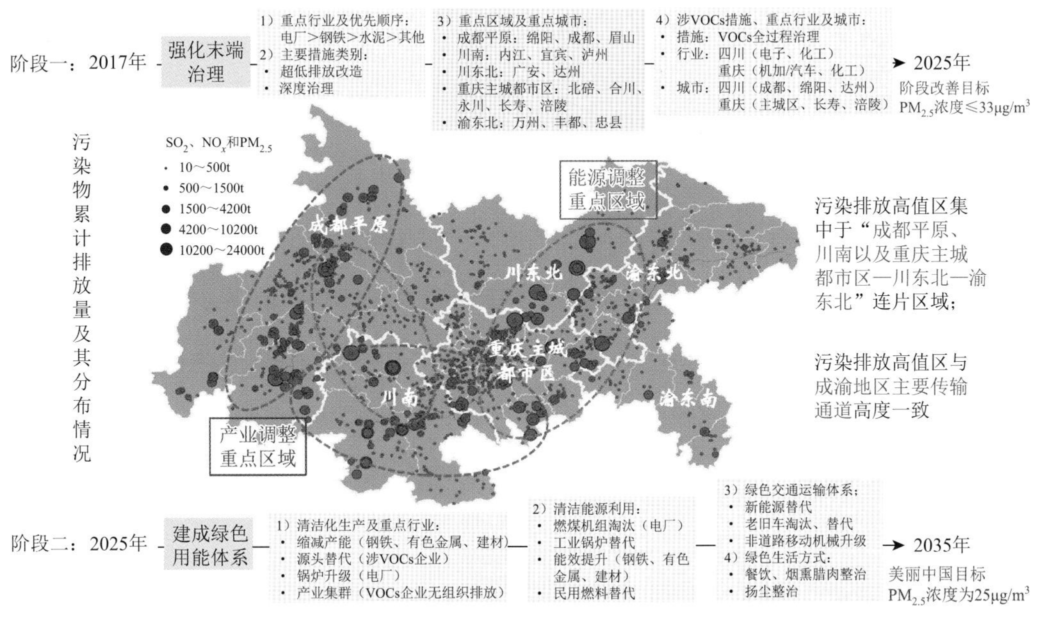

图 9-1　成渝地区中长期大气污染综合防治策略图

根据“十四五”规划和 2035 年美丽中国目标，成渝地区中长期大气污染防治也分为两个阶段，阶段一是本书研究基准年（2017）至“十四五”阶段末（2025 年）；阶段二是“十五五”初始年（2026 年）至美丽中国目标年（2035 年）。其中，阶段一成渝地区整体空气质量改善目标为 $PM_{2.5}$ 浓度≤33μg/m³，空气质量优良率不低于 92%，主要依据为《四川省“十四五”生态环境保护规划》和《重庆市大气环境保护“十四五”规划（2021—2025 年）》；阶段二成渝地区空气质量整体改善目标为 $PM_{2.5}$ 浓度为 25μg/m³，主要依据为 2035 年美丽中国目标。立足于本书综合减排情景研究结果，阶段一和阶段二大气污染物主要减排手段也各有侧重，其中阶段一主要依靠末端治理，阶段二则主要依赖结构调整。其中末端治理主要包括电厂、钢铁、水泥、其他建材以及涉 VOCs 行业的化工/医药、电子、机加/汽车、家具等十个重点行业，主要措施是超低排放改造和深度治理；结构调整包括产业、能源、交通和生活四大结构，从缩减产能、产业集群、源头替代、能效提升、清洁能源替代和老旧车辆淘汰等方面有效缩减大气污染物排放。基于成渝地区主要大气污染物累计排放情况、煤炭消费总量以及二者空间分布情景，将成渝地区重点管控对象划分为产业调整重点区域和能源调整重点区域，前者主要是考虑 SO_2、NO_x 和 $PM_{2.5}$ 排放量，后者主要考虑煤炭消耗量。如图 9-1 所示，产业调整重点区域主要包括成都平原经济区、川南经济区以及重庆市主城都市区的西南区域；能源调整重点区域主要包括川东北经济区、川南经济区东北部、成都平原经济区东部重庆主城都市区以及渝东北地区。

9.2　空气质量改善重点任务

以成渝地区耦合“产业—能源—末端”的综合减排攻坚情景（OS）为基础，在不同阶段的环境质量目标达成约束下，通过大气污染防控策略研究，最终形成以清洁能源利用和产业结构升级为总抓手的大气污染物减排重点任务，具体路线如图 9-2 所示。

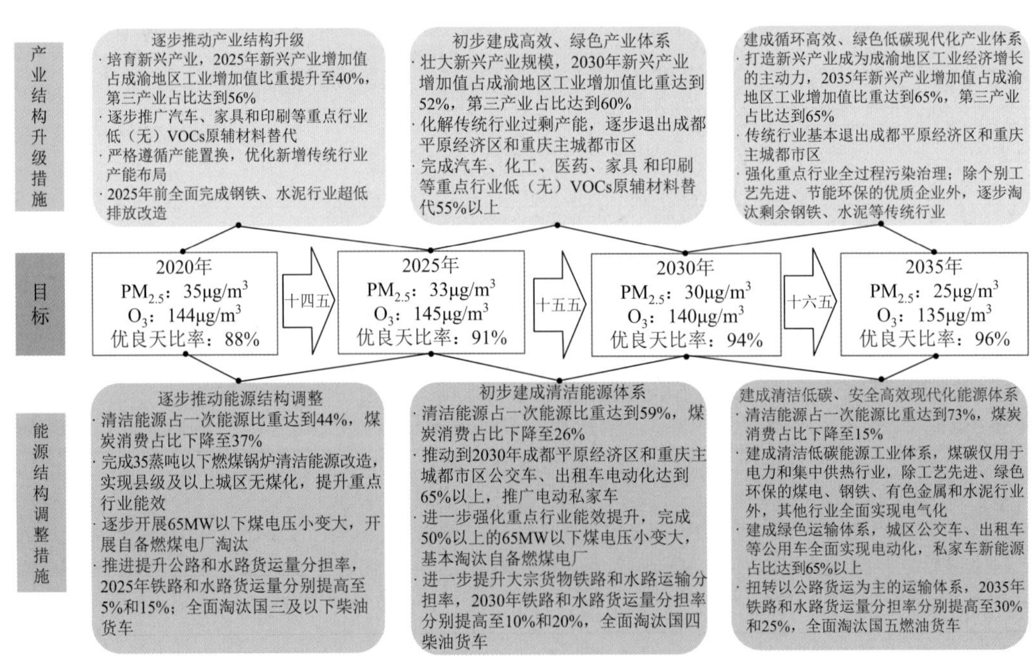

图 9-2　成渝地区空气质量改善路线图

“十四五”期间（2021～2025 年）：逐步推动产业结构升级和能源结构调整。重点完成钢铁和水泥行业超低排放改造，推进汽车、化工、医药、家具和印刷等行业低（无）

VOCs 原辅材料源头替代，完成成都平原经济区和重庆市主城都市区中小燃煤锅炉清洁改造和中小微企业集中整治。推动机动车新能源替代，全面淘汰国三柴油货车。力争 2025 年成渝地区 $PM_{2.5}$ 浓度下降至 33μg/m^3，O_3 浓度稳定在 145μg/m^3 左右，优良天率达到 88%。

“十五五”期间（2026～2030 年）：初步建成高效、绿色产业体系和清洁能源体系。重点化解传统行业过剩产能，逐步退出成都平原经济区和重庆市主城都市区；优化产业集群发展，提升重点行业用能效率。推进交通绿色运输转型，成都平原经济区和重庆市主城都市区的公交车、出租车基本实现纯电动化。力争 2030 年成渝地区 $PM_{2.5}$ 浓度下降至 30μg/m^3，O_3 浓度下降至 140μg/m^3 左右，优良天率达到 94%。

“十六五”期间（2031～2035 年）：建成安全高效、清洁绿色现代化产业和能源体系。发展新兴战略产业，提升第三产业成为区域经济发展的主动力，产能过剩传统产业基本退出成都平原经济区和重庆市主城都市区。建成清洁低碳能源工业体系，除工艺先进、绿色环保的煤电、钢铁、有色金属和水泥企业外，其他工业行业全面实现电气化。建成绿色低碳运输体系，彻底扭转以公路货运为主的运输格局，成都平原经济区和重庆主城新区形成以新能源为主的机动车结构。力争 2035 年成渝地区 $PM_{2.5}$ 浓度下降至 25μg/m^3，O_3 浓度下降至 135μg/m^3 左右，优良天率达到 96%。

9.2.1　产业结构升级方面

成渝地区产业结构以重工业为主，与国内发达城市群相比第三产业占比相对偏低，工业企业规模小而散，布局上以高能耗、高污染密集型行业为主。在末端治理方面涉 VOCs 行业去除率偏低，平均不足 60%。因此，推进产业集群发展，促进企业绿色转型升级，从源头遏制二氧化碳和大气污染物排放是中长期气候目标和空气质量改善的重要措施（图 9-3）。

“十四五”期间（2021～2025 年）：逐步推动产业结构升级。重点推动汽车、医药、化工、家具和印刷等重点行业低（无）VOCs 原辅材料替代，全面完成钢铁和水泥行业超低排放改造。力争 2025 年第三产业占比达到 56%，新兴产业增加值占成渝地区工业增加值比重提升至 40%。成都平原经济区和重庆主城都市区大力推广低（无）VOCs 原辅材料替代，完成家具和印刷等重点行业原辅材料替代 30%以上，完成中小微企业整治和工业涂装 VOCs 深度治理；成渝其他地区严格遵循产能置换，优化新增传统行业产能布局，2025 年全面完成钢铁、水泥行业超低排放改造，推进化工、医药和汽车等重点行业低（无）VOCs 原辅材料替代 40%以上；成都平原经济区和重庆主城都市区逐步培育发展新兴战略产业，成都平原经济区以通信、生物医药和新材料为主，力争 2025 年新兴产业增加值占四川工业增加值比重提升至 30%以上，重庆主城都市区以汽车制造、通信电子装备制造等产业为主，力争 2025 年新兴产业增加值占工业增加值比重达到 45%以上。

“十五五”期间（2026～2030 年）：初步建成高效、绿色产业体系。重点培育壮大第三产业和新兴产业优势，开展过剩产能淘汰，力争 2030 年第三产业占比达到 60%，新兴产业增加值占成渝地区工业增加值比重提升至 52%。成都平原经济区和重庆主城都市区发展壮大新兴产业规模，2030 年成都平原经济区新兴产业增加值占四川工业增加值比重力争提升至 40%以上，重庆主城都市区新兴产业增加值占重庆市工业增加值比重力争达到 55%以上，化解传统行业过剩产能，逐步退出成都平原经济区和重庆主城都市区；深化重点行业低 VOCs 原辅材料替代，2030 年成都平原经济区完成家具、印刷等重点行业低 VOCs 原辅材料替代 50%以上，重庆主城都市区完成汽车、印刷等重点行业低 VOCs 原辅材料替代 50%以上；成渝其他地区进一步强化重点行业治理技术升级，完成化工、医药和汽车等重点行业低（无）VOCs 原辅材料替代 60%以上。

“十六五”期间（2031～2035 年）：建成循环高效、绿色低碳现代化产业体系。壮大第三产业和新兴战略产业，推动成渝其他区域传统行业过剩产能淘汰，力争 2035 年第三产业占比达到 65%，新兴产业增加值占成渝地区工业比重提升至 65%。成都平原经济区和重庆主城都市区打造以新兴产业为主导的工业体系，逐步发展成为成渝地区工业经济增长的主动力，力争 2035 年新兴产业增加值分别占四川和重庆工业增加值比重达到 58%和 68%以上，传统行业基本退出成都平原经济区和重庆主城都市区；在成渝其他地区，进一步强化重点行业全过程污染治理，除个别工艺先进、节能环保的优质企业外，逐步淘汰钢铁、水泥等传统行业。

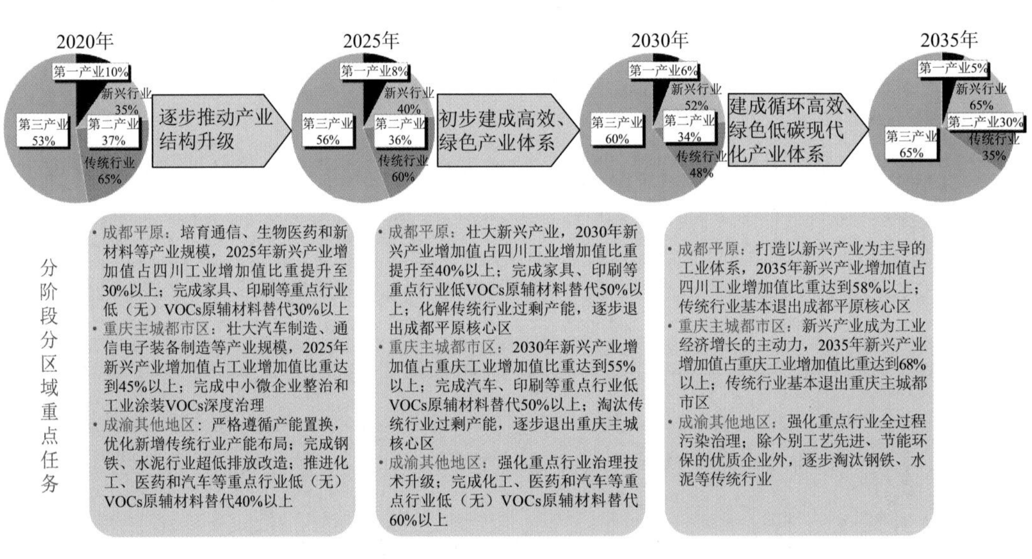

图 9-3　产业结构升级路径图

9.2.2　能源结构调整方面

成渝地区清洁能源资源和生产优势突出，是我国重要的清洁能源产出基地之一，但目前成渝地区能耗结构仍以煤、油为主，与当地清洁能源资源产出存在明显错位。根据国家能源发展规划以及成渝地区清洁能源资源禀赋条件和开发力度，预计 2035 年成渝地区天然气产量将达到 1000 亿～1200 亿 m^3，水电发电量将达到 7700 亿～8100 亿 kWh。因此，未来在本地清洁能源产出强有力的保障背景下，加强清洁能源本地消纳对实现空气质量改善至关重要。

“十四五”期间（2021～2025 年）：逐步推动能源结构调整（图 9-4）。重点解决工业中小燃煤锅炉清洁改造以及中小燃煤电厂压小变大和自备燃煤电厂淘汰。力争 2025 年成渝地区清洁能源消费占一次能源比重达到 44%，煤炭消费占比降低至 37%。成渝地区重点深化区域范围中小燃煤锅炉“改气、改电”，2025 年前完成成都平原和重庆主城都市区 35 蒸吨以下燃煤锅炉改造，推动县级及以上城区建成无煤区；在电力方面，严控煤电新增，逐步开展 65MW 以下的煤电压小变大，开展自备燃煤电厂淘汰；交通用油方面，加大宣传推广力度，综合运用经济、行政和法律等多种手段鼓励引导，提升新能源汽车渗透率。

“十五五”期间（2026～2030 年）：初步建成清洁能源体系。重点解决交通运输结构转型与城区公用车电动化。力争 2030 年清洁能源消费占一次能源比重达到 59%，煤炭消费占比降低至 26%。成都平原和重庆主城都市区 2030 年城区公交车、出租车电动化分别达到 65%和 70%以上，实现物流配送、党政机关、国有企业等公共领域用车电动化达到 80%以上，积极鼓励引导市民使用新能源汽车；在工业用能领域，进一步强化重点行业能效提升，初步构建清洁化工业用能体系，完成 50%以上的 65MW 以下煤电压小变大，基本淘汰自备燃煤电厂。

“十六五”期间（2031～2035 年）：建成清洁低碳、安全高效现代化能源体系。进一步强化公用车和私家车电动化。力争 2035 年清洁能源消费占一次能源比重达到 73%，煤炭消费占比降低至 15%。建成绿色低碳客运体系，成都平原和重庆主城都市区公交车、出租车等公用车全面实现电动化，物流配送、环卫、工程建设、党政机关和国有企业等公共领域用车实现 100%电动化，力争 2035 年新能源汽车渗透率达到 60%以上；在工业用能领域，建成清洁低碳能源工业体系，煤炭仅用于电力和集中供热行业，除工艺先进、绿色环保的钢铁、有色和水泥企业外，其他工业行业全面实现电气化。

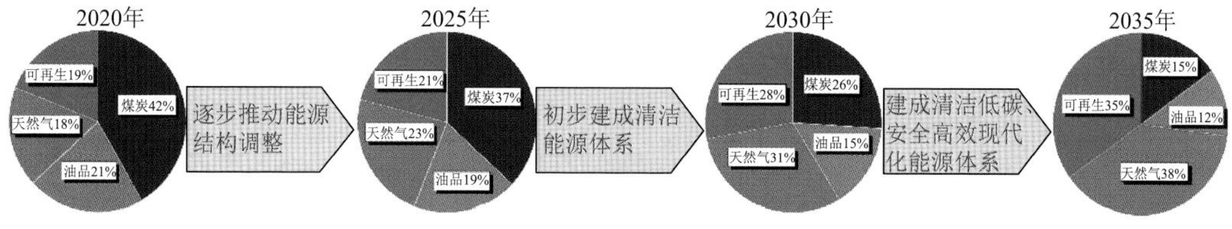

分阶段分区域重点任务

- 成都平原：完成剩余中小燃煤锅炉清洁能源改造；提升重点行业能效水平；全面淘汰国三及以下柴油货车，推进淘汰国四燃油货车
- 重庆主城都市区：完成35蒸吨以下燃煤锅炉清洁能源改造；全域划定高污染燃料禁燃区，实现主城区民用无煤化；全面淘汰国三及以下柴油货车，推进淘汰国四燃油货车
- 成渝其他地区：逐步开展65MW以下煤电压小变大；推进大宗货物运输“公转铁”、“公转水”，2025年大宗货物年运量150万吨以上的企业或园区的铁路专用线接入比例达到85%以上，铁路和水路货运量分担率分别提高至5%和15%；全面淘汰国三及以下柴油货车

- 成都平原：进一步强化重点行业能效提升，初步构建清洁化工业用能体系；推动2030年城区公交车、出租车电动化达到65%以上；全面淘汰国四柴油货车
- 重庆主城都市区：强化剩余传统行业能效提升；推进城区公交车、出租车新能源车辆占比提升至70%以上；全面淘汰国四柴油货车
- 成渝其他地区：完成50%以上的65MW以下煤电压小变大，基本淘汰自备燃煤电厂；进一步提升大宗货物铁路和水路运输分担率，2023年大宗货物年运量150万吨以上的企业或园区的铁路专用线接入比例达到100%，铁路和水路货运量分担率分别提高至10%和20%；全面淘汰国四柴油货车

- 成都平原：建成绿色运输体系，城区公交车、出租车等公用车全面实现电动化，私家车新能源占比达到60%以上；全面淘汰国五燃油货车
- 重庆主城都市区：建成绿色运输体系，城区公交车、出租车等公用车全面实现电动化，私家车新能源占比达到65%以上；全面淘汰国五燃油货车
- 成渝其他地区：建成清洁低碳能源工业体系，煤碳仅用于电力和集中供热行业，除剩余钢铁、有色和水泥行业外，其他行业全面实现电气化；扭转以公路货运为主的运输体系，2023年铁路和水路货运量分担率分别提高至30%和25%，全面淘汰国五燃油货车

图 9-4　能源结构调整路径图

9.2.3　交通结构调整方面

现阶段成渝地区公路货运在全社会货运中占比超过 80%，工业园区和重点企业大宗货物铁路专线接入比例不足 50%，铁路运输网络高度协作和产业物流优化布局不足，长江上游黄金航道作用没有完全发挥。因此，未来加快补齐现代铁路、智慧水运等绿色基础设施短板，形成以铁路、水运为主的大宗货物和集装箱中长距离运输格局是有效实现交通领域减污降碳的重要抓手。

“十四五”期间（2021～2025 年）：逐步推动交通运输结构调整（图 9-5）。重点开展铁路和水运扩能改造。力争 2025 年成渝地区铁路和水路的货运量分担率分别增加至 5%和 15%，公路货运量分担率降低至 80%。优化成渝地区铁路和航道的网络结构，在现有基础上进一步提升运输能力紧张区段的供给能力；大力推进重点工矿企业、港口、物流园区等铁路专用线建设，2025 年大宗货物年运输量 150 万 t 以上的企业或园区的铁路专用线接入比率达到 85%以上，畅通绿色末端衔接；全面淘汰国三及以下柴油货车，国一及以下非道路移动机械和 30 年以上内河船舶。

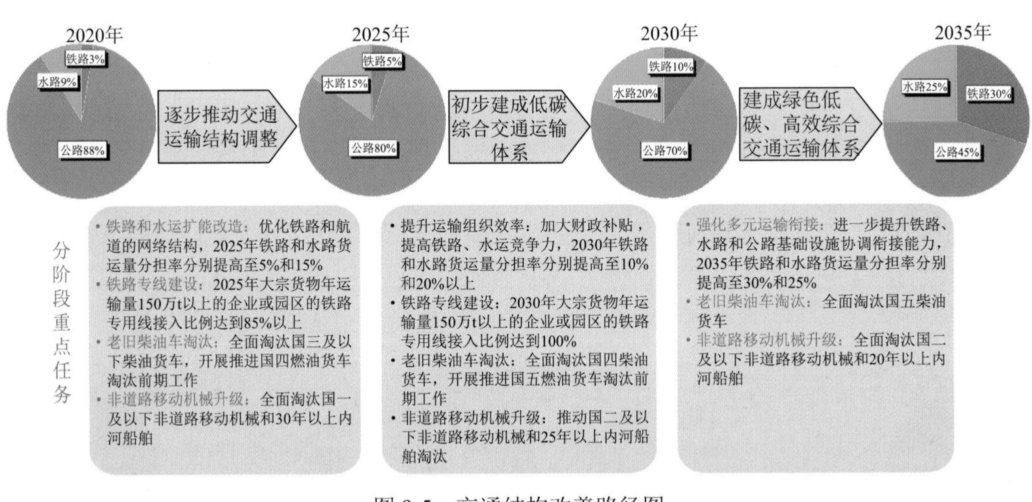

图 9-5　交通结构改善路径图

“十五五”期间（2026～2030 年）：初步建成低碳综合交通运输体系。重点提升货运枢纽的运输组织效率。力争 2030 年成渝地区铁路和水路的货运量分担率分别增加至 10%和 20%，公路货运量分担率降低至 70%。大幅提升以铁路、水运为主体的多式联运的服务水平，提高铁路、水运和城市轨道的全过程时效性，控制换乘或换装的时间成本损失；加大各级财税资金支持力度，并采用“财政适度补贴 + 铁路适度降价 + 货主适度承担”的方式进一步提升绿色交通方式的市场竞争力和占有率；2030 年大宗货物年运输量 150 万 t 以上的企业或园区的铁路专用线接入比率达到 100%；全面淘汰国四柴油货车，推动国二及以下非道路移动机械和 25 年以上内河船舶淘汰。

“十六五”期间（2031～2035 年）：建成绿色低碳、高效综合交通运输体系。进一步强化不同运输方式间无缝衔接和一体化组织。力争 2030 年成渝地区铁路和水路的货运量分担率分别增加至 30%和 25%，公路货运量分担率降低至 45%。着重加强成渝地区铁路、水路和公路基础设施协调衔接，推进运输服务规则衔接和标准协同，尤其是加快港口集装箱铁水联运发展，持续提高集装箱铁水联运量占吞吐量的比例；全面淘汰国五柴油货车、国二及以下非道路移动机械和 20 年以上内河船舶。

9.3　重点任务减排贡献

综合减污降碳路径下，相较于 2017 年，2025 年和 2035 年的重点任务措施对 SO_2、NO_x、$PM_{2.5}$、VOCs 和 CO_2 的减排贡献分别如图 9-6 和图 9-7 所示。总体上，2017～2025 年，末端治理升级将对成渝地区大气污染物减排发挥重要作用，尤其是 SO_2 和 $PM_{2.5}$ 的减排将占据主导贡献；2026～2035 年，随着末端治理减排潜力逐渐缩小，政策驱动的结构调整（产业、能源和交通结构调整）导致的减排将逐步成为成渝地区大气污染物削减的主要因素。

具体而言，2017～2025 年，随着火电、钢铁和水泥行业的超低排放改造完成，末端治理带来较大的污染物减排贡献。至 2025 年，末端治理升级对 $PM_{2.5}$ 和 SO_2 的减排贡献最大，占总减排量的比例分别为 54%和 56%，其中，以火电、钢铁和水泥超低排放改造贡献的减排为主。此外，末端治理升级驱动的 NO_x 和 VOCs 减排量分别占总减排量的 19%和 29%，同样具有重要的减排贡献。对于 CO_2 减排，交通结构优化和能源结构调整均具有较大的贡献，分别占总减排量的 41%和 40%，尤其是“公转铁 + 公转水”（调整大宗货物运输量从公路向铁路、水路转移）及老旧车辆淘汰和 35 蒸吨以下燃煤锅炉替代具

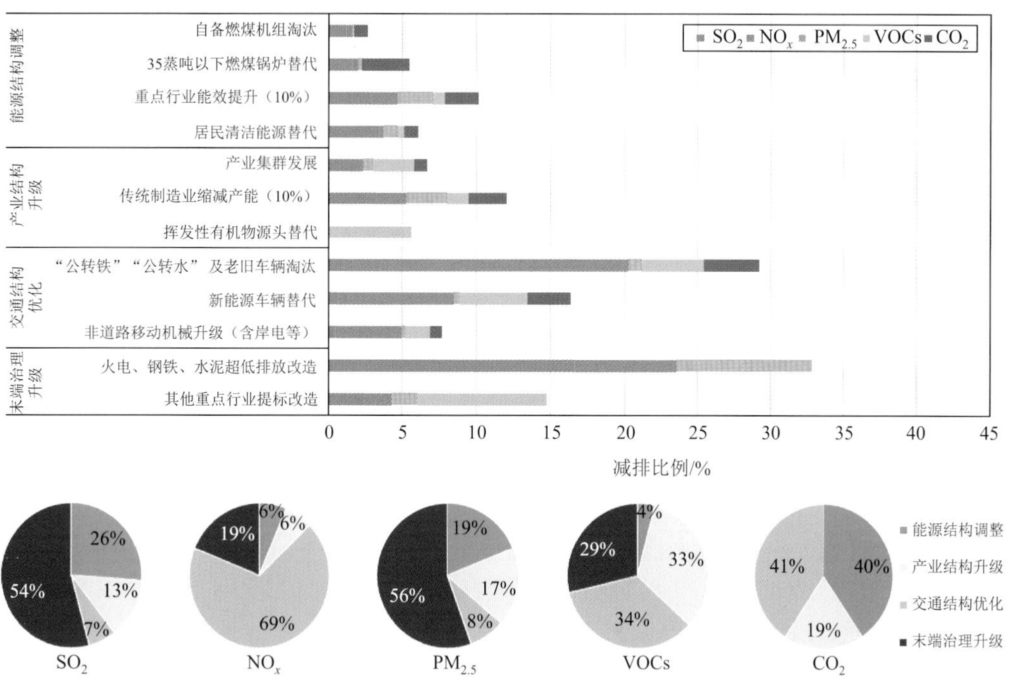

图 9-6　2025 年综合减排方案重点任务减排效果评估

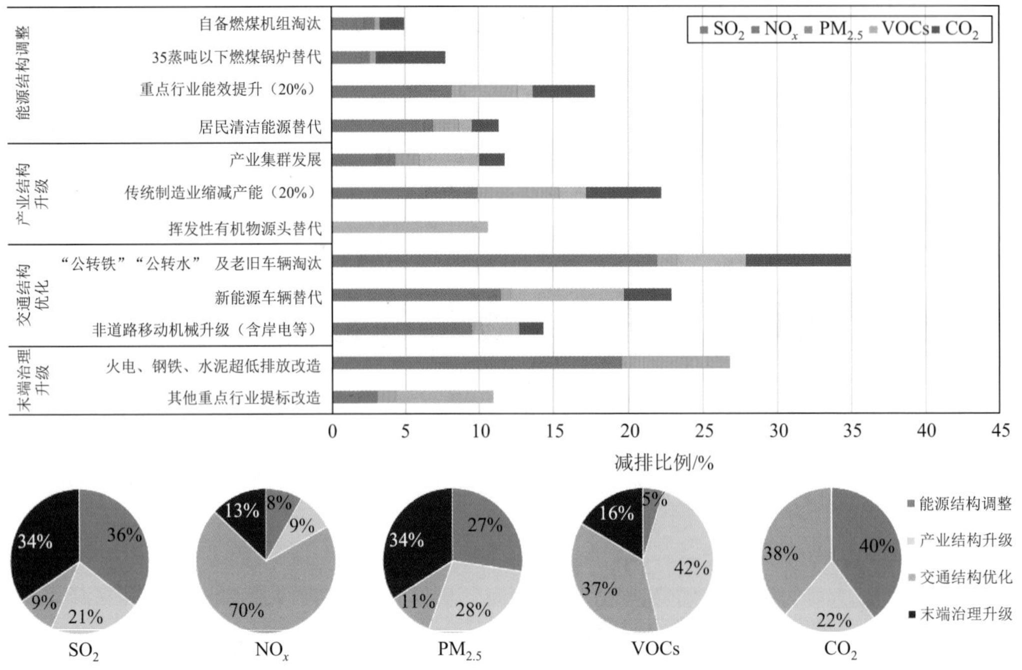

图 9-7　2035 年综合减排方案重点任务减排效果评估

有较大的减排贡献。2026～2035 年，随着先进末端治理技术在电力和工业等部门的普及，其带来的大气污染减排效应收益将逐渐减少，而由政策驱动的结构调整将逐步发挥减排的关键作用。至 2035 年，结构优化调整将使得 SO_2、NO_x、$PM_{2.5}$ 和 VOCs 的排放量相较 2017 年分别减少 66%、87%、66%和 83%。其中，SO_2 的减排以能源结构调整贡献（36%）为主，NO_x 的减排以交通结构优化贡献（70%）为主，$PM_{2.5}$ 的减排以产业结构升级贡献（28%）为主，VOCs 的减排以产业结构升级贡献（42%）为主。对于 CO_2，能源结构调整和交通结构优化均具有较大的减排贡献，分别占总减排量的 40%和 38%。此外，产业结构升级对 CO_2 的减排贡献为 22%，同样具有重要的减排作用，以钢铁和建材等传统行业缩减产能的减排贡献为主。

9.4　本章小结

本章根据国家“十四五”规划和 2035 年美丽中国建设目标和情景分析方法，提出了成渝地区中长期大气污染防治路径，包括两个阶段、两个目标、两类重点工作、两个重点调整区域。两个阶段分别是 2017 年至“十四五”阶段末（2025 年）的阶段一和“十五五”初始年（2026 年）至美丽中国目标年（2035 年）的阶段二。阶段一成渝地区空气质量改善目标是 $PM_{2.5}\leqslant 31\mu g/m^3$，空气质量优良率不低于 92%；阶段二的目标是 $PM_{2.5}$ 为 $25\mu g/m^3$。阶段一的主要减排手段是强化末端治理，阶段二则主要是构建绿色用能体系。成渝地区重点管控对象划分为产业调整和能源调整两个重点区域，前者主要是考虑 SO_2、NO_x 和 $PM_{2.5}$ 排放量，后者主要考虑煤炭消耗量。产业调整重点区域主要包括成都平原经济区、川南经济区以及重庆市主城都市区的西南区域；能源调整重点区域主要包括川东北经济区、渝东北以及重庆市主城都市区以及川南经济区东北部、成都平原经济区东部。

参考文献

伯鑫，赵春丽，吴铁，等，2015. 京津冀地区钢铁行业高时空分辨率排放清单方法研究[J]. 中国环境科学，35（8）：2554-2560.

曹华盛，韦杰，2016. 重庆市五大功能区能源消耗与经济增长退耦研究[J]. 世界科技研究与发展，38（1）：176-181.

曹云擎，李振亮，蒲茜，等，2021. 成渝地区典型城市 O_3 污染对人为源前体物排放敏感性模拟研究[J]. 环境科学学报，41（8）：3001-3011.

陈彬彬，林长城，杨凯，等，2012. 基于 CMAQ 模式产品的福州市空气质量预报系统[J]. 中国环境科学，32（10）：1744-1752.

陈敏，李振亮，段林丰，等，2022. 成渝地区工业大气污染物排放的时空演化格局及关键驱动因素[J]. 环境科学研究，35（4）：1072-1081.

程健，傅敏，2015. 重庆市主城区道路扬尘排放特性研究[J]. 安全与环境工程，22（4）：40-44.

丁辉，2012. 城市能源系统分析模型研究：基于北京的案例分析[M]. 北京：科学出版社.

范丹，2013. 中国能源消费碳排放变化的驱动因素研究基于 LMDI-PDA 分解法[J]. 中国环境科学，33（9）：1705-1713.

范武波，陈军辉，李媛，等，2018. 四川省非道路移动源大气污染物排放清单研究[J]. 中国环境科学，38（12）：4460-4468.

干春晖，郑若谷，余典范，2011. 中国产业结构变迁对经济增长和波动的影响[J]. 经济研究，46（5）：4-16，31.

国际能源署，2007. 世界能源展望[EB/OL]. [2021-12-23]. https://www.docin.com/p-81763293.html.

国家发展和改革委员会能源研究所课题组，2009. 中国 2050 年低碳发展之路：能源需求暨碳排放情景分析[M]. 北京：科学出版社.

国家信息中心，2020. 中国经济社会发展的中长期目标、战略与路径[EB/OL]. [2021-12-20]. https://www.doc88.com/p-10359516001498.html.

韩楠. 环境约束下的工业结构优化调整研究[J]. 工业技术经济，2016，35（01）：98-104.

何斌，梅士龙，陆琛莉，等，2017. MEIC 排放清单在空气质量模式中的应用研究[J]. 中国环境科学，37（10）：3658-3668.

李善同，2010. "十二五"时期至 2030 年我国经济增长前景展望[J]. 经济研究参考，（43）：2-27.

廖永进，王力，骆文波，2007. 火电厂烟气脱硫装置成本费用的研究[J]. 电力建设，28（4）：82-86.

刘佳，余家燕，刘芮伶，等，2018. 重庆市主城区移动源排放清单建立与分布模拟[J]. 环境科学与技术，41（5）：172-176.

刘嘉毅，陈玉萍，2018. 产业结构合理化、高级化与城市空间扩展[J]. 华东经济管理，32（4）：32-38.

娄伟，2012a. 情景分析理论与方法[M]. 北京：社会科学文献出版社.

娄伟，2012b. 情景分析方法研究[J]. 未来与发展，35（9）：17-26.

鲁君，黄成，胡磬遥，等，2017. 长三角地区典型城市非道路移动机械大气污染物排放清单[J]. 环境科学，38（7）：2738-2746.

罗干，王体健，赵明，等，2020. 基于在线监测的南京仙林 $PM_{2.5}$ 组分特征与来源解析[J]. 中国环境科学，40（5）：1857-1868.

马国霞，周颖，吴春生，等，2019. 成渝地区《大气污染防治行动计划》实施的成本效益评估[J]. 中国环境管理，11（6）：38-43.
马小明，张立勋，戴大军，2003. 产业结构调整规划的环境影响评价方法及案例[J]. 北京大学学报（自然科学版），39（4）：565-571.
苗世光，蒋维楣，梁萍，等，2020. 城市气象研究进展[J]. 气象学报，78（3）：477-499.
潘月云，李楠，郑君瑜，等，2015. 广东省人为源大气污染物排放清单及特征研究[J]. 环境科学学报，35（9）：2655-2669.
彭菲，於方，马国霞，等，2018. “2 + 26”城市“散乱污”企业的社会经济效益和环境治理成本评估[J]. 环境科学研究，31（12）：1993-1999.
彭立群，张强，贺克斌，2016. 基于调查的中国秸秆露天焚烧污染物排放清单[J]. 环境科学研究，29（8）：1109-1118.
汪俊，2014. 长三角地区多部门多种大气污染物协同减排方案研究[D]. 北京：清华大学.
王海林，王俊慧，祝春蕾，等，2014. 包装印刷行业挥发性有机物控制技术评估与筛选[J]. 环境科学，35（7）：2503-2507.
王红丽，2015. 上海市光化学污染期间挥发性有机物的组成特征及其对臭氧生成的影响研究[J]. 环境科学学报，35（6）：1603-1611.
王庆九，李洁，杨峰，2017. 南京市 VOCs 治理成本分析与污费征收策略研究[J]. 安徽农学通报，23（22）：82-84.
王书肖，程真，赵斌，等，2016. 长三角区域霾污染特征、来源及调控策略[M]. 北京：科学出版社.
魏一鸣，吴刚，刘兰翠，等，2005. 能源-经济-环境复杂系统建模与应用进展[J]. 管理学报，2（2）：159-170.
吴芳谷，汪彤，陈虹桥，等，2002. 餐饮油烟排放特征[C]//中国颗粒学会 2002 年年会暨海峡两岸颗粒技术研讨会会议论文集. 桂林：中国颗粒学会，327-331.
吴清茹，王书肖，王玉晶，2017. 中国有色金属冶炼行业大气汞排放趋势预测[J]. 中国环境科学，37（7）：2401-2413.
徐大海，朱蓉，1989. 我国大陆通风量及雨洗能力分布的研究[J]. 中国环境科学，9（5）：367-374.
徐大海，李宗恺，1993. 城市大气污染物排放总量控制中多源模拟法与国家标准 GB/T3840-91 中 A-P 值方法的关系[J]. 气象科学，13（2）：146-154.
许怀东，1987，情景分析：一种灵活而富于创造性的软系统方法[J]. 科学学研究，5（4）：37-43.
薛文博，王金南，韩宝平，等，2017. $PM_{2.5}$ 输送特征与环境容量模拟[M]. 北京：中国环境出版社.
杨柳林，曾武涛，张永波，等，2015. 珠江三角洲大气排放源清单与时空分配模型建立[J]. 中国环境科学，35（12）：3521-3534.
杨晓鸥，2010. 北京经济、能源、环境—安全（3E-S）系统模型研究[D]. 北京：清华大学.
张敬巧，吴亚君，李慧，等，2019. 廊坊开发区秋季 VOCs 污染特征及来源解析[J]. 中国环境科学，39（8）：3186-3192.
张晓梅，庄贵阳，2014. 能源经济环境系统模型在城市区域尺度上的应用研究进展[J]. 生态经济，30（5）：34-40.
张阳，2018. 京津冀地区大气环境系统脆弱性评估研究[D]. 北京：华北电力大学.
张泽宸，2017. 深圳市大气细颗粒物污染控制措施的成本效益分析[D]. 北京：清华大学.
国家环境保护局，中国环境科学研究院，1991. 城市大气污染总量控制方法手册[M]. 北京：中国环境科学出版社.
郑君瑜，王水胜，黄志炯，等，2014. 区域高分辨率大气排放源清单建立的技术方法与应用[M]. 北京：科学出版社.

周成，李少洛，孙友敏，等，2019. 基于 CMAQ 空气质量模型研究机动车对济南市空气质量的影响[J]. 环境科学研究，32（12）：2031-2039.

周子航，邓也，谭钦文，等，2018a. 四川省人为源大气污染物排放清单及特征[J]. 环境科学，39（12）：5344-5358.

周子航，邓也，吴柯颖，等，2018b. 成都市道路移动源排放清单与空间分布特征[J]. 环境科学学报，38（1）：79-91.

朱蓉，张存杰，梅梅，2018. 大气自净能力指数的气候特征与应用研究[J]. 中国环境科学，38（10）：3601-3610.

朱廷钰，王新东，郭旸旸，等，2018. 钢铁行业大气污染控制技术与策略[M]. 北京：科学出版社.

庄贵阳，郑艳，周伟铎，等，2018. 京津冀雾霾的协同治理与机制创新[M]. 北京：中国社会科学出版社.

宗蓓华，1994. 战略预测中的情景分析法[J]. 预测，13（2）：50-51.

2050 中国能源和碳排放研究课题组，2009. 2050 中国能源和碳排放报告[M]. 北京：科学出版社.

Ang B W，2015. LMDI decomposition approach：a guide for implementation[J]. Energy Policy，86：233-238.

Appel K W，Bash J O，Fahey K M，et al.，2021. The community multiscale air quality（CMAQ）model versions 5.3 and 5.3. 1：system updates and evaluation[J]. Geoscientific Model Development，14（5）：2867-2897.

Ates S A，2015. Energy efficiency and CO_2 mitigation potential of the Turkish iron and steel industry using the LEAP（long-range energy alternatives planning）system[J]. Energy，90（1）：417-428.

Bashir S，Ahmad I，Ahmad S R，2018. Low-emission modeling for energy demand in the household sector：a study of pakistan as a developing economy[J]. Sustainability，10（11）：3971.

Bood R，Postma T，1997. Strategic learning with scenarios[J]. European Management Journal，15（6）：633-647.

Burr M J，Zhang Y，2011. Source apportionment of fine particulate matter over the Eastern US Part I：source sensitivity simulations using CMAQ with the Brute Force method[J]. Atmospheric Pollution Research，2（3）：300-317.

Chermack T J，2005. Studying scenario planning：theory，research suggestions，and hypotheses[J]. Technological Forecasting and Social Change，72（1）：59-73.

Degraeuwe B，Thunis P，Clappier A，et al.，2017. Impact of passenger car NO_x emissions on urban NO_2 pollution-Scenario analysis for 8 European cities[J]. Atmospheric Environment，171：330-337.

Dioha M O，Emodi N V，2019. Investigating the impacts of energy access scenarios in the nigerian household sector by 2030[J]. Resources-Basel，8（3）：127.

Fleisher C S，2003. Strategic and competitive analysis[M]. Upper Saddle River：Prentice Hall.

Guo Z，Cheng R，Xu Z F，et al.，2017. A multi-region load dispatch model for the long-term optimum planning of China's electricity sector[J]. Applied Energy，185：556-572.

Hong S J，Chung Y H，Kim J W，et al.，2016. Analysis on the level of contribution to the national greenhouse gas reduction target in Korean transportation sector using LEAP model[J]. Renewable and Sustainable Energy Reviews，60：549-559.

Hu J M，Liu G Y，Meng F X，2018. Estimates of the effectiveness for urban energy conservation and carbon abatement policies：the case of Beijing city，China[J]. Journal of Environmental Accounting and Management，6（3）：199-214.

Huang L，Zhu Y H，Zhai H H，et al.，2021. Recommendations on benchmarks for numerical air quality model applications in China-part 1：$PM_{2.5}$ and chemical species[J]. Atmospheric Chemistry and Physics，21（4）：2725-2743.

Jiang J H，Aksoyoglu S，El-Haddad I，et al.，2019. Sources of organic aerosols in Europe：a modeling study using CAMx with modified volatility basis set scheme[J]. Atmospheric Chemistry and Physics，19（24）：15247-15270.

Kachoee M S，Salimi M，Amidpour M，2018. The long-term scenario and greenhouse gas effects cost-benefit analysis of Iran's electricity sector[J]. Energy，143：585-596.

Khanna N，Fridley D，Zhou N，et al.，2019. Energy and CO_2 implications of decarbonization strategies for China beyond efficiency：modeling 2050 maximum renewable resources and accelerated electrification impacts[J]. Applied Energy，242：12-26.

Li M，Liu H，Geng G N，et al.，2017. Anthropogenic emission inventories in China：a review[J]. National Science Review，6：834-866.

Li X，Yu B Y，2019. Peaking CO_2 emissions for China's urban passenger transport sector[J]. Energy Policy，133：110913.

Liu L，Wang K，Wang S S，et al.，2018. Assessing energy consumption，CO_2 and pollutant emissions and health benefits from China's transport sector through 2050[J]. Energy Policy，116：382-396.

Liu X，Mao G Z，Ren J，et al.，2015. How might China achieve its 2020 emissions target？A scenario analysis of energy consumption and CO_2 emissions using the system dynamics model[J]. Journal of Cleaner Production，103：401-410.

Luecken D J，Yarwood G，Hutzell W T，2019. Multipollutant modeling of ozone，reactive nitrogen and HAPs across the continental US with CMAQ-CB6[J]. Atmospheric environment，201：62-72.

Ma H T，Sun W，Wang S J，et al.，2019. Structural contribution and scenario simulation of highway passenger transit carbon emissions in the Beijing-Tianjin-Hebei metropolitan region，China[J]. Resources Conservation and Recycling，140：209-215.

Malla S，2013. Household energy consumption patterns and its environmental implications：assessment of energy access and poverty in Nepal[J]. Energy Policy，61：990-1002.

McPherson M，Karney B，2014. Long-term scenario alternatives and their implications：LEAP model application of Panama's electricity sector[J]. Energy Policy，68：146-157.

Meng M，Jing K Q，Mander S，2017. Scenario analysis of CO_2 emissions from China's electric power industry[J]. Journal of Cleaner Production，142：3101-3108.

Michalakes J，Chen S，Dudhia J，et al.，2001. Development of a next-generation regional weather research and forecast model[J]. Developments in Teracomputing，269-276.

Nakata T，2004. Energy-economic models and the environment[J]. Progress in Energy and Combustion Science，30（4）：417-475.

Nieves J A，Aristizábal A J，Dyner I，et al.，2019. Energy demand and greenhouse gas emissions analysis in Colombia：a LEAP model application[J]. Energy，169：380-397.

Niu D X，Wang K K，Wu J，et al.，2020. Can China achieve its 2030 carbon emissions commitment？Scenario analysis based on an improved general regression neural network[J]. Journal of Cleaner Production，243（UNSP 118558）.

Niu S W，Liu Y Y，Ding Y X，et al.，2016. China's energy systems transformation and emissions peak[J]. Renewable and Sustainable Energy Reviews，58：782-795.

Noussan M，Tagliapietra S，2020. The effect of digitalization in the energy consumption of passenger transport：an analysis of future scenarios for Europe[J]. Journal of Cleaner Production，258：120926.

Pan X Z，Wang L N，Dai J Q，et al.，2020. Analysis of China’s oil and gas consumption under different scenarios toward 2050：an integrated modeling[J]. Energy，195：116991.

Pfenninger S，Hawkes A，Keirstead J，2014. Energy systems modeling for twenty-first century energy challenges[J]. Renewable and Sustainable Energy Reviews，33：74-86.

Pleim J E，Ran L，Appel W，et al.，2019. New bidirectional ammonia flux model in an air quality model coupled with an agricultural model[J]. Journal of Advances in Modeling Earth Systems，11（9）：2934-2957.

Prasad R D，Raturi A，2019. Low carbon alternatives and their implications for Fiji's electricity sector[J]. Utilities Policy，56：1-19.

Sicard P，de Marco A，Agathokleous E，et al.，2020. Amplified ozone pollution in cities during the COVID-19 lockdown[J]. Science of the Total Environment，735：139542.

Sicard P，Crippa P，de Marco A，et al.，2021. High spatial resolution WRF-Chem model over Asia：physics and chemistry evaluation[J]. Atmospheric Environment，244：118004.

Talaei A，Pier D，Iyer A V，et al.，2019. Assessment of long-term energy efficiency improvement and greenhouse gas emissions mitigation options for the cement industry[J]. Energy，170：1051-1066.

Tang K，Hailu A，Yang Y T，2020. Agricultural chemical oxygen demand mitigation under various policies in China：a scenario analysis[J]. Journal of Cleaner Production，250：119513.

Wang Q X，Zeng Q L，Tao J H，et al.，2019. Estimating $PM_{2.5}$ concentrations based on MODIS AOD and NAQPMS data over Beijing–Tianjin–Hebei[J]. Sensors，19（5）：1207.

Wen X，Chen W W，Chen B，et al.，2020. Does the prohibition on open burning of straw mitigate air pollution? An empirical study in Jilin Province of China in the post-harvest season[J]. Journal of Environmental Management，264：110451.

Xie P J，Gao S S，Sun F H，2019. An analysis of the decoupling relationship between CO_2 emission in power industry and GDP in China based on LMDI method[J]. Journal of Cleaner Production，211：598-606.

Xu G Y，Schwarz P，Yang H L，2019. Determining China's CO_2 emissions peak with a dynamic nonlinear artificial neural network approach and scenario analysis[J]. Energy Policy，128：752-762.

Xu G Y，Schwarz P，Yang H L，2020. Adjusting energy consumption structure to achieve China's CO_2 emissions peak[J]. Renewable and Sustainable Energy Reviews，122：109737.

Yang T，Pan Y Q，Yang Y K，et al.，2017. CO_2 emissions in China's building sector through 2050：a scenario analysis based on a bottom-up model[J]. Energy，128：208-223.

Yang W，Yu C Y，Yuan W，et al.，2018. High-resolution vehicle emission inventory and emission control policy scenario analysis，a case in the Beijing-Tianjin-Hebei（BTH）region，China[J]. Journal of Cleaner Production，203：530-539.

Yeo I A，Lee E，2018. Quantitative study on environment and energy information for land use planning scenarios in eco-city planning stage[J]. Applied Energy，230：889-911.

Yuan M，Zhang H R，Wang B H，et al.，2019. Future scenario of China's downstream oil supply chain：an energy，economy and environment analysis for impacts of pipeline network reform[J]. Journal of Cleaner Production，232：1513-1528.

Zhang D，Huang Q X，He C Y，et al.，2019. Planning urban landscape to maintain key ecosystem services in a rapidly urbanizing area：a scenario analysis in the Beijing-Tianjin-Hebei urban agglomeration，China[J]. Ecological Indicators，96：559-571.

Zhang D Y，Liu G Y，Chen C C，et al.，2019. Medium-to-long-term coupled strategies for energy efficiency and greenhouse gas emissions reduction in Beijing（China）[J]. Energy Policy，127：350-360.

Zhang F F，Xing J，Zhou Y，et al.，2020. Estimation of abatement potentials and costs of air pollution emissions in China[J]. Journal of Environmental Management，260：110069.

Zhang J，Zhang Y X，Yang H，et al.，2017. Cost-effectiveness optimization for SO_2 emissions control from coal-fired power plants on a national scale: a case study in China[J]. Journal of Cleaner Production, 165（1）: 1005-1012.

Zhang Q, Xu J, Wang Y J, et al., 2018. Comprehensive assessment of energy conservation and CO_2 emissions mitigation in China's iron and steel industry based on dynamic material flows[J]. Applied Energy, 209（1）: 251-265.

Zhang Q, Wang Y J, Zhang W, et al., 2019. Energy and resource conservation and air pollution abatement in China’s iron and steel industry[J]. Resources, Conservation and Recycling, 147: 67-84.

Zhang Y Q, Liu C G, Chen L, et al., 2019. Energy-related CO_2 emission peaking target and pathways for China's city: a case study of Baoding City[J]. Journal of Cleaner Production, 226: 471-481.

Zhao B, Wang S X, Liu H, et al., 2013. NO_x emissions in China: historical trends and future perspectives[J]. Atmospheric Chemistry and Physics, 13（19）: 9869-9897.

Zheng B, Tong D, Li M, et al., 2018. Trends in China's anthropogenic emissions since 2010 as the consequence of clean air actions[J]. Atmospheric Chemistry and Physics, 18: 14095-14111.